Maazel

MAN's CUT

이용사 자격증 & 남성디자인 커트

문승현 · 김영미 · 강미영 · 고경숙 · 국지연 · 권태신 · 김미강 · 김미정
김순희 · 김 희 · 유경원 · 유현주 · 윤복연 · 윤수용 · 이대천 · 이부형
이송희 · 이수경 · 이순덕 · 이혜정 · 이효숙 · 장미라 · 전선정 · 전현진
정년구 · 정민자 · 정선주 · 정숙희 · 장미여 · 조성태 · 최소영 · 황 현

청구문화사

머리말

대학교육과 헤어디자인 아카데미와 현장교육을 병행하여 미용을 전공하는 학생들을 가르치고 있지만 학생과 초보 헤어디자이너들이 현장에서 늘 완성도가 부족하다고 느끼고 한계를 넘지를 못하는 부분이 남성커트라고 생각한다.

미용실에서 헤어디자이너로 입문하여 수습과정을 마치고 나면 처음 고객에게 시술하게 되는 것이 남성커트인데, 짧은 헤어스타일은 두상, 모류, 모질, 모량, 손상도 등을 파악하고 시술해야하기 때문에 남성커트를 부담스러운 나머지 한계를 극복하지 못하고 최악의 경우에는 헤어디자인의 꿈을 포기까지 하는 경우를 종종 보게 된다.

이러한 아쉬움을 극복하고자 강의와 현장경험을 토대로 남성커트를 쉽게 하기 위한 두상곡면분할방법, 두상에 따른 모류방향파악, 모발길이에 따른 모발본래의 성질을 완파하여 기본자세부터 폼생폼사 응용테크닉에 이르는 과정을 한 눈에 파악할 수 있게 하고 요즈음에 유행하는 남성커트를 사람모델에 가까운 가발을 이용하여 반복적으로 학습하게 함으로써 이러한 불상사를 미연에 방지할 수 있도록 내용을 구성하여 보았다.

이 교재의 구성은 우선, 커트를 할 수 있는 이용사자격증 과정을 1편에 수록하였고 2편에는 남성디자인 커트를 쉽게 할 수 있는 방법들을 안내하여 미용전공 학생들이 기초단계를 확실하게 습득하고 나면 현장에서 고객이 선호하는 헤어스타일을 쉽게 만들 수 있도록 헤어커트는 물론 뒷손질이 편한 쳐내기의 방법과 마무리까지 상세하게 수록하였다.

남성디자인 커트는 두상위에 헤어스타일이 표현되므로 1장에서는 두상영역에 대한설명을, 2장에서는 도구 사용방법을, 3장부터는 스타일을 시술하기 위하여 꼭 필요한 부분의 이론을 먼저 설명하고 스타일을 만드는 테크닉을 설명하여 반복학습으로 많은 노력만 한다면 많은 시간이 흐르지 않아도 충분히 남성커트를 할 수 있도록 구성하였다.

특히, 이 교재의 최고의 장점은 초보미용인부터 프로미용인까지 정말 쉽게 시술할 수 있는 방법들을 수록하였기 때문에 남성커트에 익숙하지 못한 미용인들에게 좋은 지침서가 되리라 생각한다.

나날이 발전하는 미용인이 되도록 고객이 선호하는 작품을 모아 교재로 출간하게 되었지만 정리를 끝내고 나니 아쉬운 부분들이 있음을 절감하게 된다. 이러한 점들은 앞으로 지속적인 수정, 보완을 통해 좋은 교재로 만들어 나갈 것을 다짐하며 여러분들의 성원과 지도편달을 기대하는 바이다.

끝으로 여러모로 어려운 여건 속에서도 좋은 교재를 출간할 수 있도록 늘 각별한 지원을 아끼지 않으시는 청구문화사 이 상태 사장님과 임직원분들의 도움에 감사를 드리며, 공들여 열심히 사진촬영을 전담해주신 문 기종 선생님께도 깊이 감사드린다.

2015년 백중

저자 일동

목 차

Part 1

이용사 자격시험 과정

- 기구정비 및 소독술
- 조발술
- 면체술
- 세발술
- 정발술
- 아이론

Part 1　이용사 자격시험 과정

이용사 실기시험

0. 복장 및 준비물세팅
1. 소독술 (5분)--------------------- 5점
2. 조발술 (25분 / 35분) -------- 40점 / 60점
3. 면체술 (15분) 10점
4. 세발술 (10분)--------------------- 5점
5. 정발술 (15분 / 없음) --------- 25점 / 없음
   샴푸 (5분)
6. 아이론 (20분)-------------- 15점 / 20점

※ 이용실기시험 준비물

크레졸원액 또는 크레졸비누액, 아이론오일, 면도크림, 샴푸린스, 헤어로션, 밀크로션,
스킨로션, 천가분, 면도솔, 스펀지, 핀셋, 바리깡, 바리깡오일,
장가위, 틴닝가위, 빗(대,중,소), 아이론빗, 일자브러쉬, 면도기, 면도날,
포마드, 화장솜, 털이솔, 아이론(8mm,12mm), 드라이어, 흰수건(10),
컷트보, 샴푸보, 위생마스크, 주사기, 면봉, 나무스팻튤라

Chapter. 1 소독술

1. 소독술(5분)

이용에서 소독의 개념
병원성 미생물을 파괴함으로써 도구나 기구를 균이 없는 상태로 만드는 것

① 크레졸3% 소독액을 만든다(원액 또는 크레졸 비누액 사용).
(크레졸 원액 3:97, 크레졸 비누액 6:94)

※ 크레졸 소독액 제조법

감독관의 특별한 지시가 없는 경우 3%소독액을 만든다
ex) 크레졸 원액 사용시 - 100cc : 크레졸원액 3cc + 물 97cc,
200cc : 크레졸원액 6cc + 물 194cc
크레졸비 누액 사용시 - 100cc : 크레졸 비누액 6cc + 물 94cc
200cc : 크레졸 비누액 12cc + 물188cc

- 소독순서 : 아래사진의 좌측 바리깡부터 순서대로 시행한다.

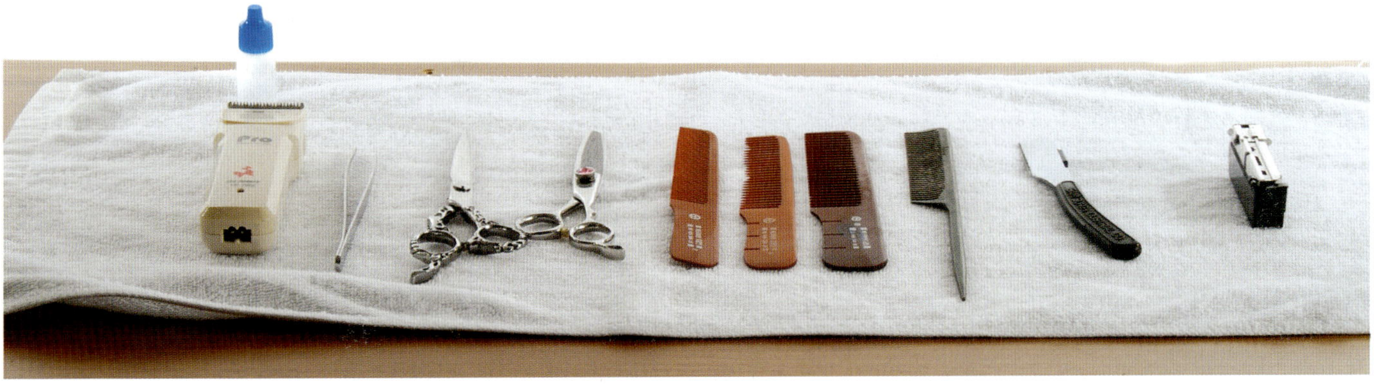

② 바리깡을 분리(단순 날만 분리)하여 분리한 날을 핀셋을 이용 소독액에 담근 후 꺼내 크리넥스와 화장솜으로 깨끗이 닦아내고 기름칠한 후 조립하여 작동여부를 확인한다.

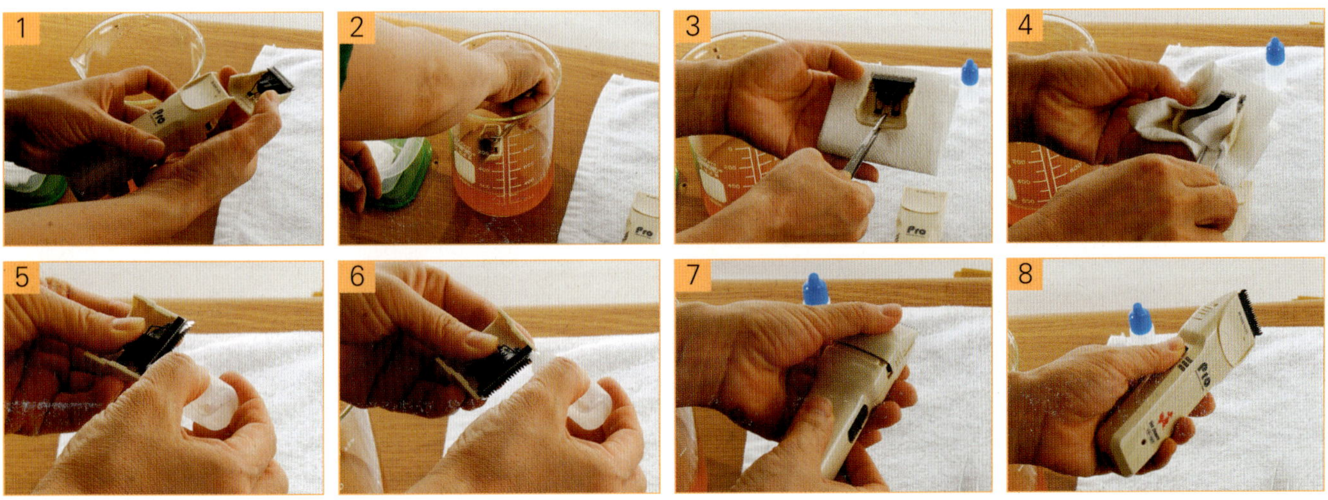

③ 화장솜에 소독액을 묻혀 나머지 기구를 소독한다.
(가위, 빗, 면도기 등)

④ 소독이 끝난 기구를 정리 정돈한다.

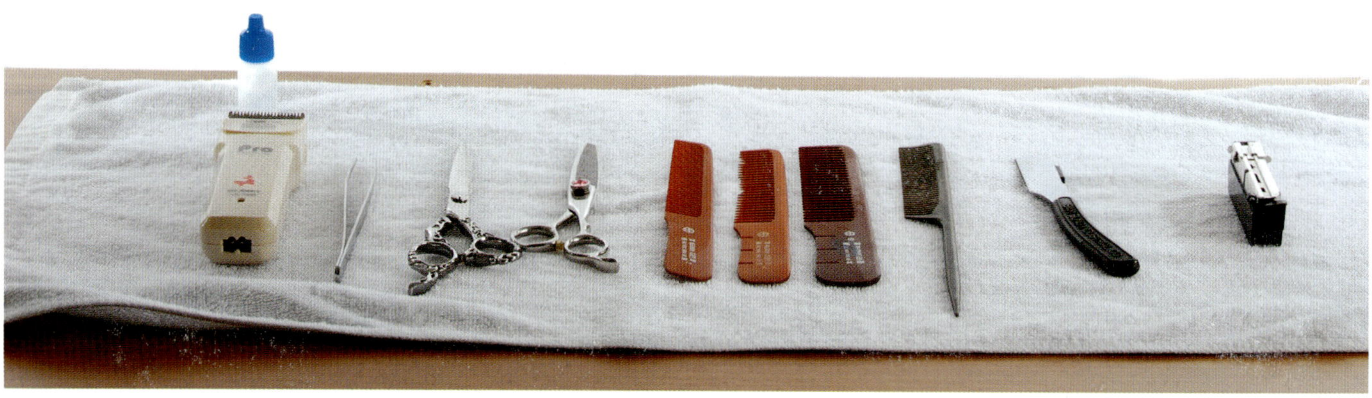

2. 두상의 주소와 3분할 나누기

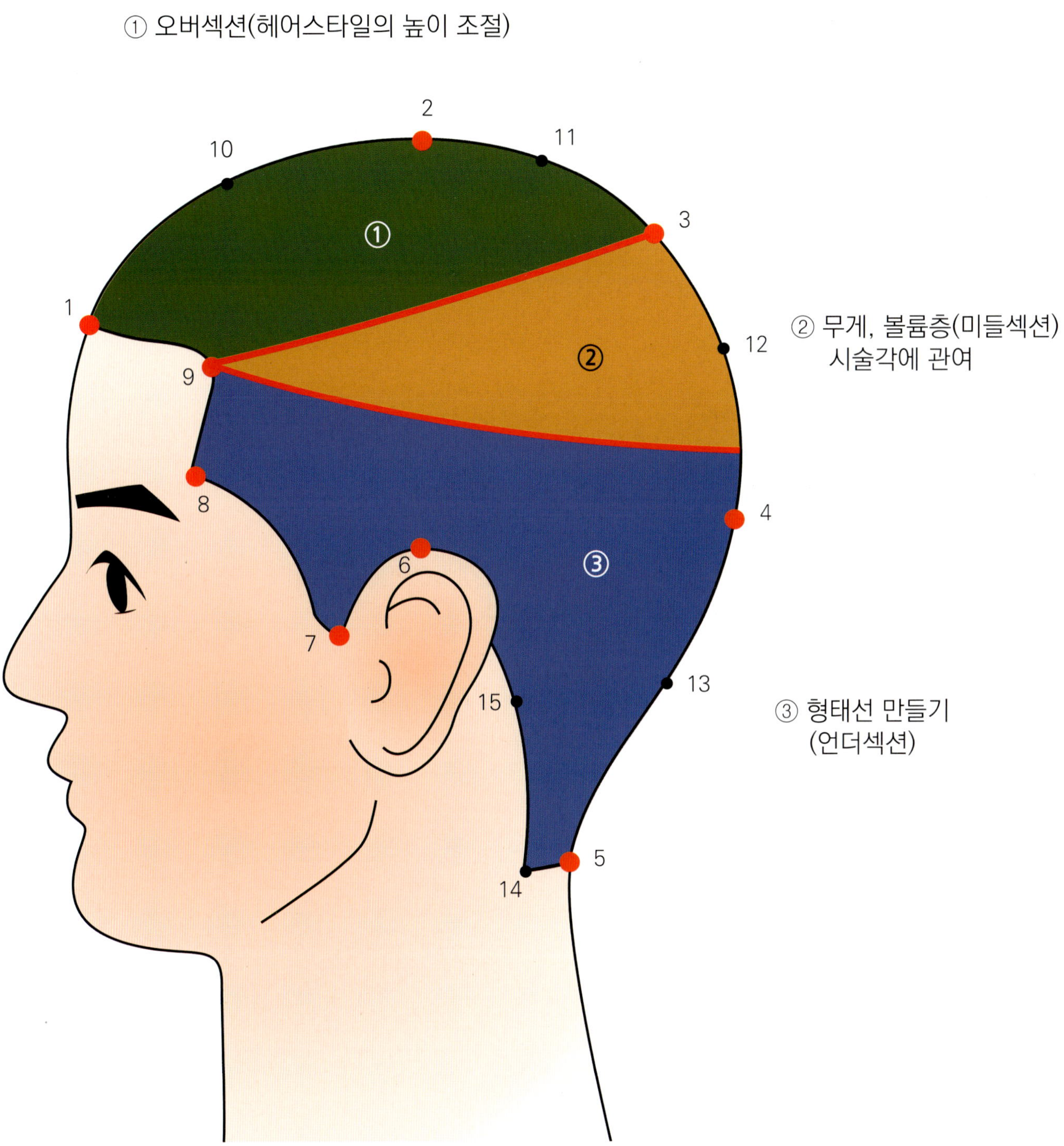

고객이 원하는 헤어스타일을 만들려면 두상의 주소를 알아야
쉽고 빠르고 정확하게 헤어 커트를 시술할 수 있다.

No.	포인트 점	영역설명
1	C.P : 센터 포인트 (Center Point)	이마 중앙의 모발 경계선 지점
2	T.P : 탑 포인트 (Top Point)	두상 상부 중앙의 가장 높은 부분에 위치한 지점
3	G.P : 골든 포인트 (Golden Point)	턱에서 S.C.P를 지나는 직선이 연장되어 두상의 곡면과 만나는 지점
4	B.P : 백 포인트 (Back Point)	귀의 상부에서 수평으로 연장되는 직선이 두상의 곡면과 만나는 지점
5	N.P : 네이프 포인트 (Nape Point)	목덜미에서 모발의 형성이 끝나는 지점
6	E.P : 이어 포인트 (Ear Point)	귀의 상부에 위치하는 모발 경계선 지점
7	S.C.P : 사이드 코너 포인트 (Side Corner Point)	안면의 측면부에서 가장 하부에 위치하는 모발 경계선 지점
8	S.P : 사이드 포인트 (Side Point)	F.S.P 와 S.C.P 의 중간 지점
9	F.S.P : 프론트 사이드 포인트 (Front Side Point)	센터 포인트에서 우측으로 수평하게 연장하여 모발 경계선과 만나는 지점
10	C.T.M.P : 센터 탑 미디움 포인트 (Center Top Medium Point)	C.P 와 T.P 의 중간 지점
11	T.G.M.P : 탑 골든 미디움 포인트 (Top Golden Medium Point)	T.P 와 G.P 의 중간 지점
12	G.B.M.P : 골든 백 미디움 포인트 (Golden Back Medium Point)	F.S.P 에서 수평으로 연장하는 직선이 두상의 곡면과 만나는 지점
13	B.N.M.P : 백 네이프 미디움 포인트 (Back Nape Medium Point)	B.P 와 N.P 의 중간 지점
14	N.S.P : 네이프 사이드 포인트 (Nape Side Point)	목덜미에서 모발이 형성되는 양쪽 끝 지점
15	E.B.P : 이어 백 포인트 (Ear Back Point)	뒤에서 본 귀의 중간 지점

Chapter. 2 조발술

조발이란?
모발이라는 소재를 두상과 얼굴의 형에 맞게 자르는(CUT) 행위

시험유형 1. 성인 보통 조발

	시술	작업 방법	시간	유의사항
1	기구정비	감독관의 지시에 따른다	5분	시술유,무 감독관 재량
2	조발술	바리깡과 가위(틴닝가위, 장가위)를 이용하여 머리카락이 귀부분을 덮지 않게 단정하게 조발한다. 목 뒷부분 2cm이하, 옆머리 1cm이하의 범위로 시술	25분	가지런하고 전체적인 색조와 균형이 이루어져야 한다(뒷면도 포함).
3	면체술	마네킹 얼굴을 면도한다.	10분	면도의 방법을 준수하고 여러 테크닉을 적절히 사용한다.
4	세발술	마네킹 두발을 샴푸한다.	10분	세발술의 순서에 맞게 테크닉을 고루 사용한다
5	정발술	두발의 앞머리를 세우고 옆머리를 옆으로 넘겨 정리한다. (가르마는 7:3 가르마로 시술한다.)	15분	정발용품을 사용하여 흐름 전체의 조화미가 있도록 시술
6	아이론	천정부위의 두발을 아이론 한다.	20분	와인딩배열, 균일성에 유의하여 와인딩(중앙에 9개 이상, 양쪽사이드 5개 이상 시술)

사용도구 : 바리깡, 장가위, 틴닝가위, 빗

성인 보통 조발 (뒷면도 포함 25분)

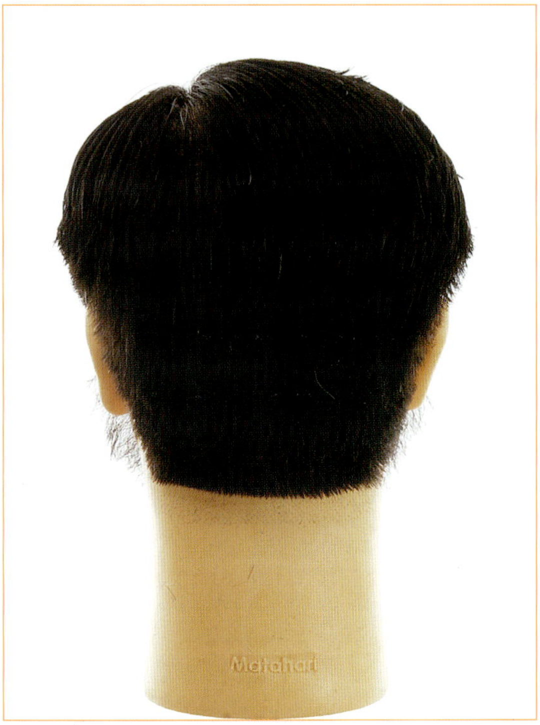

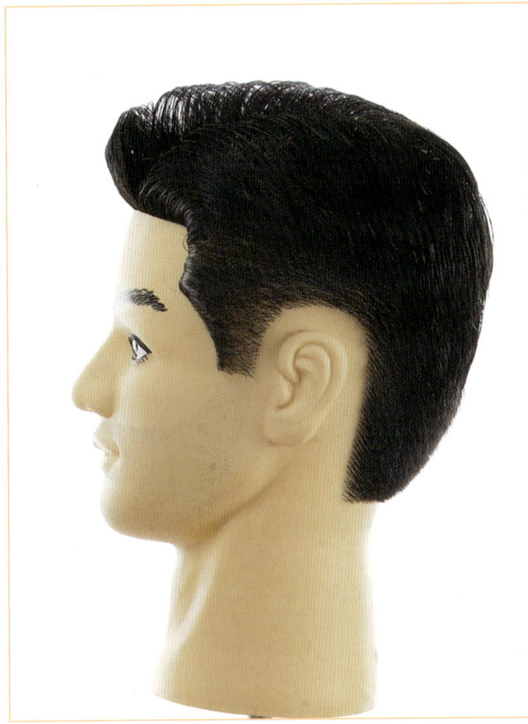

1. 조발술(25분)

성인 보통 조발 도해도

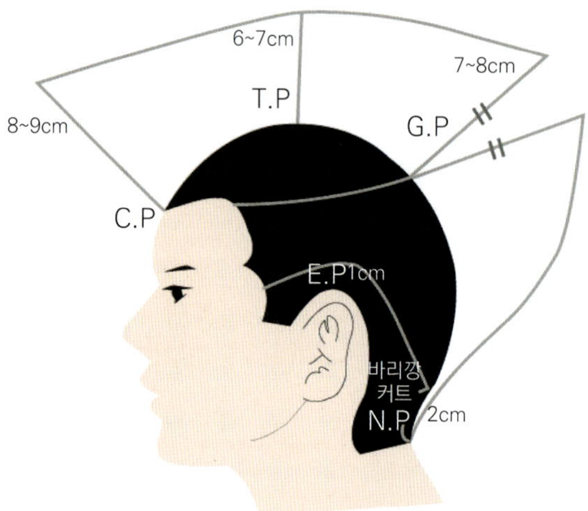

성인 보통 조발

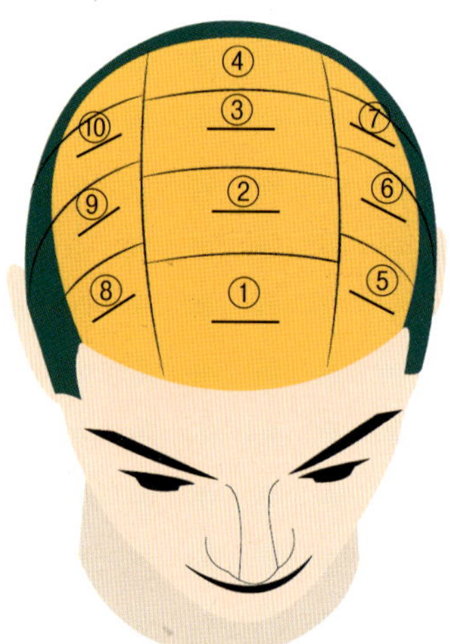

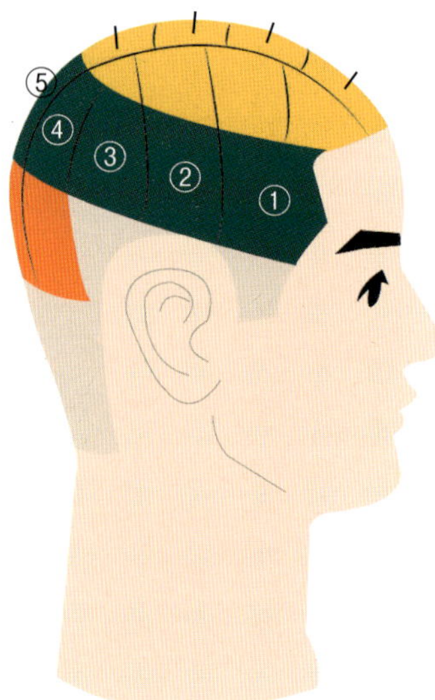

두상이 함몰된 첫판넬을 사이드베이스로 시술한다.

위에서 떨어진 모발, 가이드를 시작으로 지간깎기로, 베이스는 온더베이스로, 시술각도는 판넬의 제일 아래 가이드에서 자연 시술각 90˚로 시술한다.

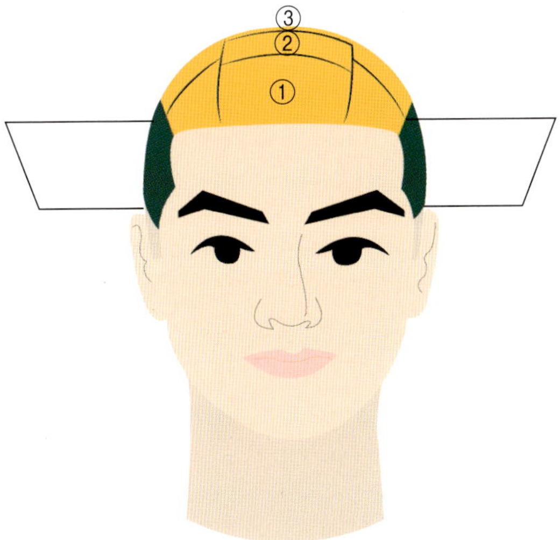

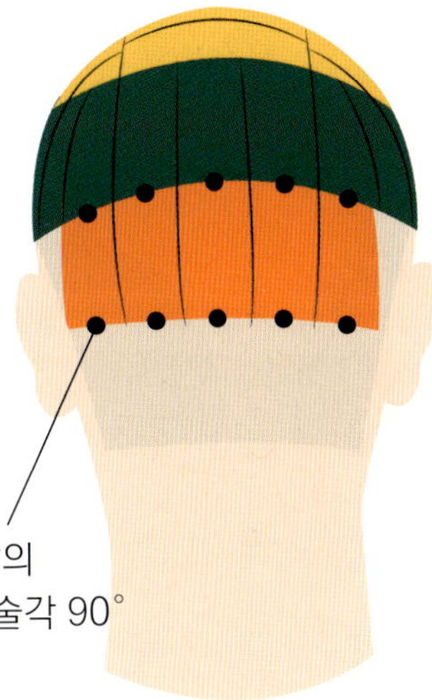

커트빗 잡는 법

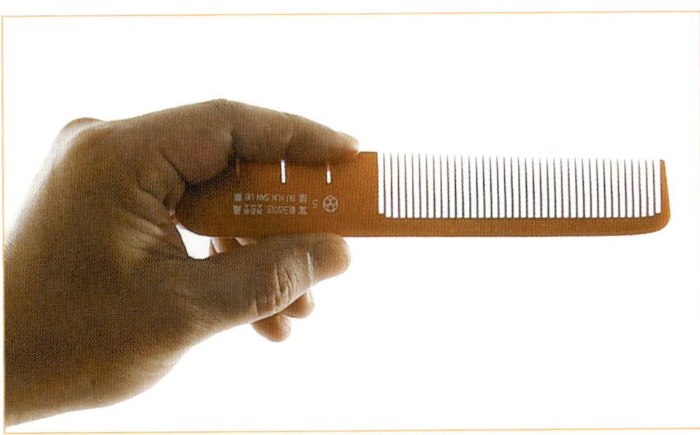

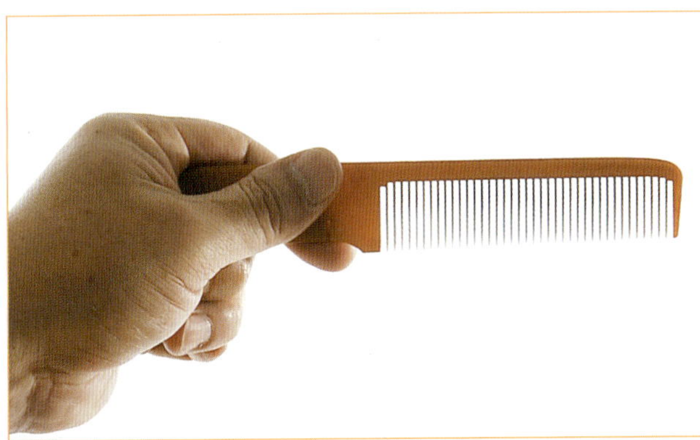

※ 마네킹 목에 화장지(넥페이퍼)를 두르고 수건을 두른 다음 커트보를 씌운다.

※ 바리깡의 덧날 사용 및 자동조절 바리깡의 사용을 금한다.

※ 커트하기 쉽게 긴머리를 먼저 가위로 잘라준다.

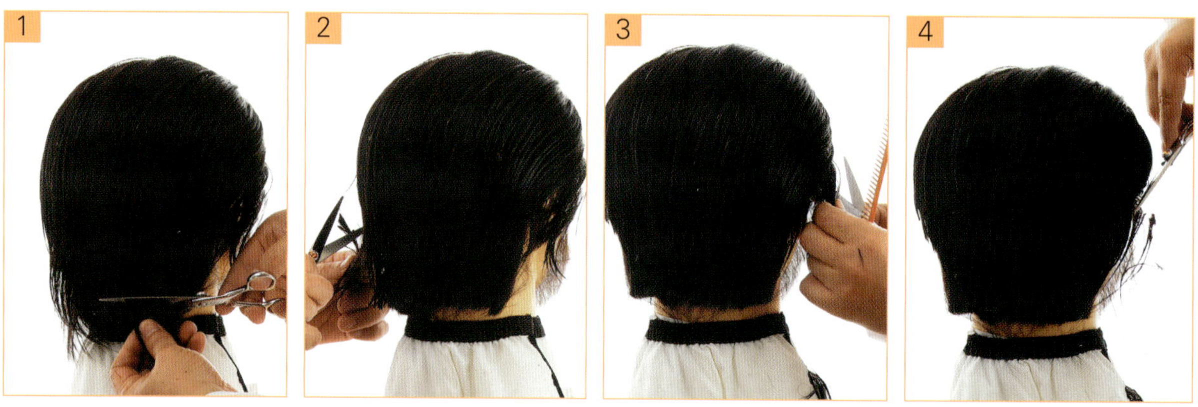

1. 틴닝가위를 사용하여 지간 깎기를 한다.
   CP에서 GP까지 4섹션정도 지간깎기
   좌측 FSP쪽에서 GP방향으로 3섹션정도 지간깎기
   우측 FSP쪽에서 GP방향으로 3섹션정도 지간깎기를 시행한다.
   우측 FSP와 SCP사이에서 BP를 지나 좌측 FSP와 SCP사이까지 지간깎기를 한다.

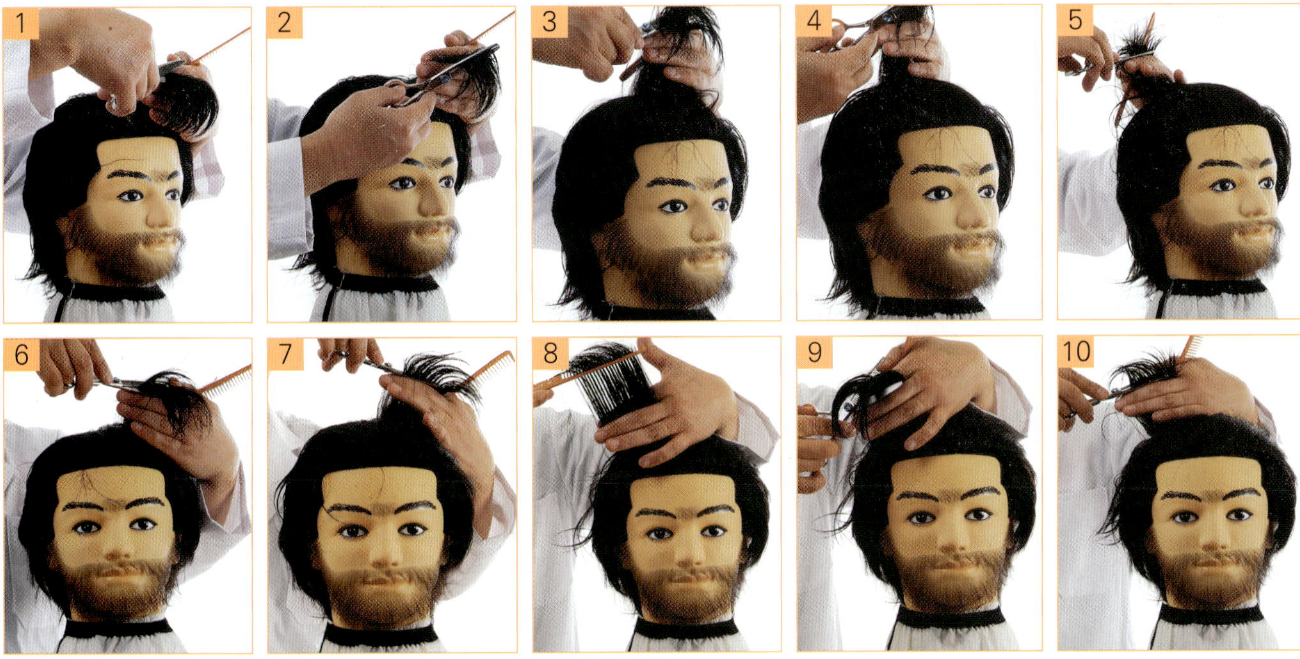

2. BP아래쪽도 같은 방법으로 지간깎기 시행

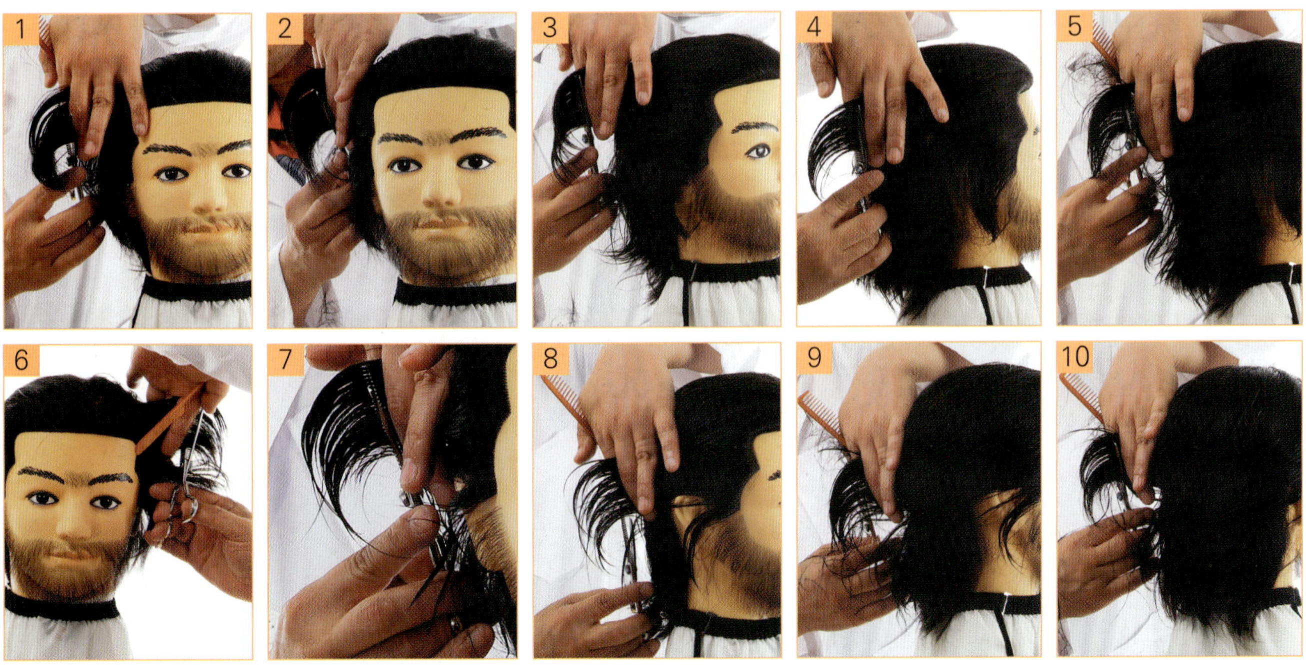

3. 장가위를 사용하여 같은 방법으로 지간깎기를 하여 형태를 만들어 준다.
(CP 8~9cm, TP 6~7cm, GP 7~8cm, BP 4~5cm)

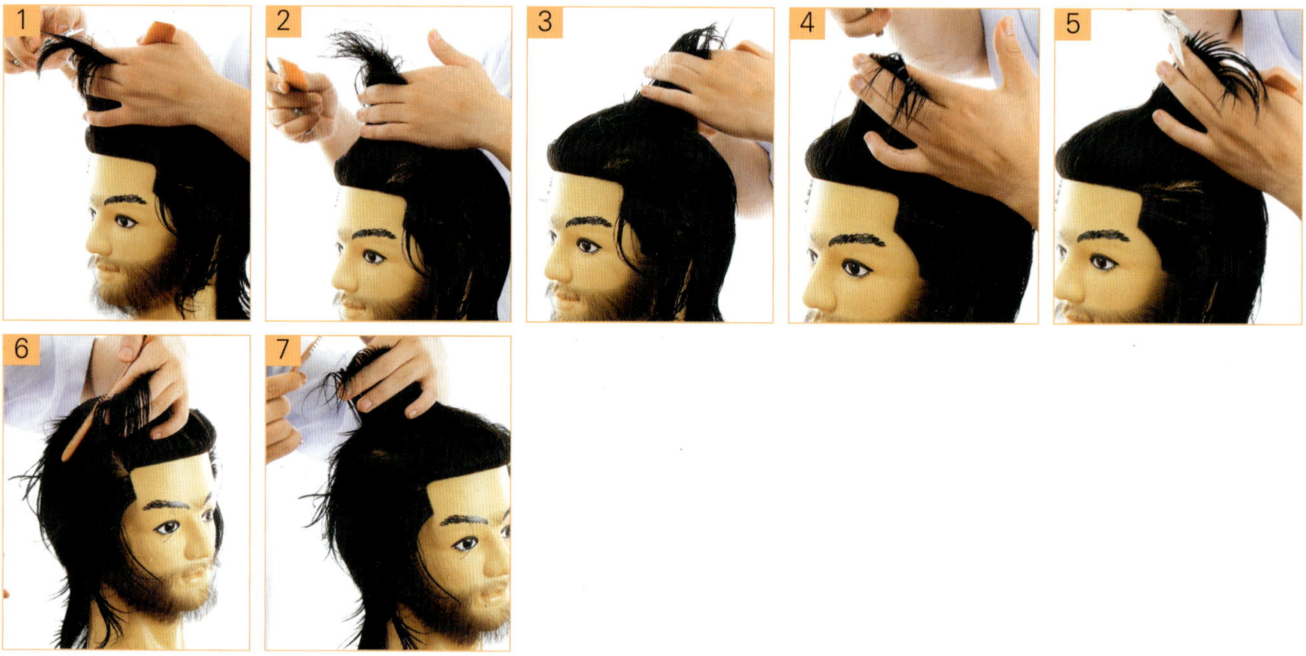

4. 바리깡을 사용하여 뒷머리 아래부분을 2cm이하로 쳐올리고 옆머리는 1cm이하가 되게 쳐올려 준다.
(바리깡작업 NP 2cm이하, EP 1cm이하)

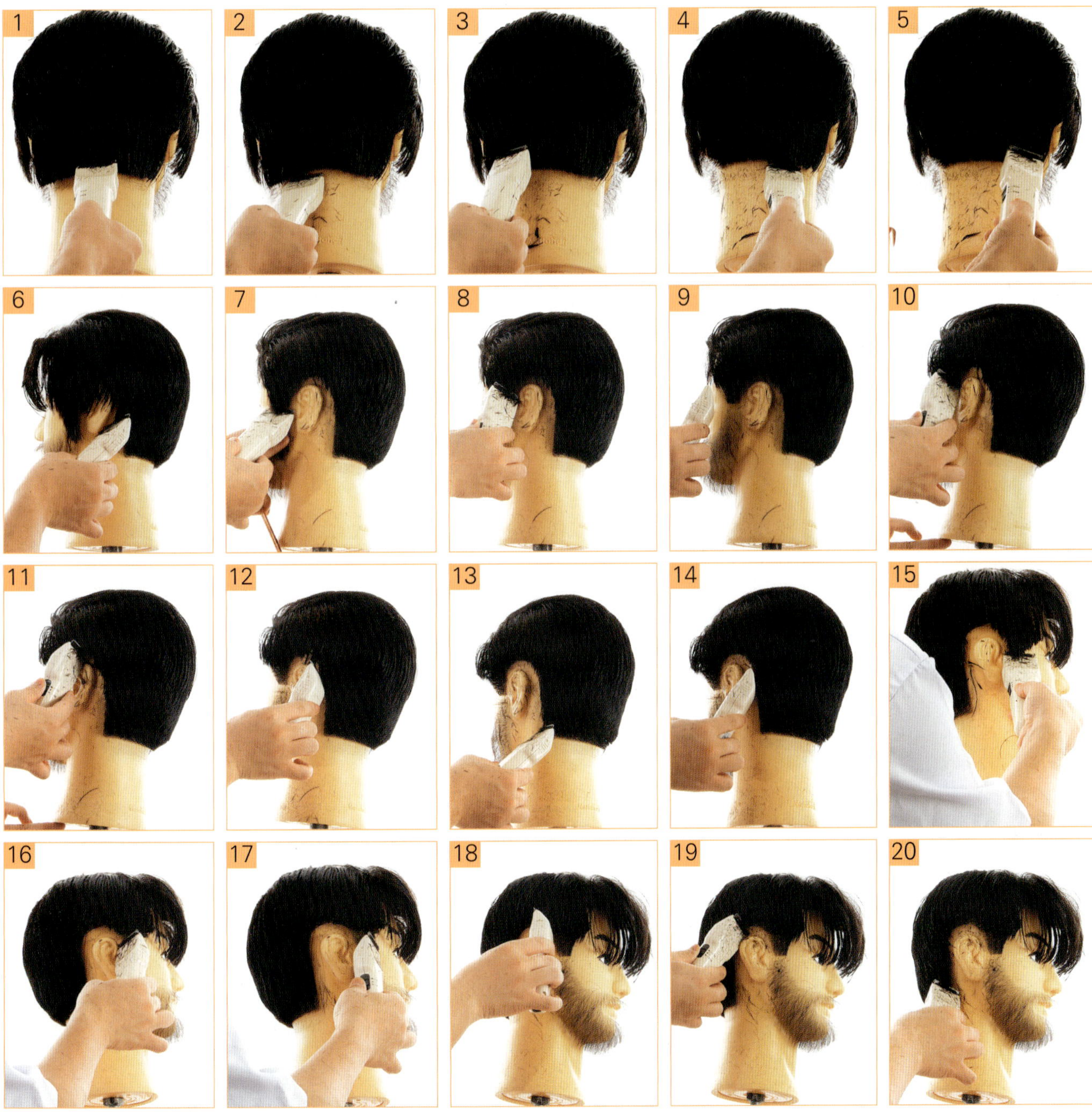

5. 틴닝가위를 사용하여 삼색조화로 맞춰 컷트 시행하고 중간 중간 쳐올리면서 머리숱을 솎아가면서 컷트를 한다. 장가위를 사용하여 튀어나온 머리카락을 정리해 준다.

6. 컷트선을 확인(체크)한다.
(좌측~우측으로, 우측~좌측으로, 앞쪽에서 뒤쪽으로 가면서 길이체크)

7. 천가분을 바르고 튀어나온 부위를 싱글링으로 정리한다.

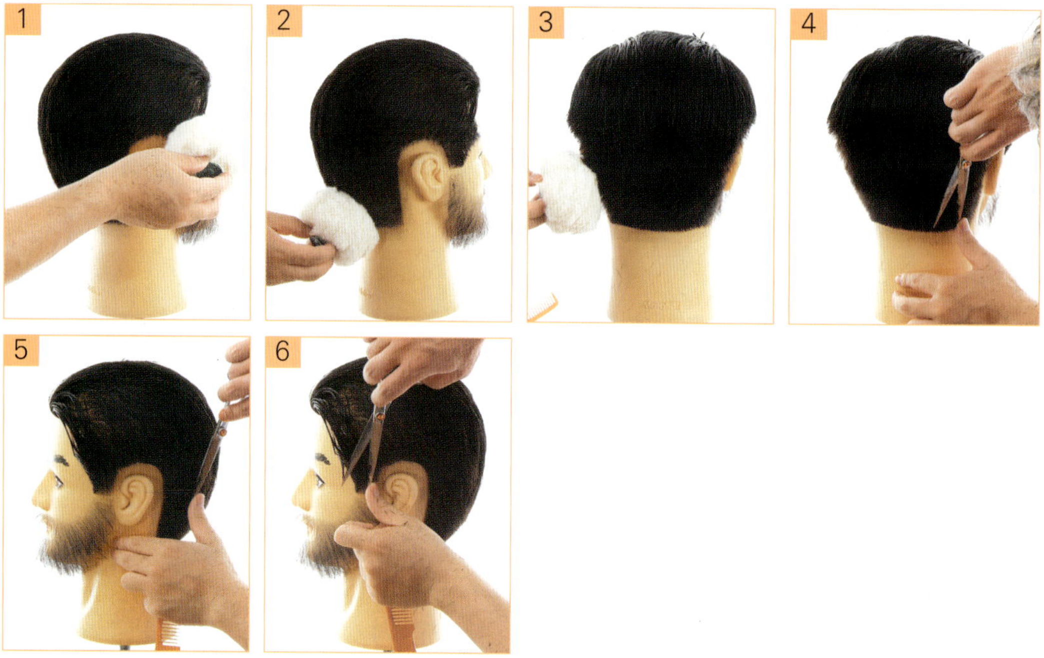

8. 컷트가 끝나면 뒷면도를 시행하고 물수건으로 닦아낸 다음 스킨을 바르고 마무리한다.

※ 뒷면도 순서(면도는 우측부터 시행한다)

가. 목수건을 둘러준다

나. 면도솔에 비눗물을 묻혀서 우측 구렛나루에서 귀윗쪽을 지나 뒷목 중간까지 칠하고 다시 좌측 구렛나루에서 귀윗쪽을 지나 뒷목 중간까지 비눗칠을 한다.

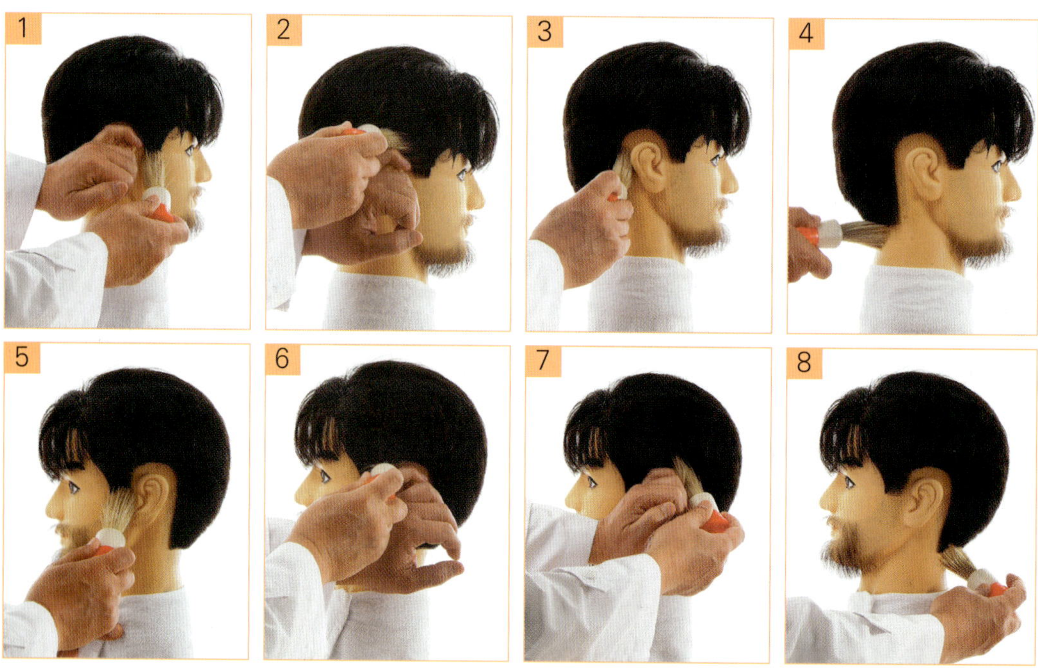

다. 화장지를 두칸 정도 떼어 4등분으로 접은 다음 좌측 약지와 소지 사이에 끼운다.
(면도 중 면도기에 묻은 비눗물이나 머리카락을 닦기 위함)

라. 면도기를 프리핸드로 잡고 우측 구렛나루 부분을 엄지로 누름과 동시에 면도를 한다.
(피부의 탄력 때문에 누름과 동시에 면도를 해야 한다)

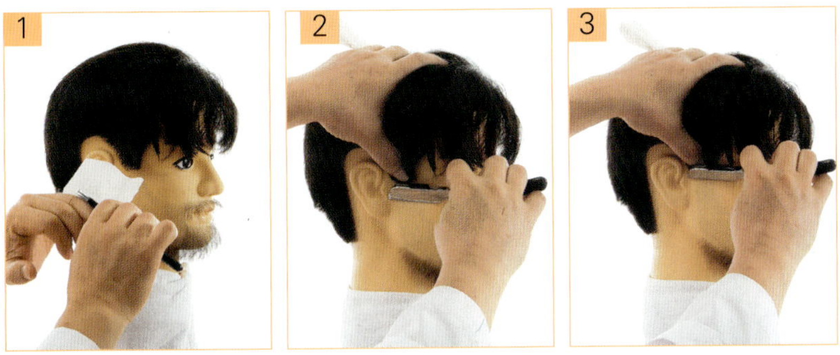

마. 앞쪽에서 귀윗쪽을 지나 귀뒷쪽 중간지점까지 해주고 자세를 바꿔 뒷목 중간까지 이어서 면도를 해준다(엄지와 검지로 귀를 보호하고 중지를 이용 간격을 만들면서 면도).

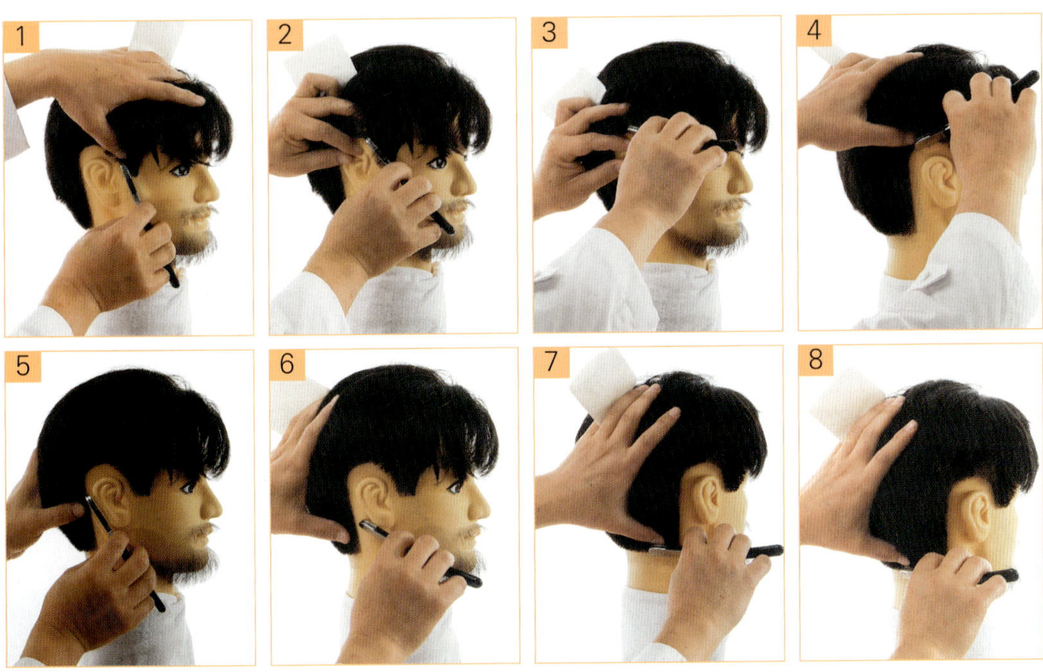

바. 왼쪽 구렛나루는 면도기를 백핸드로 잡고 면도를 하고 다시 정상으로 잡고 귀뒷쪽 중간부터 앞쪽으로 가면서 우측과 같은 방법으로 면도를 하고, 귀뒷쪽 아래는 백핸드로 잡고 면도를 하고 뒷목은 다시 프리핸드로 잡고 우측과 연결해 준다.

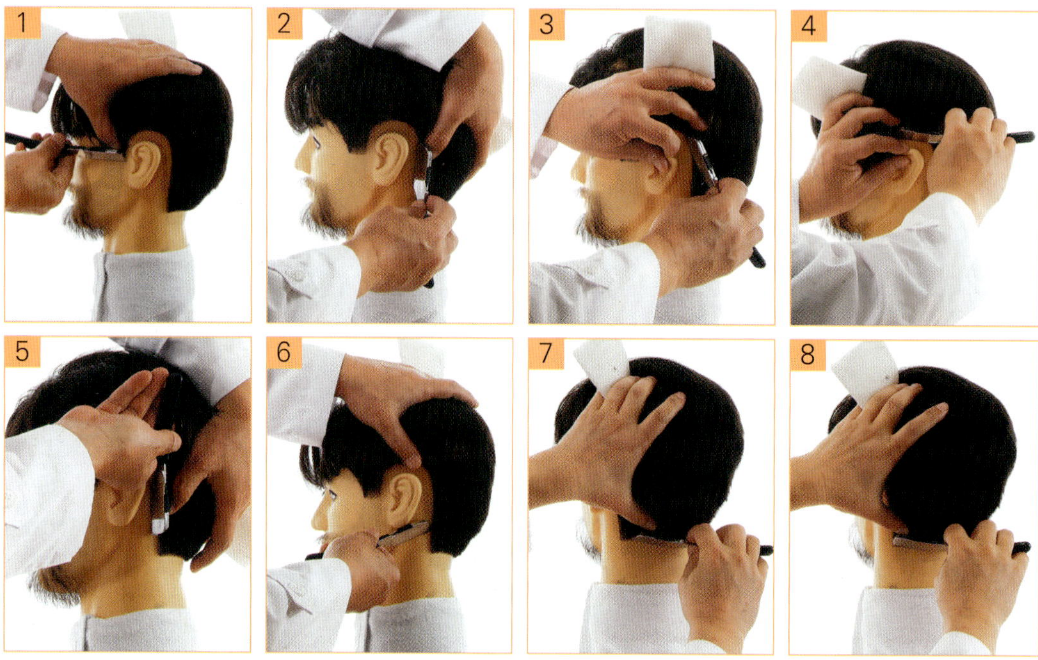

사. 손에 끼웠던 화장지로 비눗물과 머리카락을 닦아주고 깨끗한 물수건을 이용하여 다시 한 번 닦아준 다음 스킨을 바르고 마무리 한다.

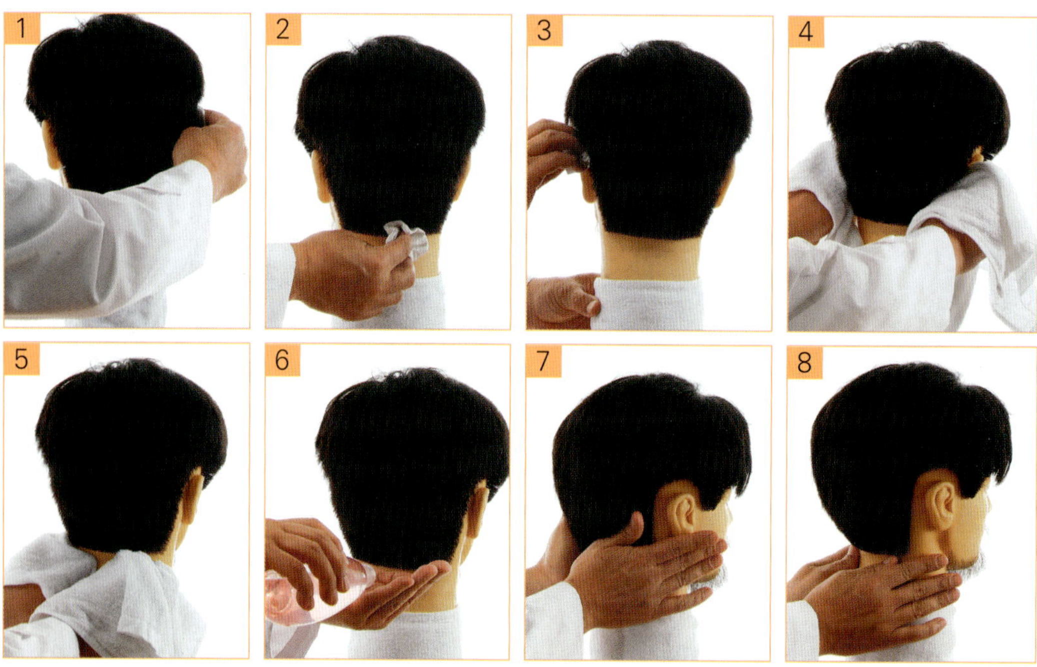

시험유형 2. 장교형 조발

	시술	작업 방법	시간	유의사항
1	기구정비	감독관의 지시에 따른다.	5분	시술유,무 감독관 재량
2	조발술	바리깡과 가위(틴닝가위, 장가위)를 이용하여 머리카락이 귀부분을 덮지 않게 단정하게 조발한다. 목 뒷부분 3cm이하, 옆머리 2cm이하의 범위로 시술	25분	가지런하고 전체적인 색조와 균형이 이루어져야 한다. (뒷면도 포함)
3	면체술	마네킹 얼굴을 면도한다.	10분	면도의 방법을 준수하고 여러 테크닉을 적절히 사용한다.
4	세발술	마네킹 두발을 샴푸한다.	10분	세발술의 순서에 맞게 테크닉을 고루 사용한다.
5	정발술	두발의 앞머리를 세우고 옆머리를 옆으로 넘겨 정리한다. (가르마는 7:3 가르마로 시술한다)	15분	정발용품을 사용하여 흐름 전체의 조화미가 있도록 시술
6	아이론	천정부위의 두발을 아이론 한다.	20분	와인딩배열, 균일성에 유의하여 와인딩 (중앙에 9개이상, 양쪽사이드 5개이상 시술)

사용도구 : 바리깡, 장가위, 틴닝가위, 빗

장교형 조발 (뒷면도 포함 25분)

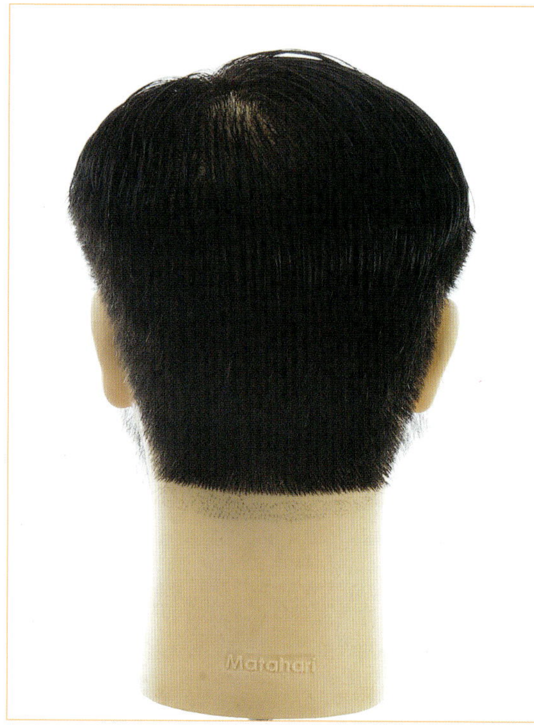

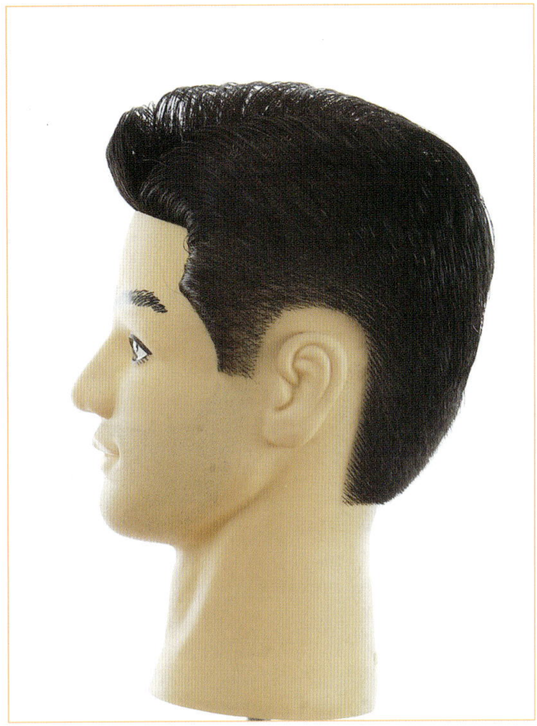

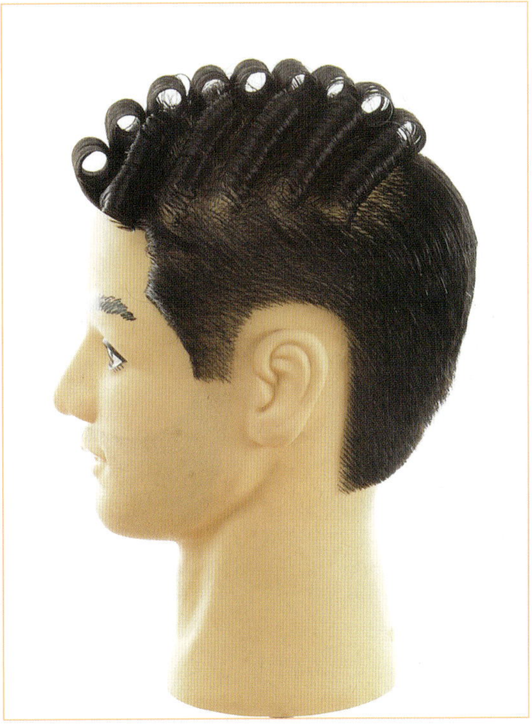

장교형 조발 도해도

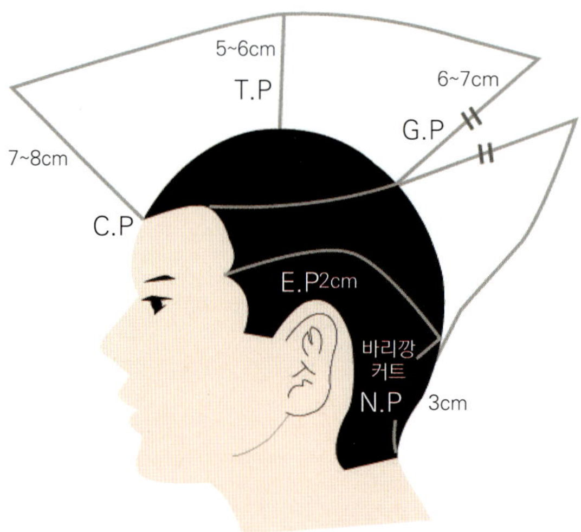

장교형 조발

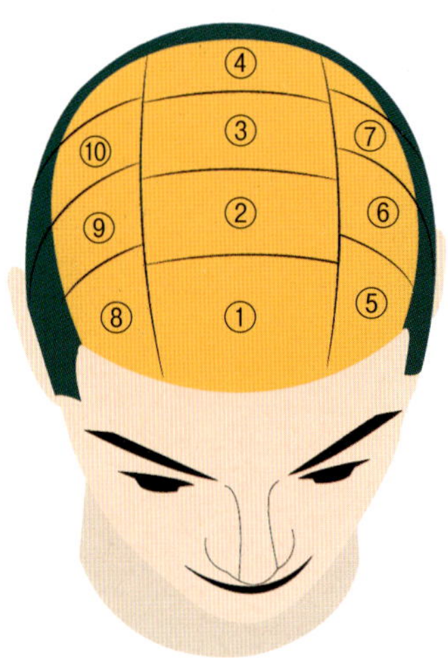

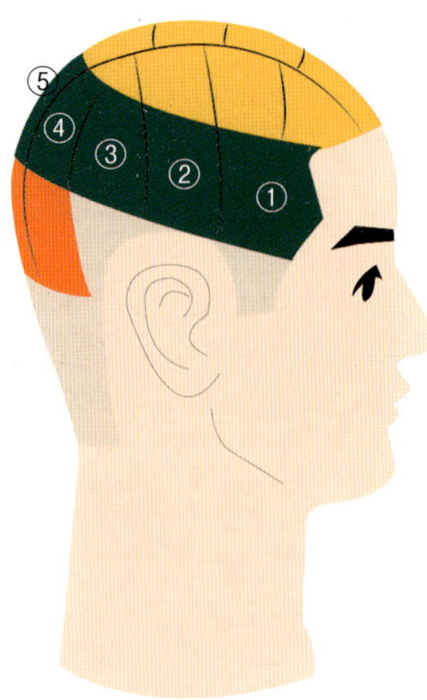

두상이 함몰된 첫판넬을 사이드베이스로 시술한다.

위에서 떨어진 모발, 가이드를 시작으로 지간깎기로, 베이스는 온더베이스로, 시술각도는 판넬의 제일 아래 가이드에서 자연 시술각 90°로 시술한다.

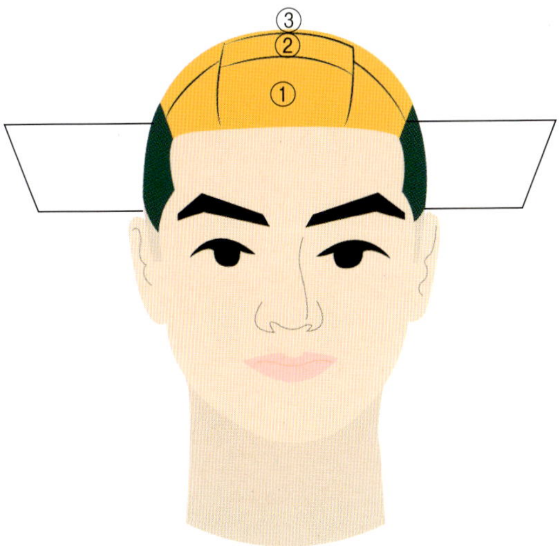

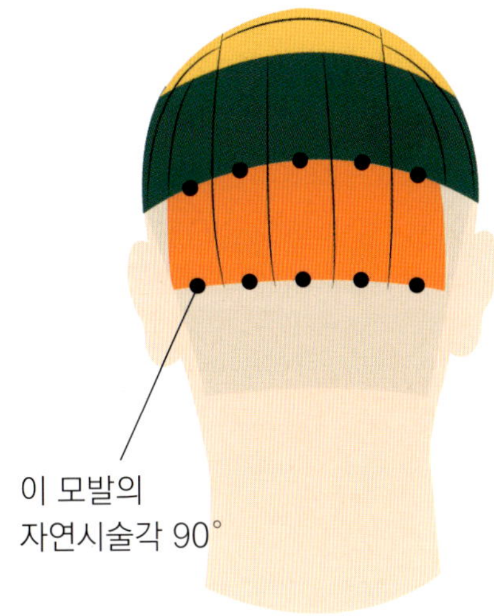

커트빗 잡는 법

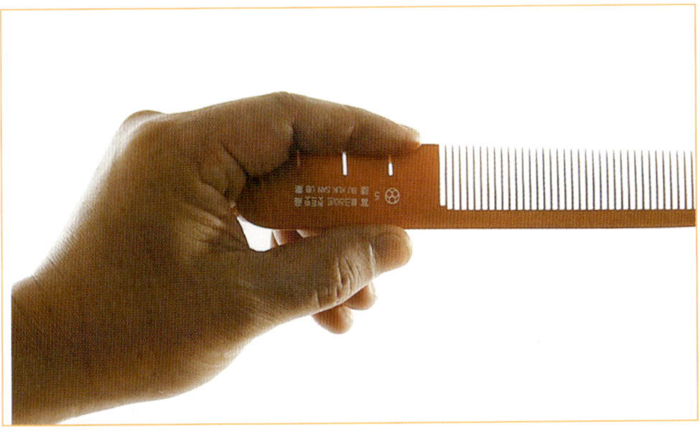

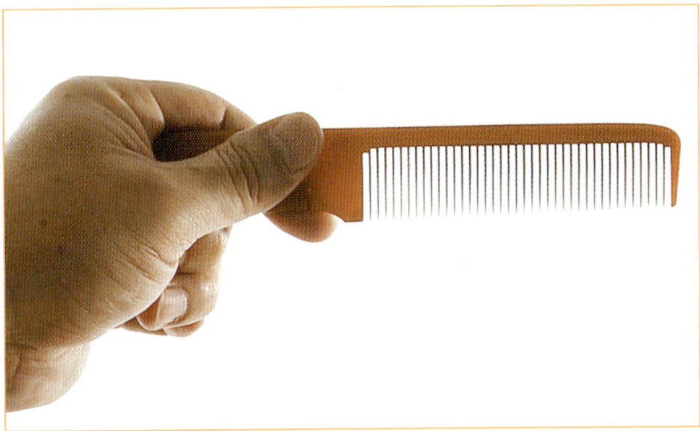

※ 마네킹 목에 화장지(넥페이퍼)를 두르고 수건을 두른 다음 커트보를 씌운다.

※ 바리깡의 덧날 사용 및 자동조절 바리깡의 사용을 금한다.

1. 틴닝가위를 사용하여 지간깎기를 한다.
   CP에서 GP까지 4섹션정도 지간깎기
   좌측 FSP쪽에서 GP방향으로 3섹션정도 지간깎기
   우측 FSP쪽에서 GP방향으로 3섹션정도 지간깎기를 시행한다.
2. 우측 FSP와 SCP사이에서 BP를 지나 좌측 FSP와 SCP사이까지 지간깎기를 한다.

3. BP아래쪽도 같은 방법으로 지간깎기 시행

4. 장가위를 사용하여 같은 방법으로 지간깎기를 하여 형태를 만들어 준다.
(CP 7~8cm, TP 5~6cm, GP 6~7cm, BP 3~4cm)

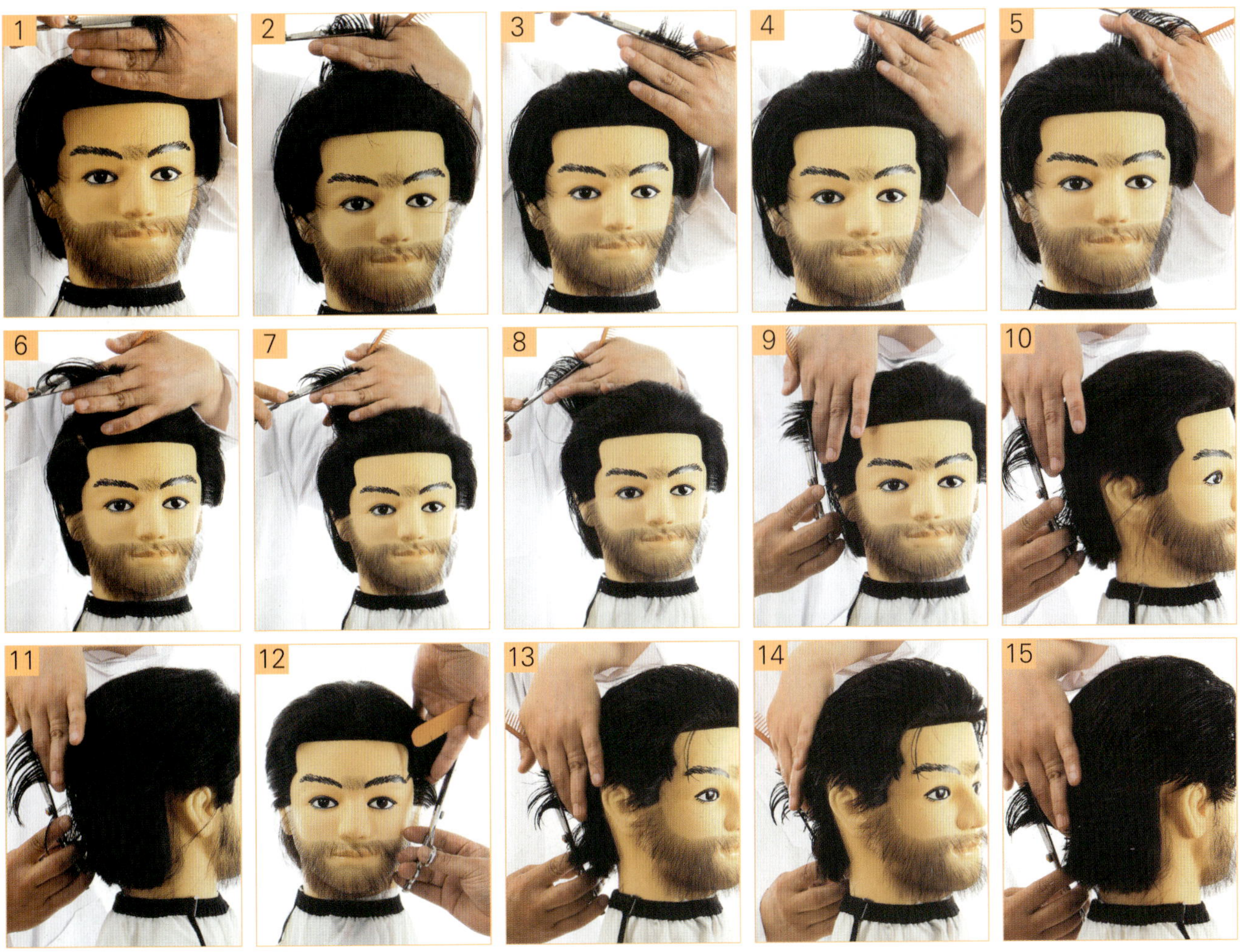

5. 바리깡을 사용하여 뒷머리 아래부분을 3cm이하로 쳐올리고 옆머리는 2cm이하가 되게 쳐올려 준다(바리깡작업 NP 3cm이하, EP 2cm이하).

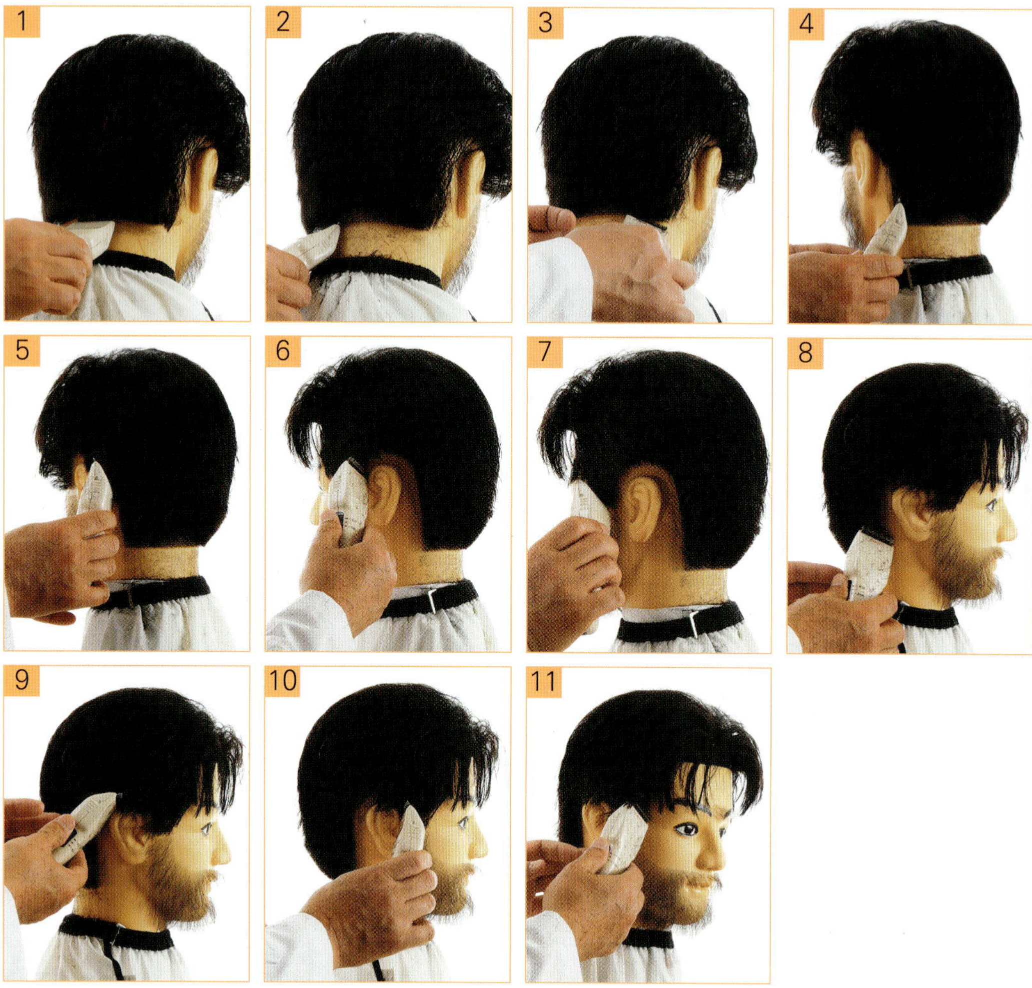

6. 틴닝가위를 사용하여 삼색조화로 맞춰 컷트 시행하고, 중간 중간 쳐올리면서 머리숱을 솎아가면서 컷트를 한다.

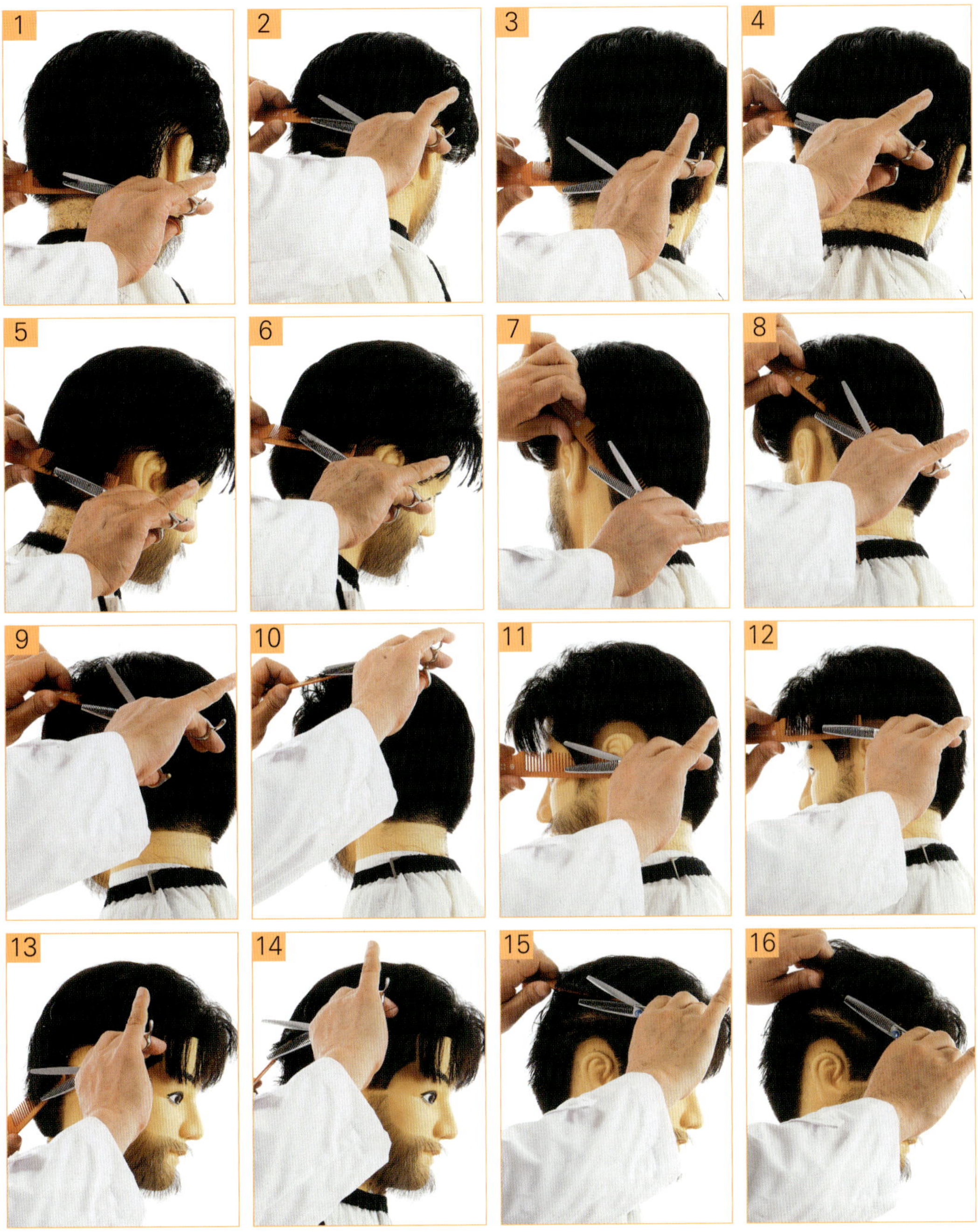

7. 장가위를 사용하여 튀어나온 머리카락을 정리해 준다.

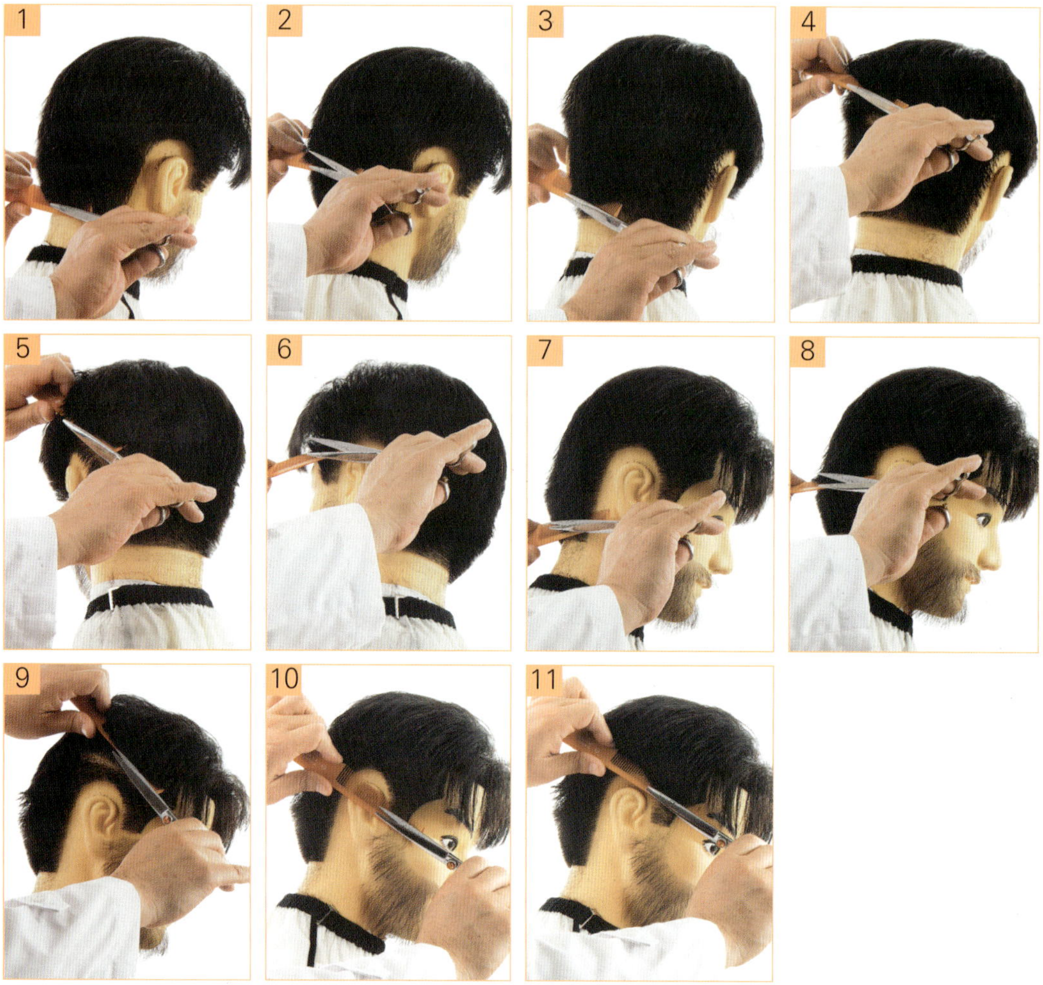

8. 컷트선을 확인(체크)한다.
(좌측~우측으로, 우측~좌측으로, 앞쪽에서 뒤쪽으로 가면서 길이체크)

9. 천가분을 바르고 튀어나온 부위를 싱글링으로 정리하고 7:3가르마로 마무리 한다.

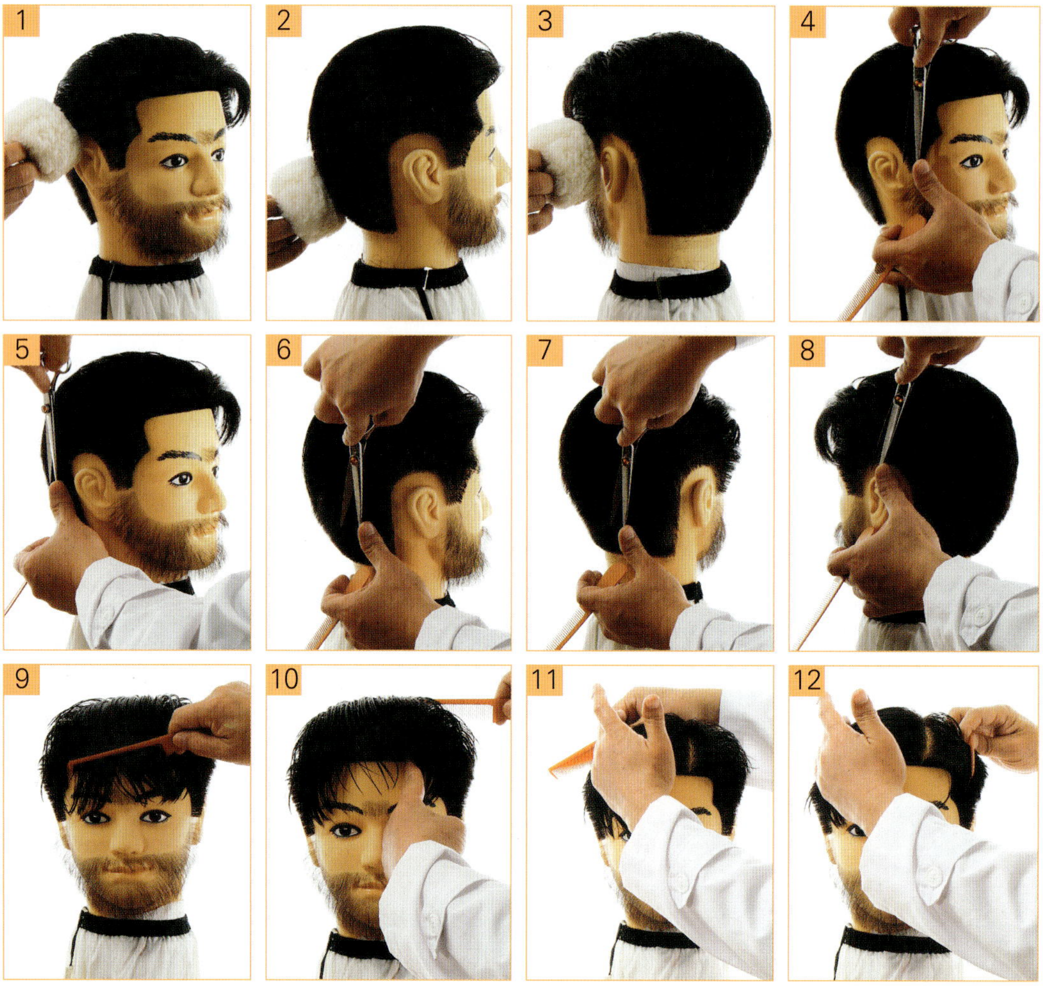

10. 컷트가 끝나면 뒷면도를 시행하고 물수건으로 닦아낸 다음 스킨을 바르고 마무리 한다.

시험유형 3. 둥근 스포츠형 조발

	시술	작업 방법	시간	유의사항
1	기구정비	감독관의 지시에 따른다.	5분	시술유,무 감독관 재량
2	조발술	바리깡과 가위를 이용하여 머리카락이 귀부분을 덮지 않게 단정하게 조발한다. 목 뒷부분 3cm이하, 옆머리 2cm이하의 범위로 바리깡을 사용하고 나머지 부위는 장가위로 시술한다. (틴닝가위를 사용할 수 없다)	35분	가지런하고 전체적인 색조와 균형이 이루어져야 한다(뒷면도 포함).
3	면체술	마네킹 얼굴을 면도한다.	10분	면도의 방법을 준수하고 여러 테크닉을 적절히 사용한다.
4	세발술	마네킹 두발을 샴푸한다.	10분	세발술의 순서에 맞게 테크닉을 고루 사용한다.
5	정발술	두발 길이가 짧아서 정발이 불가하여 생략		
6	아이론	천정부위의 두발을 아이론 한다.	20분	와인딩배열, 균일성에 유의하여 와인딩 (중앙에 9개이상, 양쪽사이드 5개이상 시술)

사용도구 : 바리깡, 장가위, 빗

둥근 스포츠형(라운드브로스) 조발(뒷면도 포함 35분) - 틴닝가위 사용 못함

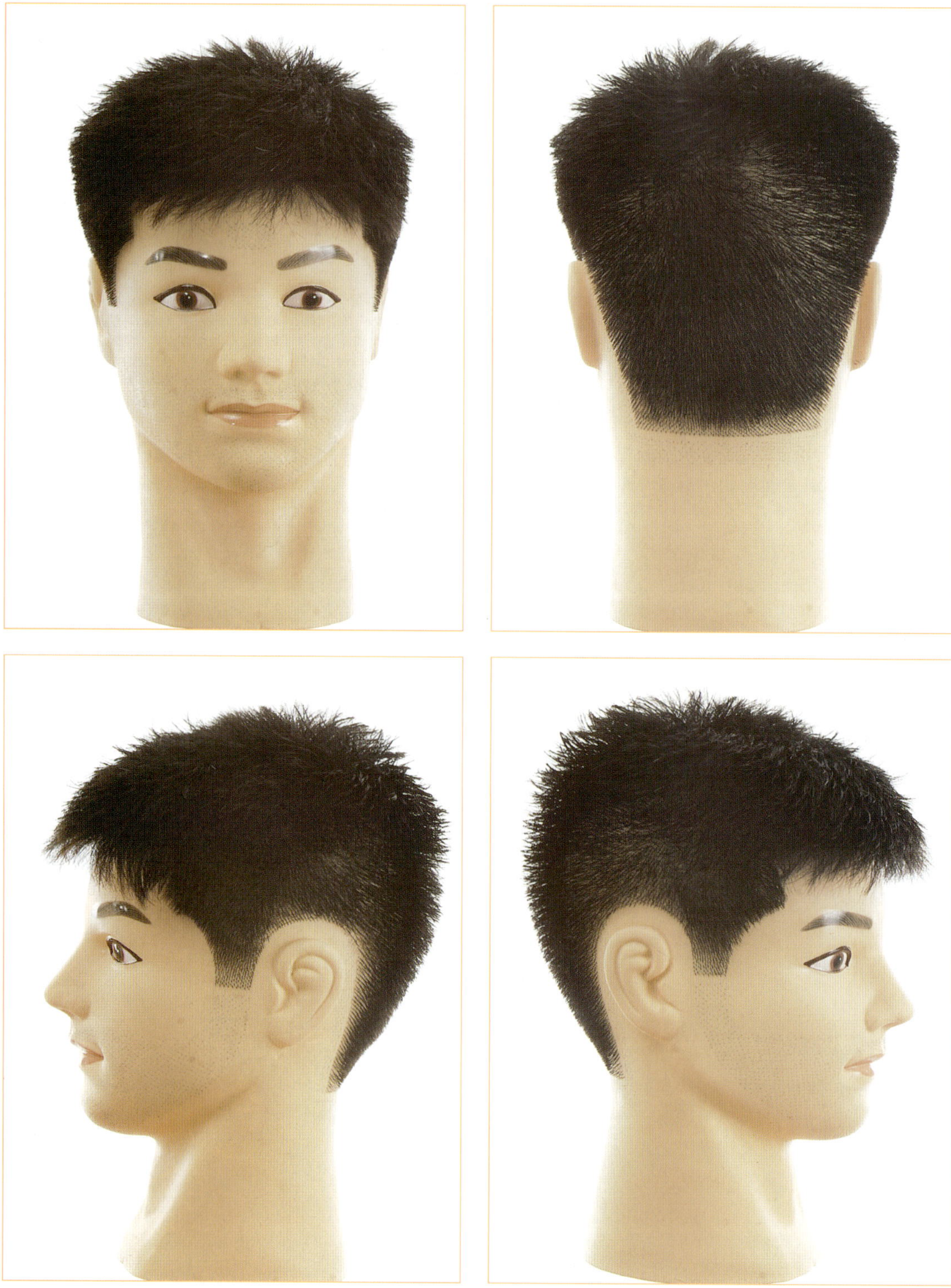

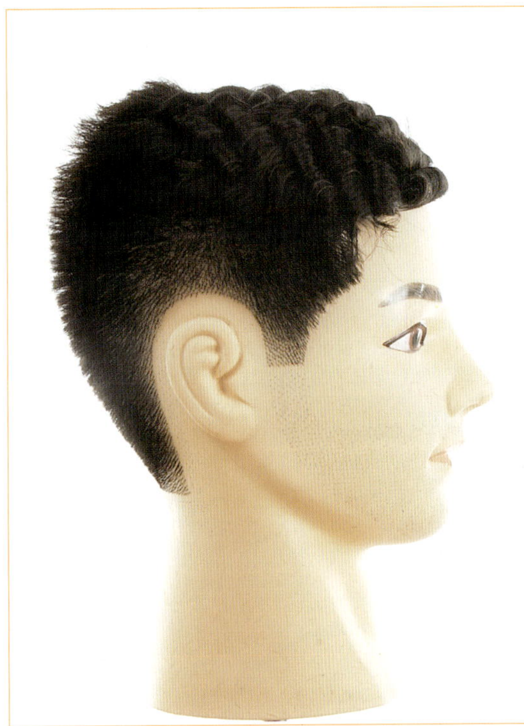

둥근스포츠 도해도

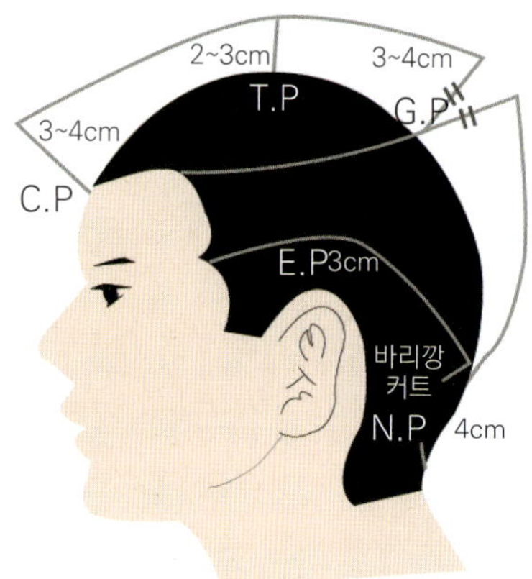

둥근스포츠형

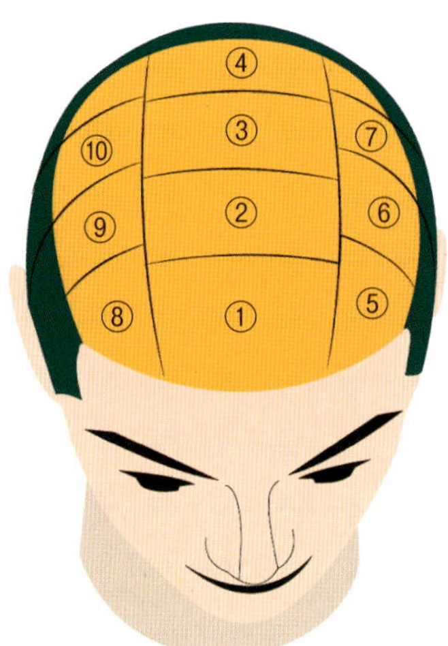

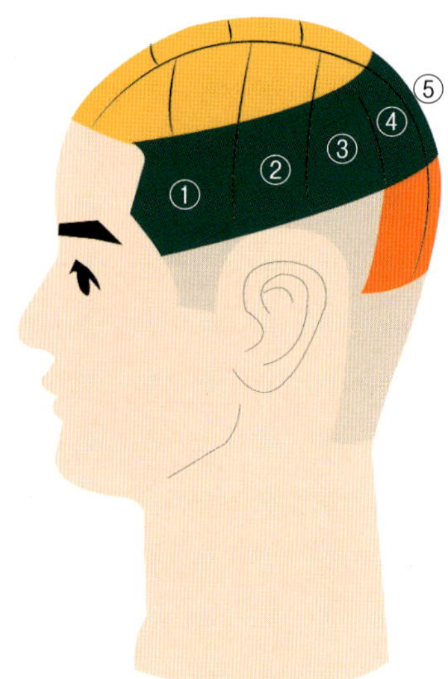

두상이 함몰된 첫판넬을 사이드베이스로 시술한다.

위에서 떨어진 모발, 가이드를 시작으로 지간깎기로, 베이스는 온더베이스로, 시술각도는 판넬의 제일 아래 가이드에서 자연 시술각 90˚로 시술한다.

커트빗 잡는 법

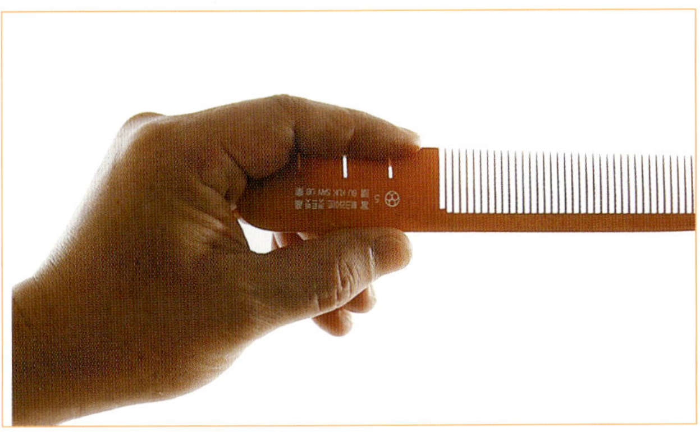

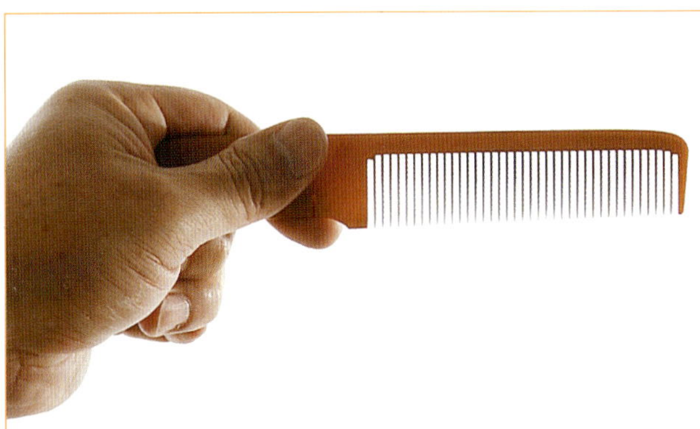

※ 마네킹 목에 화장지(넥페이퍼)를 두르고 수건을 두른 다음 커트보를 씌운다.

※ 바리깡의 덧날 사용 및 자동조절 바리깡의 사용을 금한다.

1. 장가위를 사용 지간깎기를 한다.
   CP에서 GP까지 4섹션정도 지간깎기
   좌측 FSP쪽에서 GP방향으로 3섹션정도 지간깎기
   우측 FSP쪽에서 GP방향으로 3섹션정도 지간깎기를 시행한다.
   우측 FSP와 SCP사이에서 BP를 지나 좌측 FSP와 SCP사이까지 지간깎기를 한다.
   BP아래쪽도 같은 방법으로 지간깎기 시행
   (CP 4~5cm, TP 2~3cm, GP 3~3cm, BP 1~1.5cm)

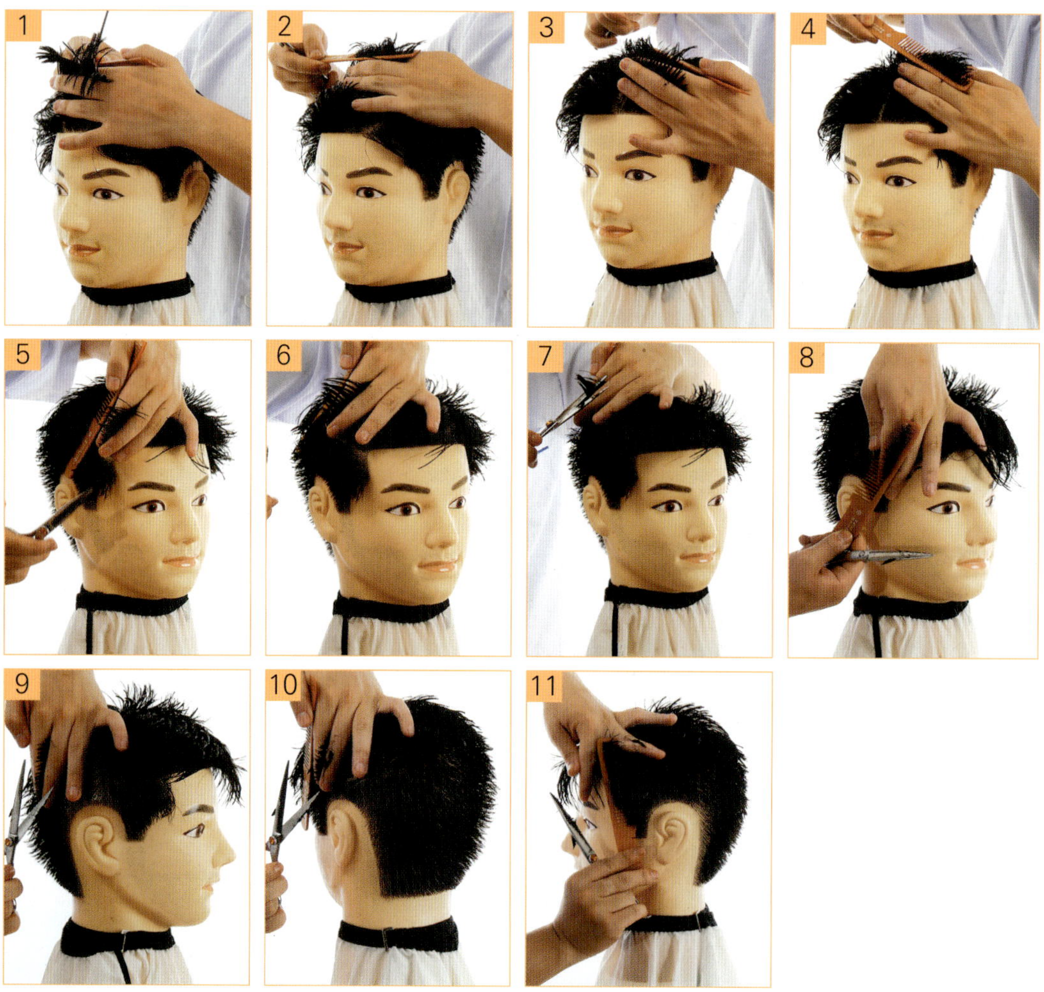

2. 바리깡을 사용하여 뒷머리 아래부분을 3cm이하로 쳐올리고 옆머리는 2cm이하가 되게 쳐올려 준다.
(바리깡작업 NP 3cm이하, EP 2cm이하)

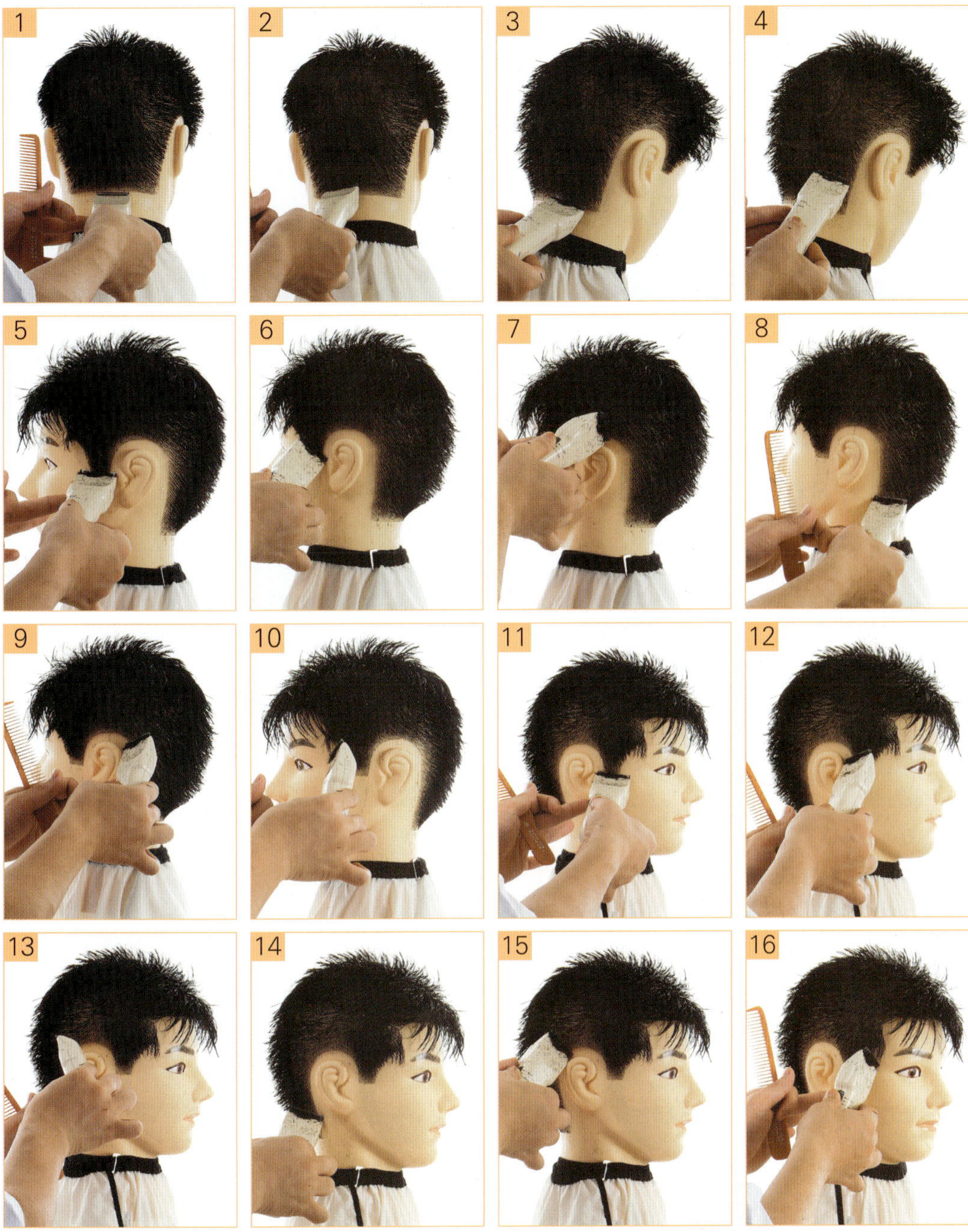

3. 장가위를 사용하여 삼색조화로 맞춰가며 컷트를 한다.

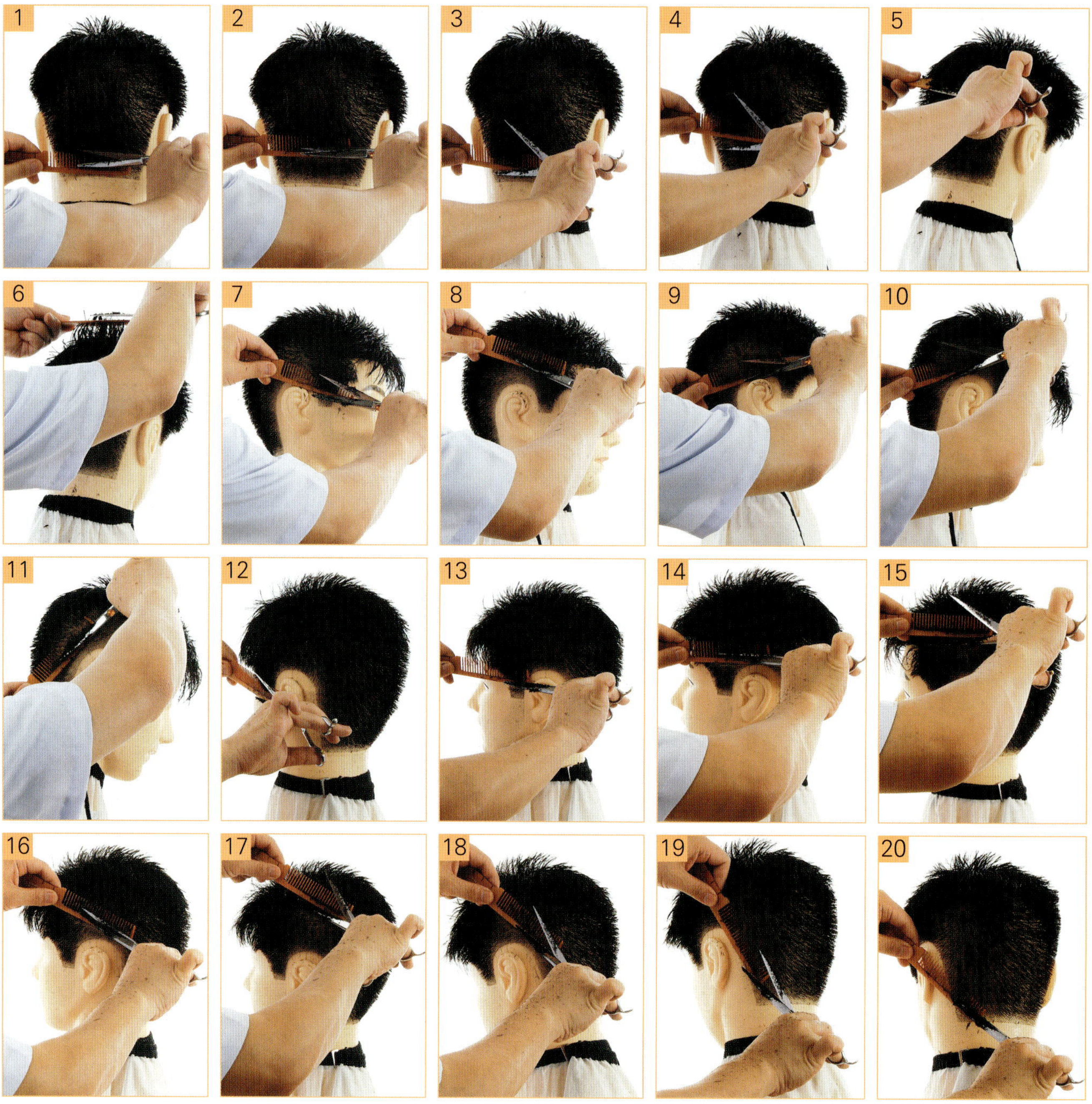

4. 윗머리 길이확인

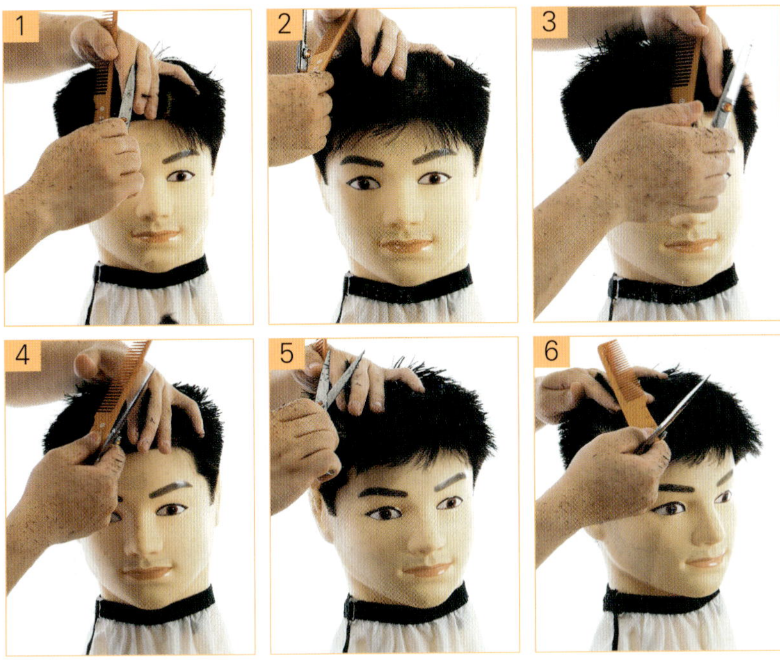

5. 천가분을 바르고 튀어나온 부위를 싱글링으로 정리한다.
(오른쪽, 뒤쪽, 왼쪽을 거쳐 천정부까지 싱글링)

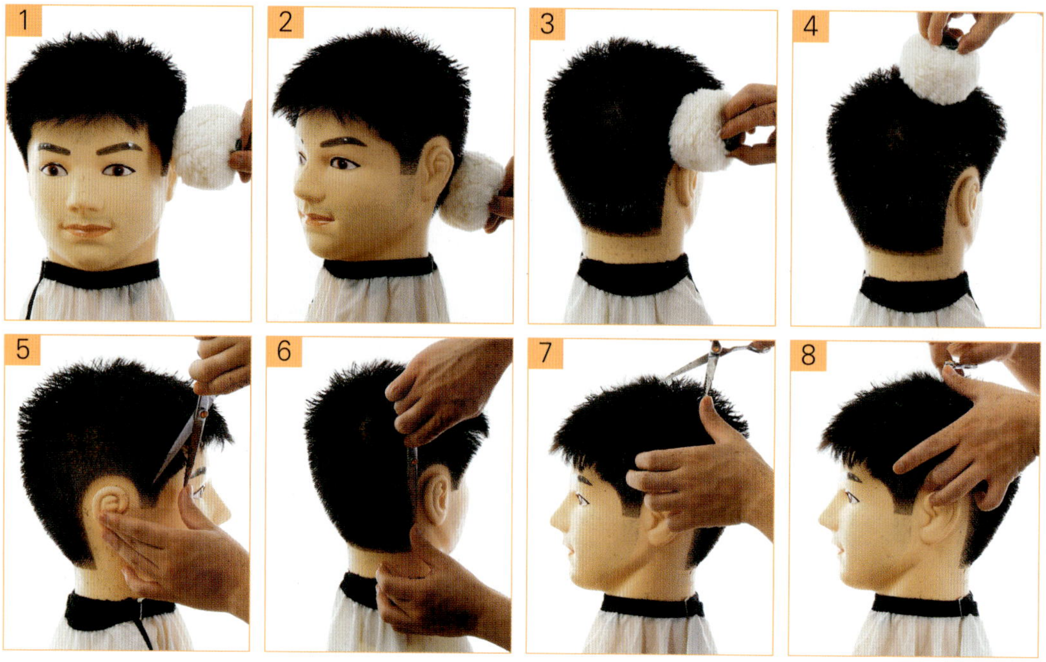

6. 컷트가 끝나면 뒷면도를 시행하고 물수건으로 닦아낸 다음 스킨을 바르고 마무리 한다.

Chapter. 3 면체술

※ 면체술(안면도)

사용도구 : 면도대, 면도날, 면도크림, 면체용 앞접시

1. 면체술(우측부터 시행한다)

※ 면도기를 잡는 방법

① 프리핸드

가장 기본적인 방법이며 면도기를 엄지와 검지로 가볍게 잡고 손목을 사용하는 테크닉

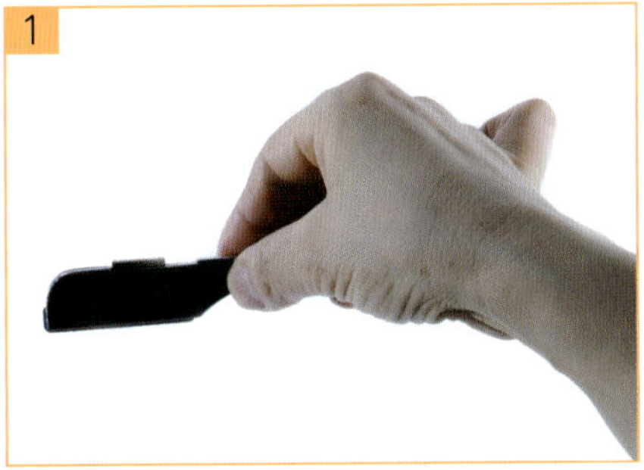

1

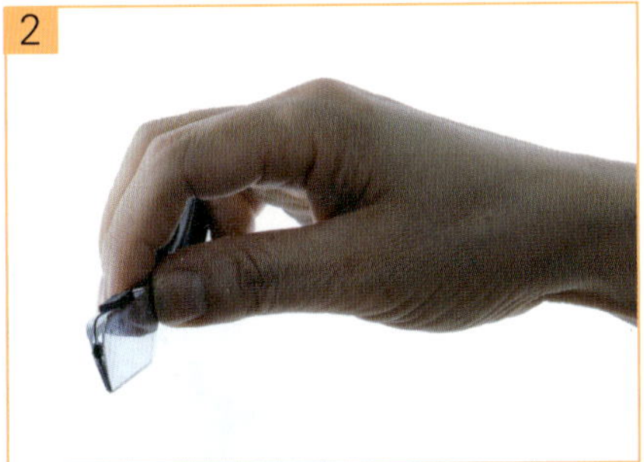

2

② 백핸드

손바닥이 위로 향하게 하는 방법으로 면도날이 프리핸드 반대 방향이 되게 잡는다.

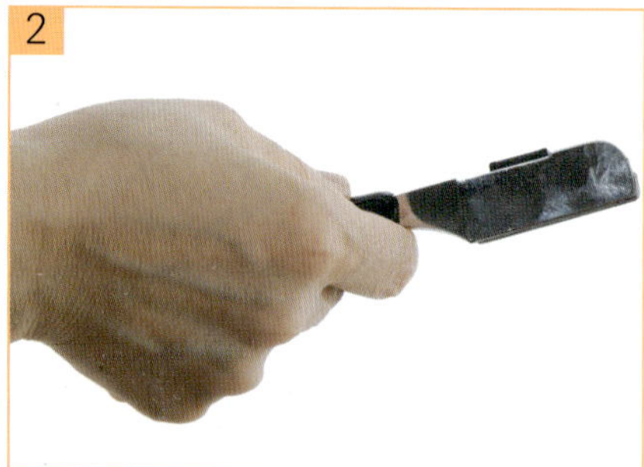

③ 펜슬핸드

면도기를 붓이나 펜슬 쥐는 방법으로 면도날이 왼쪽으로 향하게 한다.

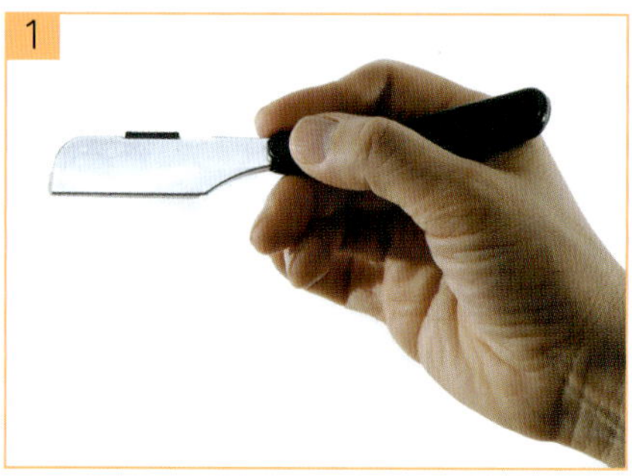

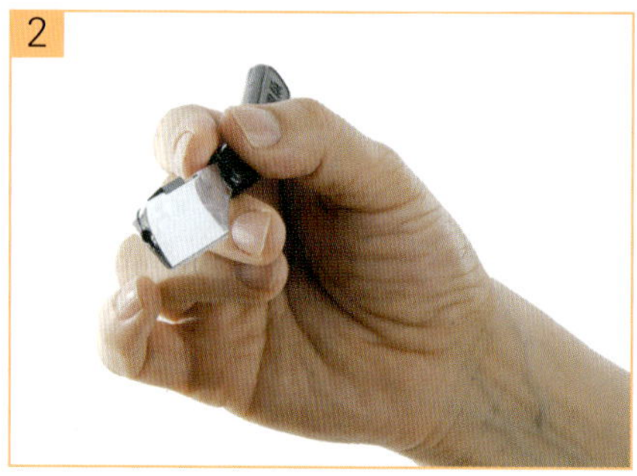

④ 스틱핸드

면도기를 막대기를 쥐듯이 똑바로 펴서 쥐는 방법으로 오른쪽으로 밀면서 면도를 한다.

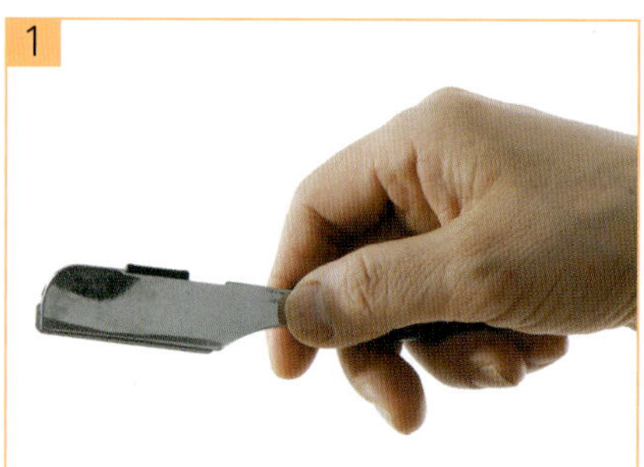

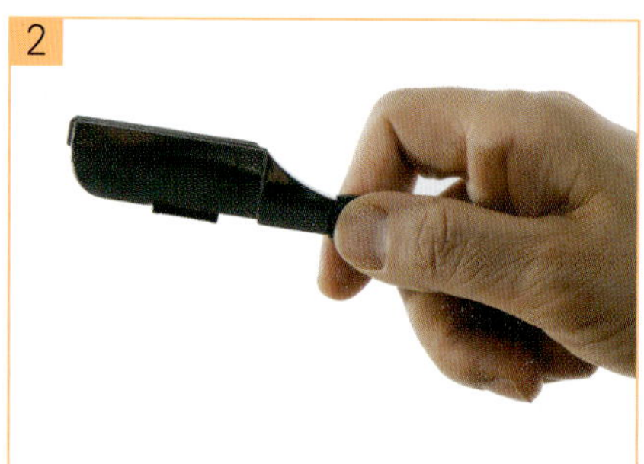

1. 수건을 이용 마네킹의 앞머리카락이 나오지 않도록 머리 윗부분을 감싸주고
면도솔을 이용 비누액을 마네킹의 윗이마 우측에서 좌측으로 다시 좌측에서 우측으로 방향으로 칠한다.

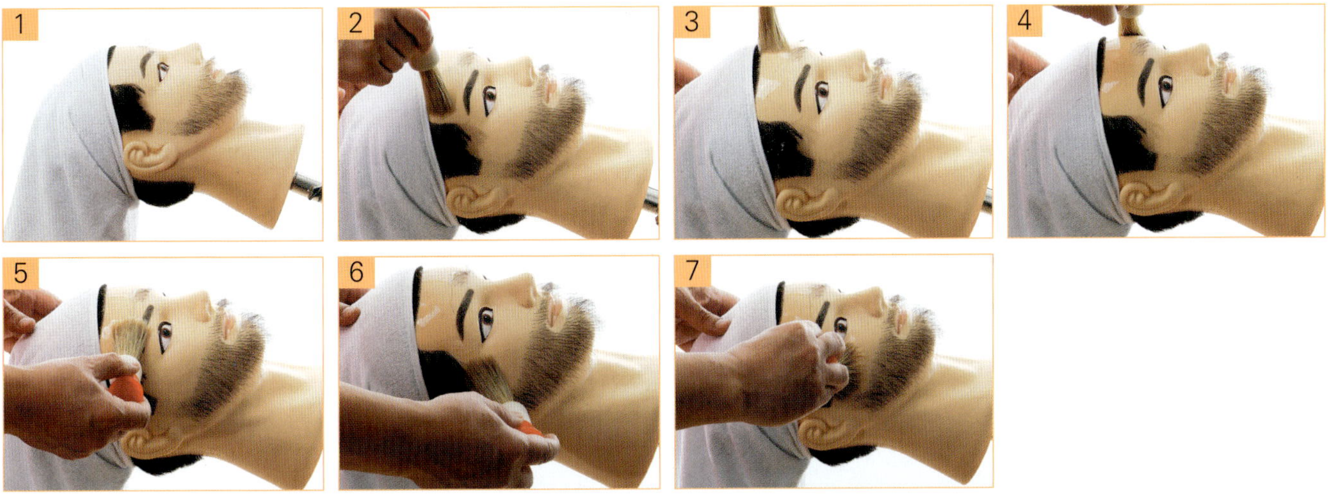

2. 이마에서 우측뺨으로 내려와 시계방향으로 회전하며 칠한 후 아래턱으로 내려가 칠한다음
아래턱 우측에서 좌측으로, 좌측에서 우측으로 중턱을 칠한 후 좌측뺨 아래에서 위쪽
시계반대방향으로 칠한 다음 면도솔에 남아있는 비누거품을 왼손 검지에 묻혀 인중부분의
수염에 발라준다.

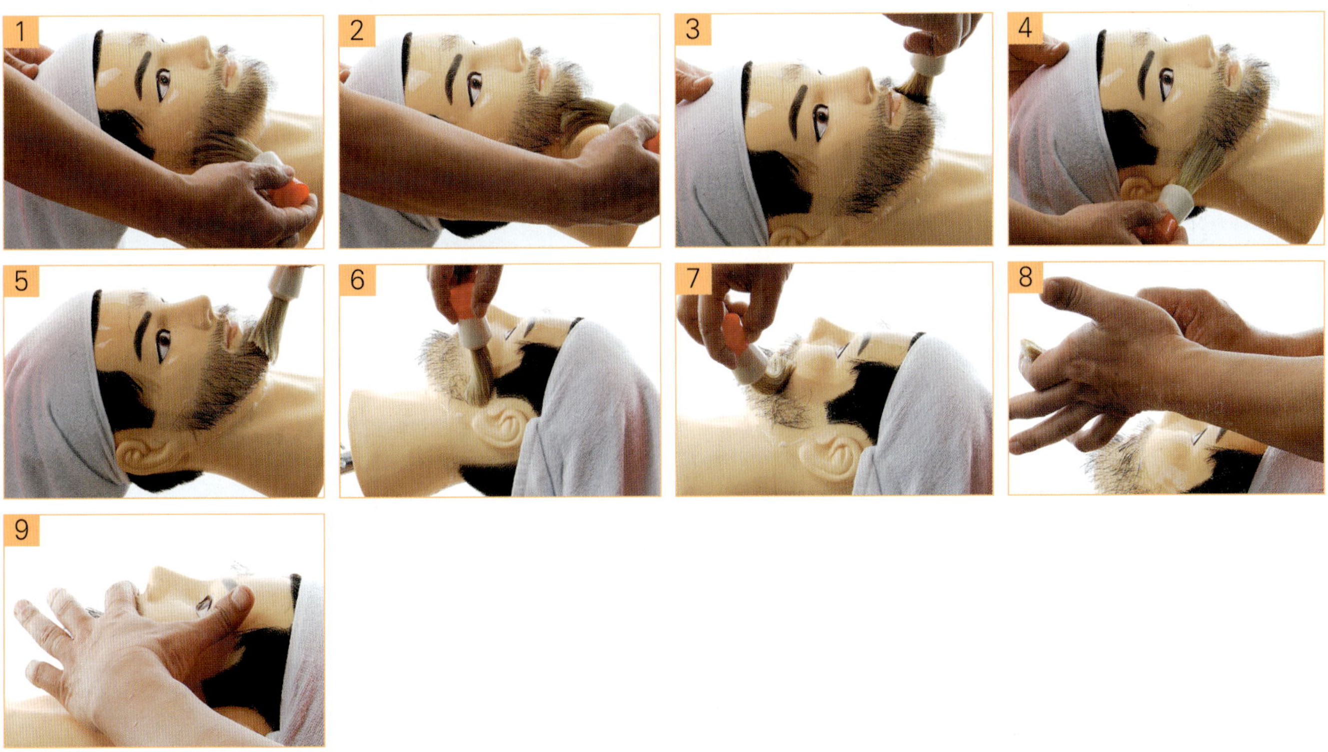

3. 젖은 수건을 4등분하여 인중아래 부위(아래턱을 포함)를 감싸준다(습포효과).

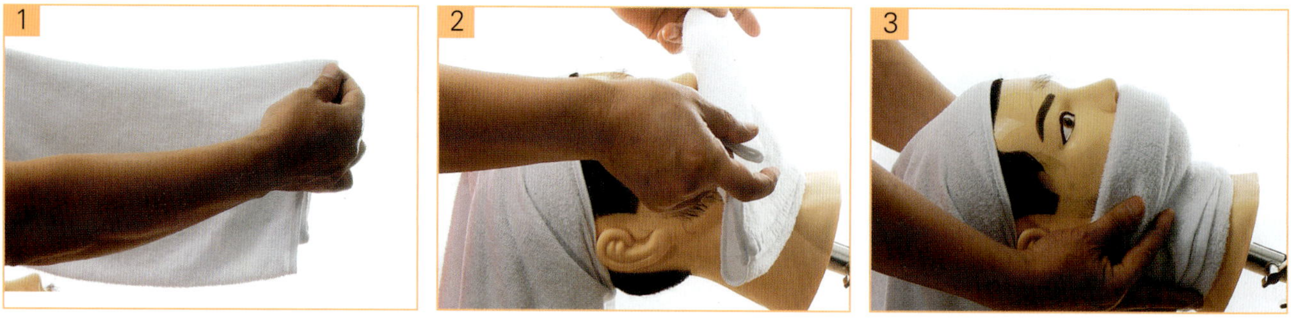

※ **비누거품이 마른부위는 면도크림을 발라가면서 면도를 한다.**

4. 윗이마 우측~좌측으로 엄지와 중지를 사용 피부를 팽창시켜가면서 면도를 시행하고 자세를 바꿔서 좌측에서 우측으로 면도를 하면서 눈썹주위와 눈꺼풀도 같이 면도해주고 미간도 면도로 정리해 준다.

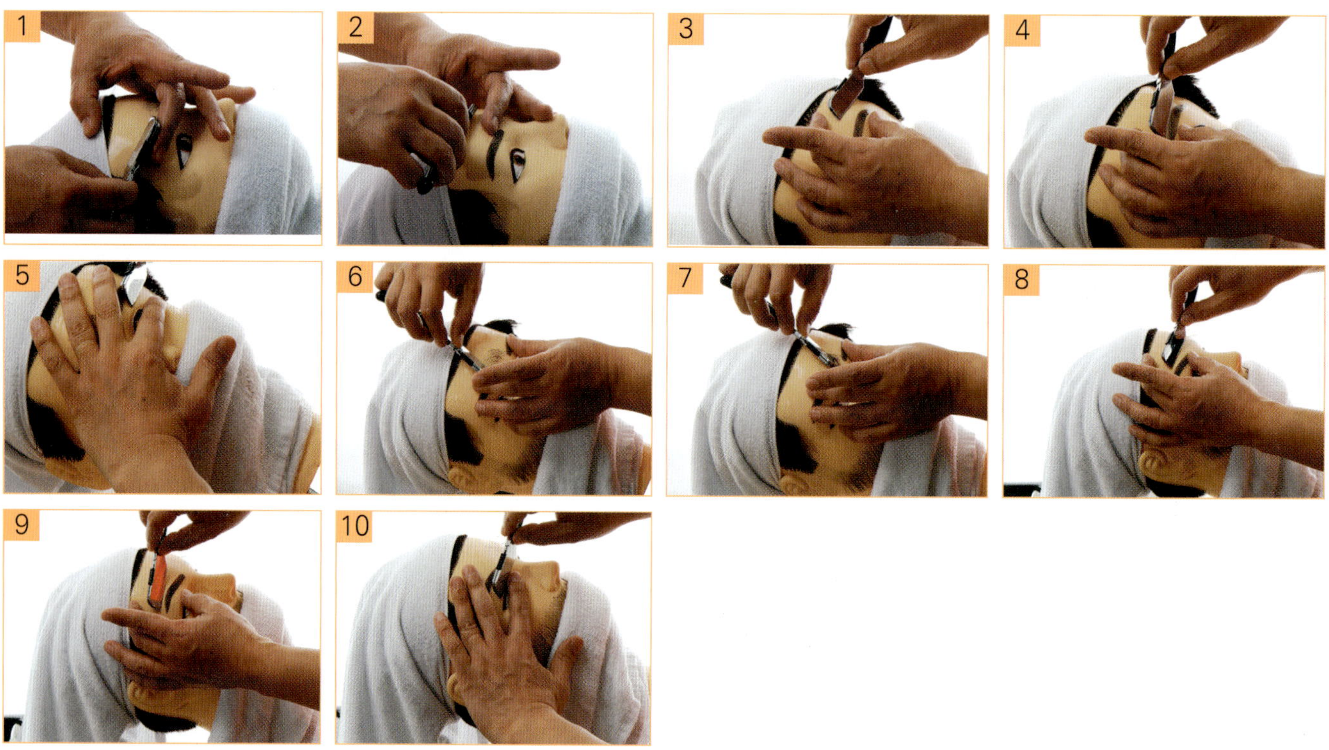

5. 습포해놨던 수건으로 이마와 눈 주위를 깨끗이 닦아주고 우측뺨과 귀, 목부위를 면도한다.
(이마와 마찬가지로 엄지와 중지를 이용, 피부를 늘려가면서 여러 테크닉을 사용하며 면도)

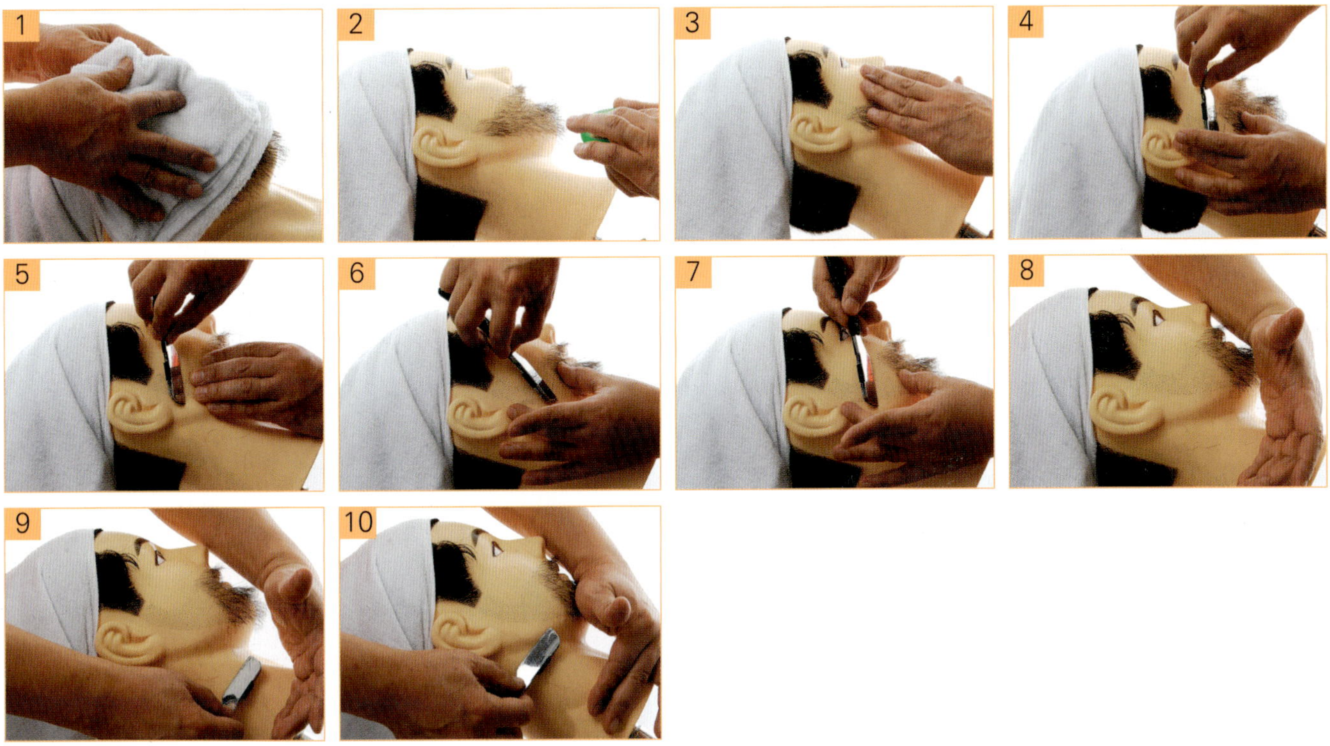

6. 좌측뺨과 좌측 목부위를 우측과 같은 테크닉으로 면도한다.

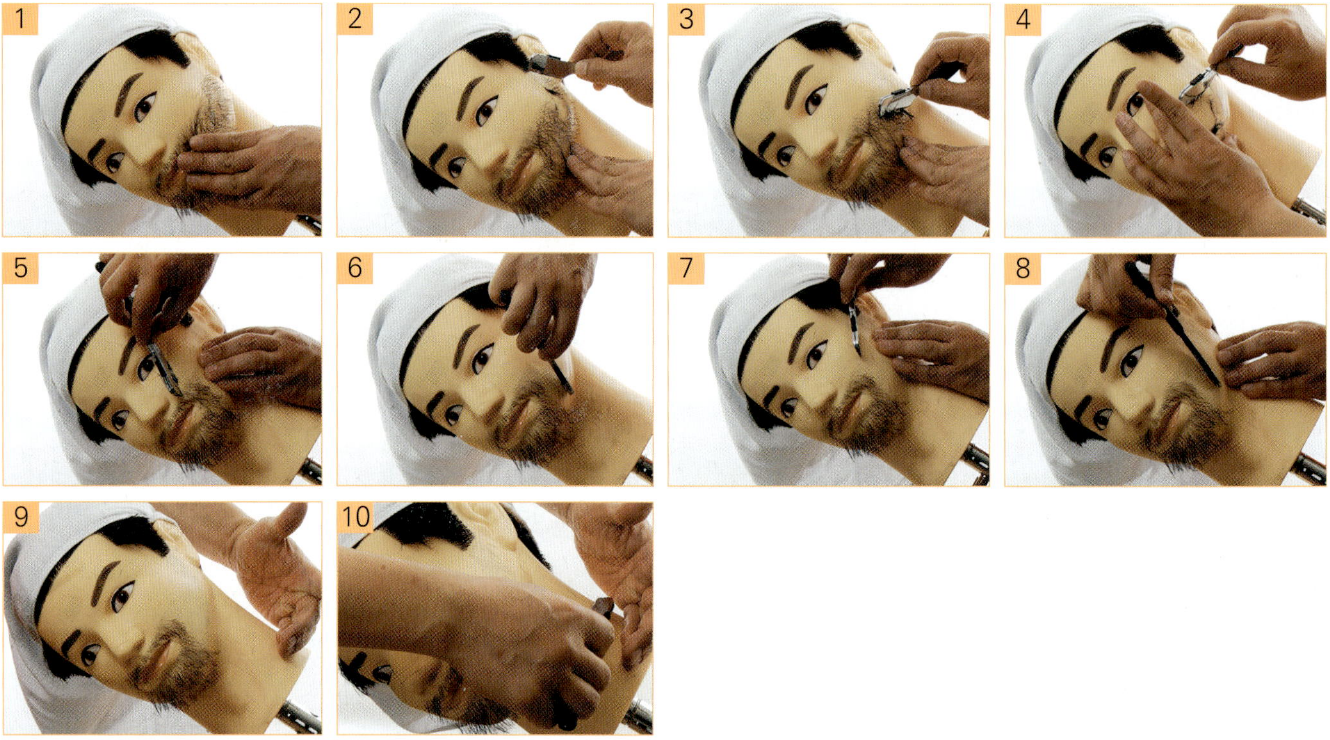

7. 아래턱 중앙부위와 목부위를 면도해주고, 코 밑은 엄지와 검지로 잡아 당기면서 면도를 하고, 인중은 엄지와 검지를 이용 튀어 올라오게 해서 면도하고, 엄지로 만져봐서 꺼칠한 부위는 다시 한 번 면도를 해준다.

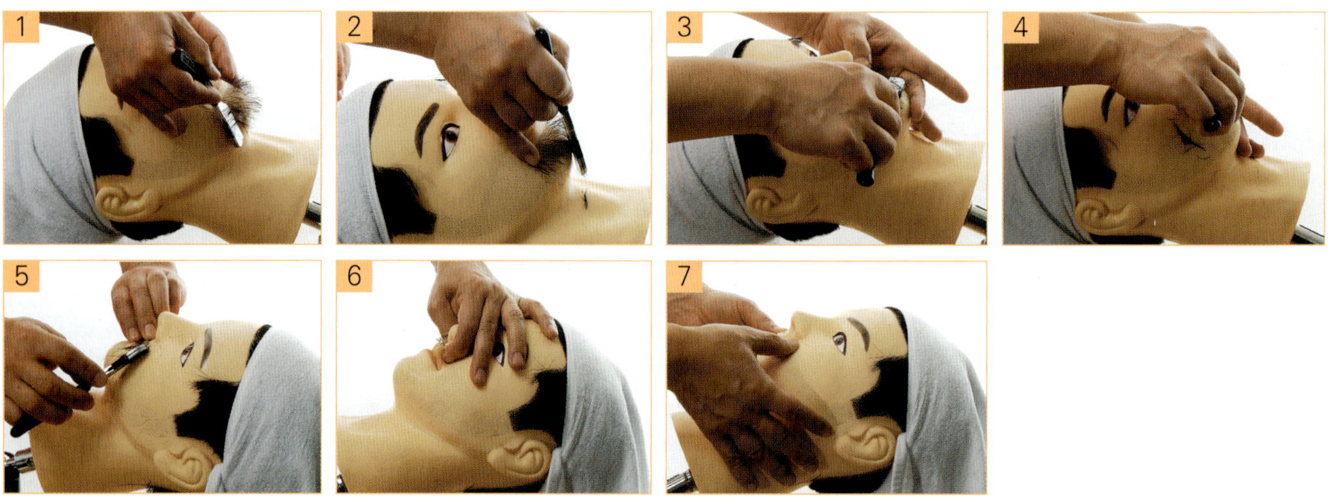

8. 면도가 끝나면 젖은 수건을 인중에 지그재그로 겹친 다음 아래턱을 감싸면서 얼굴전체를 덮어준 다음 정수리와 이마부위를 가볍게 안마와 지압을 해준 후 엄지를 수건 깊숙이 넣은 뒤 이마, 눈주위, 코주위, 턱을 닦아준 다음 턱 아래는 수건을 좌, 우로 번갈아 당기면서 닦아주고 수건을 오른손에 뭉쳐서 다시 한 번 좌측귀와 아래턱을 거쳐 우측귀를 닦아준다.

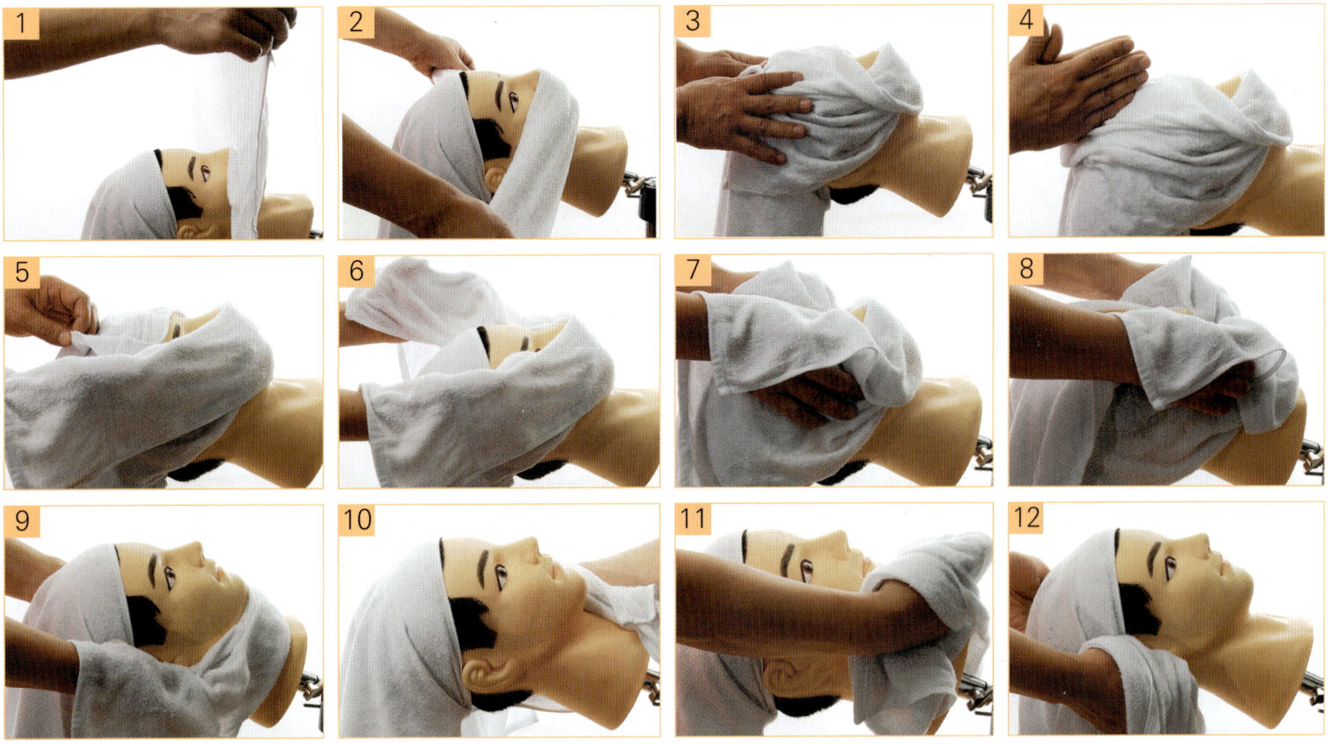

9. 스킨을 바르고 밀크로션을 바른 다음 마무리한다.

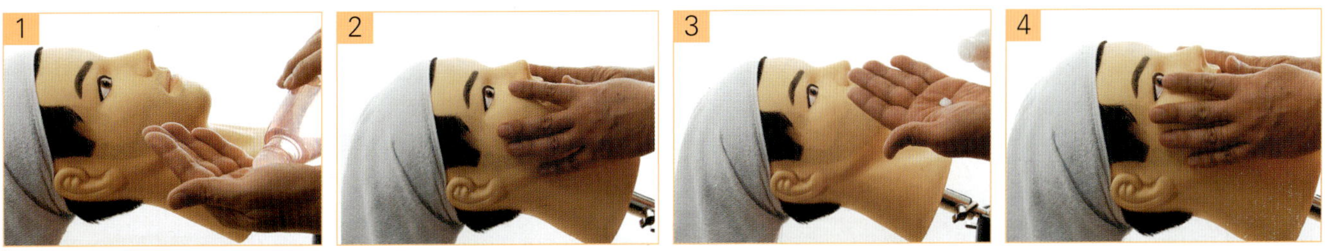

Chapter. 4 세발술

1. 세발술(10분)

1. 수건으로 목을 감싼 후 샴푸보를 씌운다.
   분무기로 머리에서 물이 흘러내리지 않을 정도로 고루 분사해준다(정수리 부위에 충분히 분사해준다).

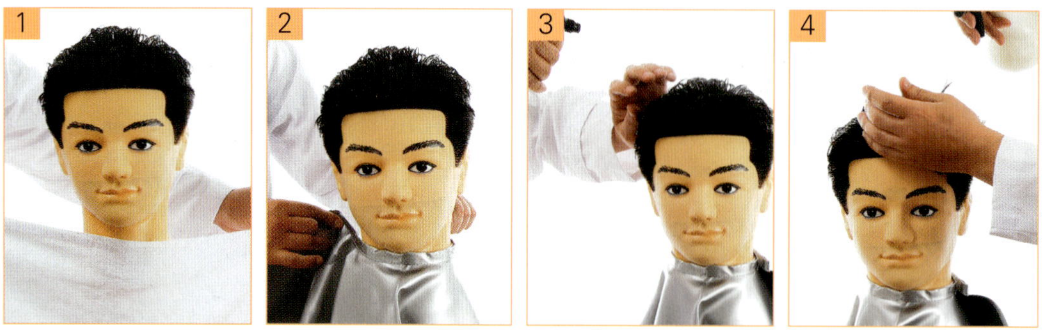

2. 샴푸를 충분한 만큼 손에 짜서 머리에 고루게 바른 후 샴푸를 시작한다.
   샴푸시 여러 가지 테크닉을 반복 구사하면서 샴푸를 한다.

3. 세발 후에 수건드라이로 마무리 한다.

1

2

Chapter. 5 정발술

정발이란?

모발에 물리적 힘을 가하여 일시적으로 모발에 변화를 주는 것
(드라이, 아이론)

※ 드라이어 잡는 법

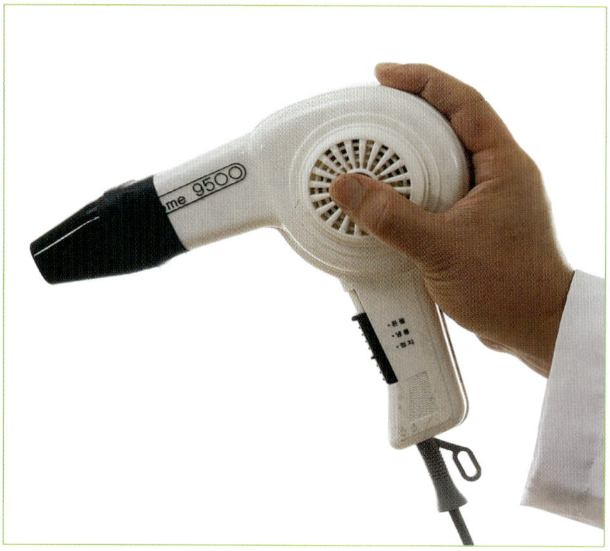

사용도구 : 드라이어, 빗, 포마드

정발술(15분)

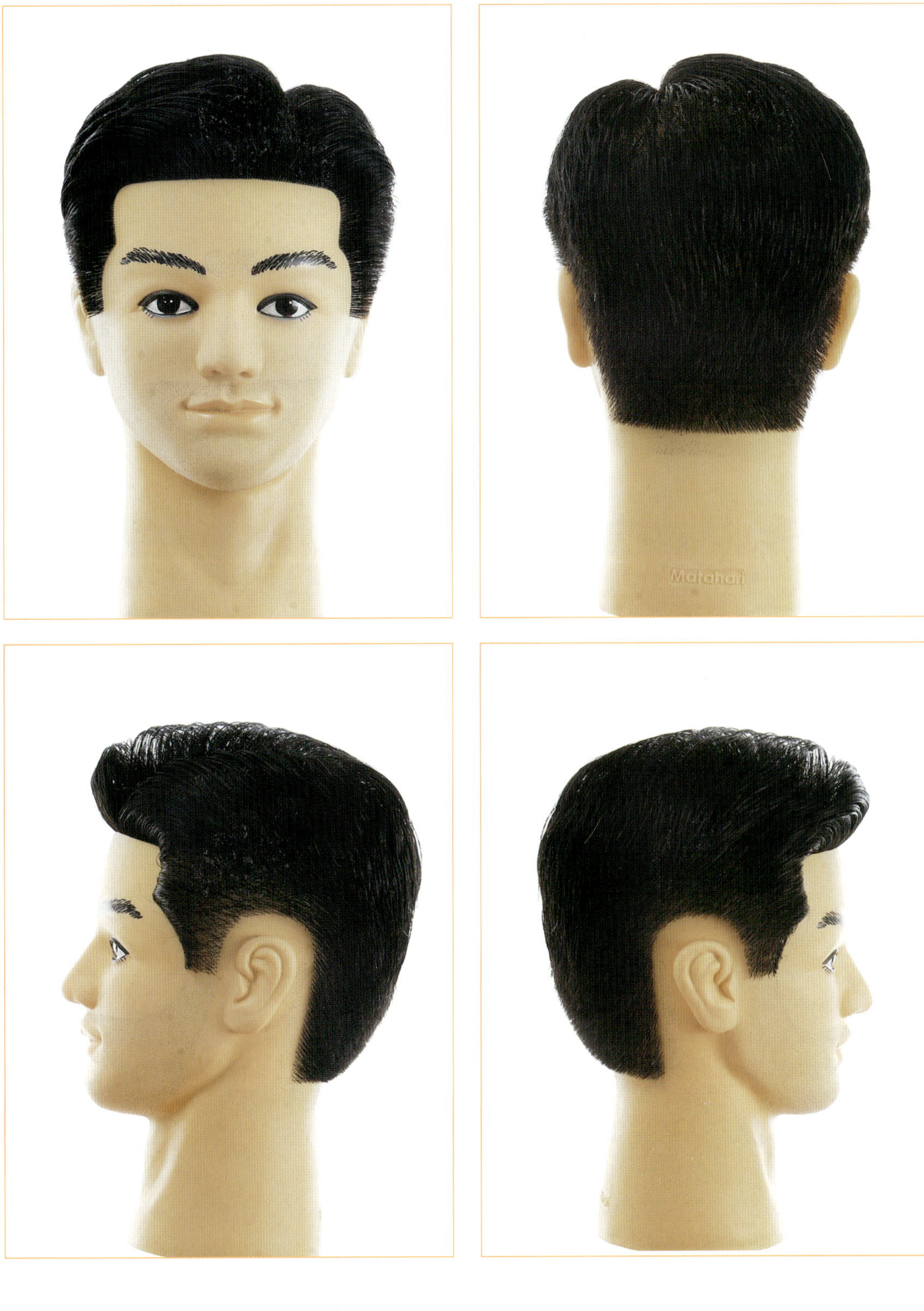

1. 포마드를 손에 묻힌 다음 분무기로 물을 약간 뿌려주고 머리 뒤쪽에서 앞쪽으로 포마드를 고르게 발라준다. (뿌리쪽에 잘 묻도록 한다)
좌측에서 우측으로 우측에서 좌측으로 같은 방법으로 발라준다.

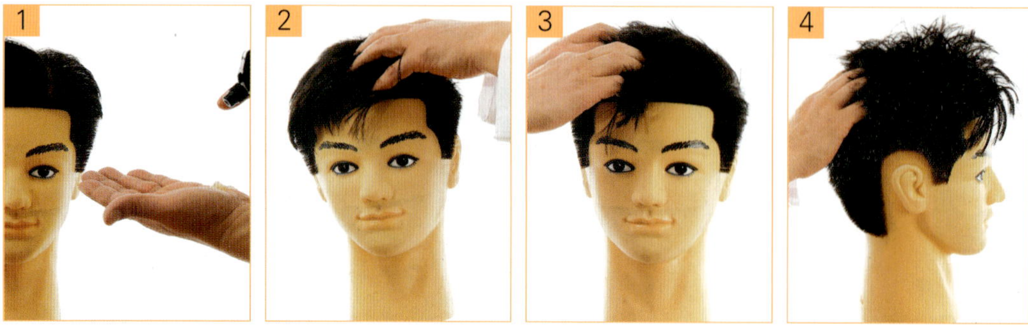

2. 머리를 앞쪽으로 빗겨서 7:3 가르마를 탄 후 마네킹 우측 가르마부터 드라이를 시작한다.
머리를 내 몸쪽으로 약간 당기면서 열을 가한 후 4~5초 후에 C자형을 그리면서 빗을 반대쪽으로 넘기며 드라이 한다.
같은 방법으로 왼쪽 가르마도 드라이 하되 내 몸쪽으로 C자형을 그리면서 넘겨준다.

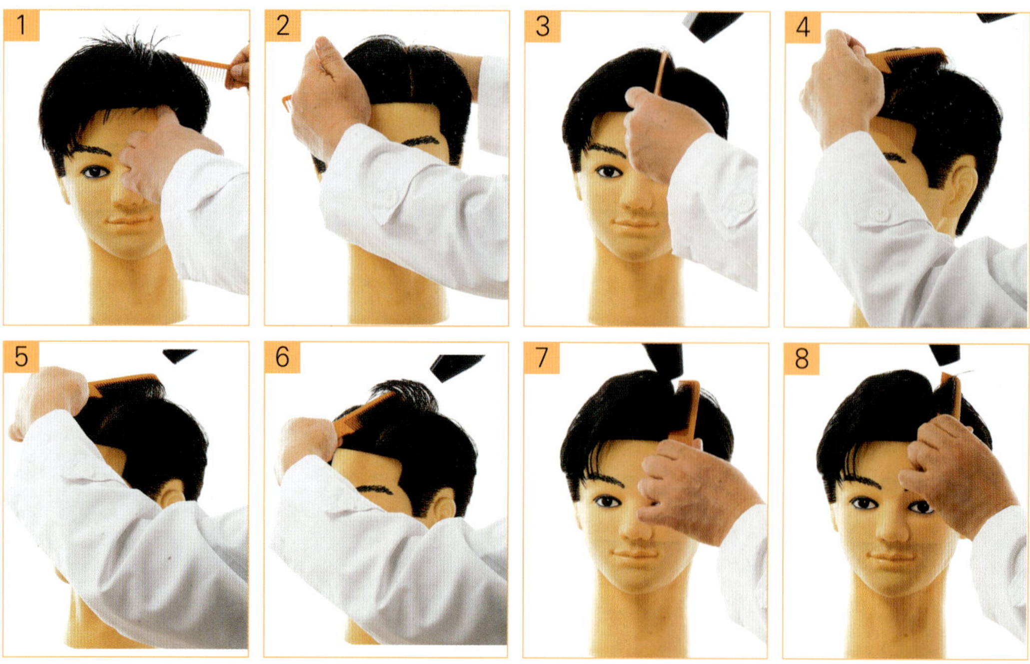

3. 옆머리 튀어나온 부분은 손으로 눌러주면서 열을 가하고 머리 뒷부분은 빗으로 볼륨을 가감하여 드라이 한다.

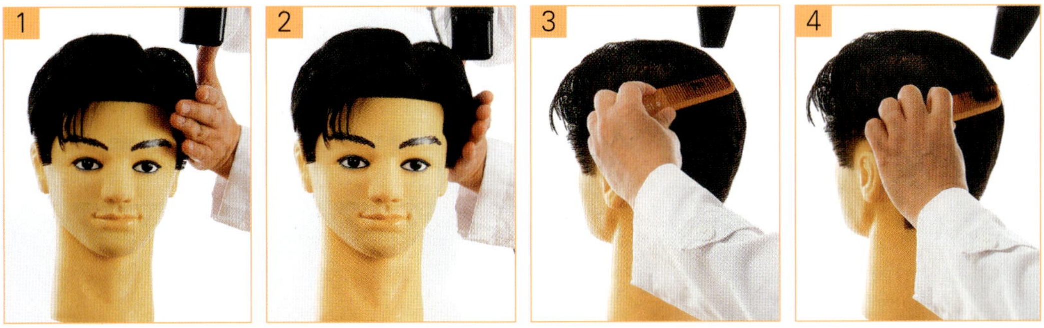

4. 윗머리 7:3의 7에 해당하는 부분은 2섹션 정도 나눠서 드라이 한다.

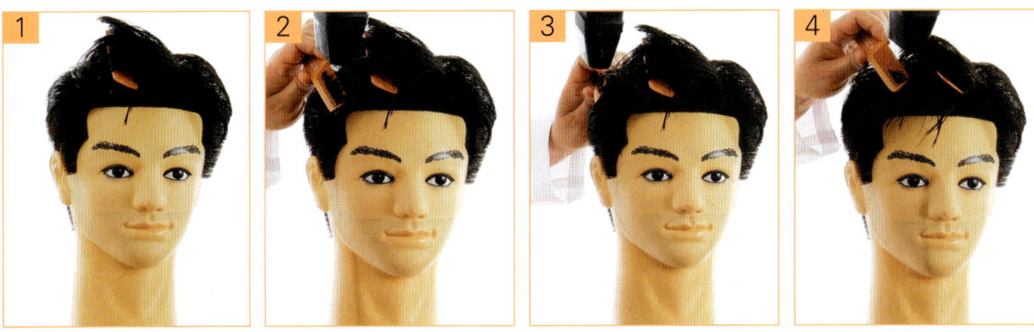

5. 앞머리(중앙부분)는 빗을 앞쪽으로 약간 당기며 세워서 뒤쪽으로 넘겨주고 옆머리(앞머리 우측부분)는 옆으로 빗겨가며 드라이한다.
머리 윗부분도 함께 정리해 준다.

6. 마지막으로 젖은 물수건으로 수건에 열을 가해주면서 다듬어 주고 수건으로 양쪽귀와 목부위을 닦아주고 마무리 한다.

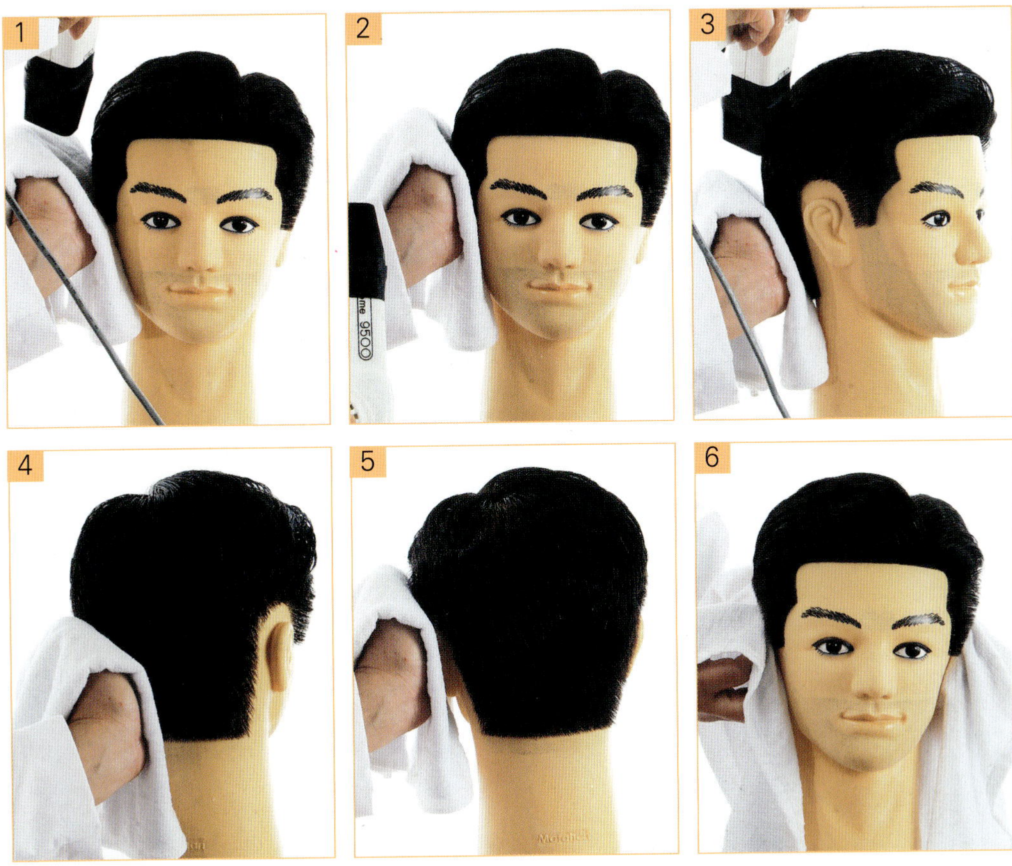

Chapter. 6 아이론

성인 보통 조발, 장교형 조발(12mm)

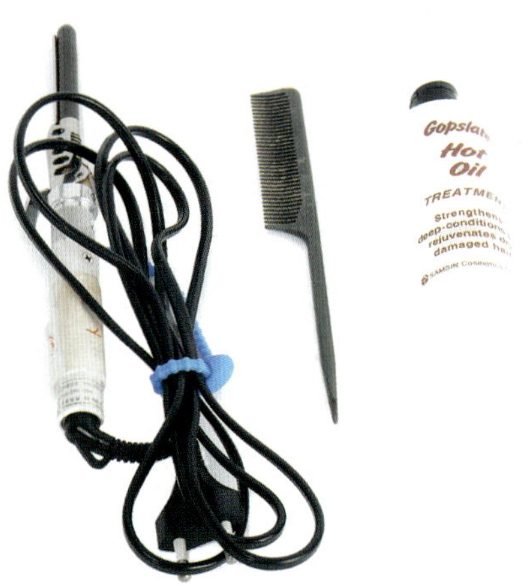

둥근스포츠형(6~8mm)

사용도구 : 아이론, 아이론 빗, 아이론 오일

1. 아이론

※ 아이론 6mm 또는 8mm, 12mm 두 개 준비
 * 6, 8mm 아이론은 둥근스포츠형 조발에 사용
 * 12mm 아이론은 성인 보통 조발, 장교형 조발에 사용

1. 아이론 오일을 고르게 도포한 다음 중앙 섹션을 나누고 아이론을 시작한다.
(중앙에 9개, 양쪽 사이드에 5개이상)
빗으로 첫 번째 슬라이스를 뜬 다음 아이론 글러브가 앞쪽을 향하게 해서 와인딩을 시작하고 글러브가 위쪽으로 오게 해서 4~5초 기다린 다음 아이론을 빼내고 다음 슬라이스 작업을 반복 시행한다.

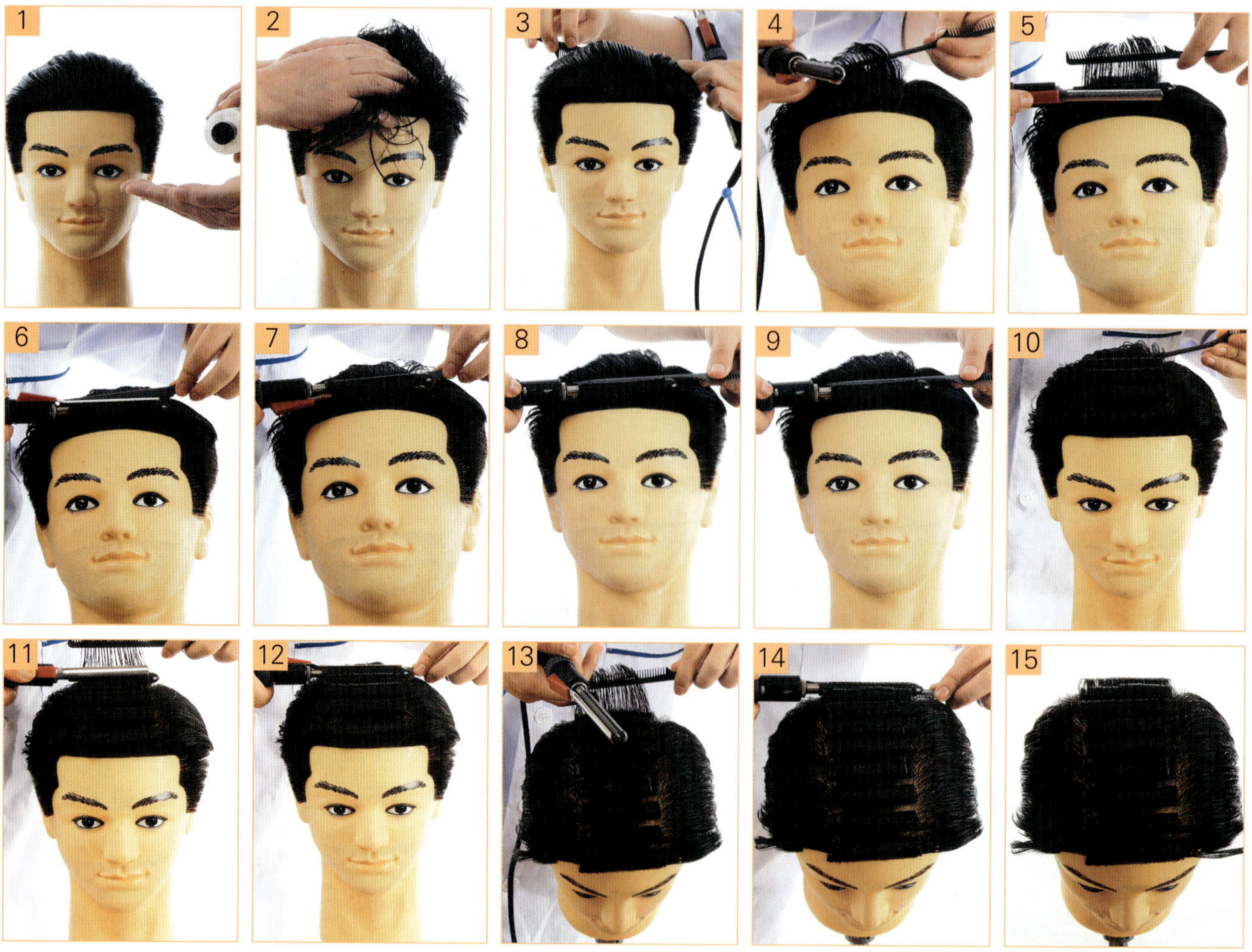

2. 양쪽사이드는 사선으로(전대각, 후대각) 5개이상 중앙의 9개와 균형을 맞춰가며 와인딩 한다.

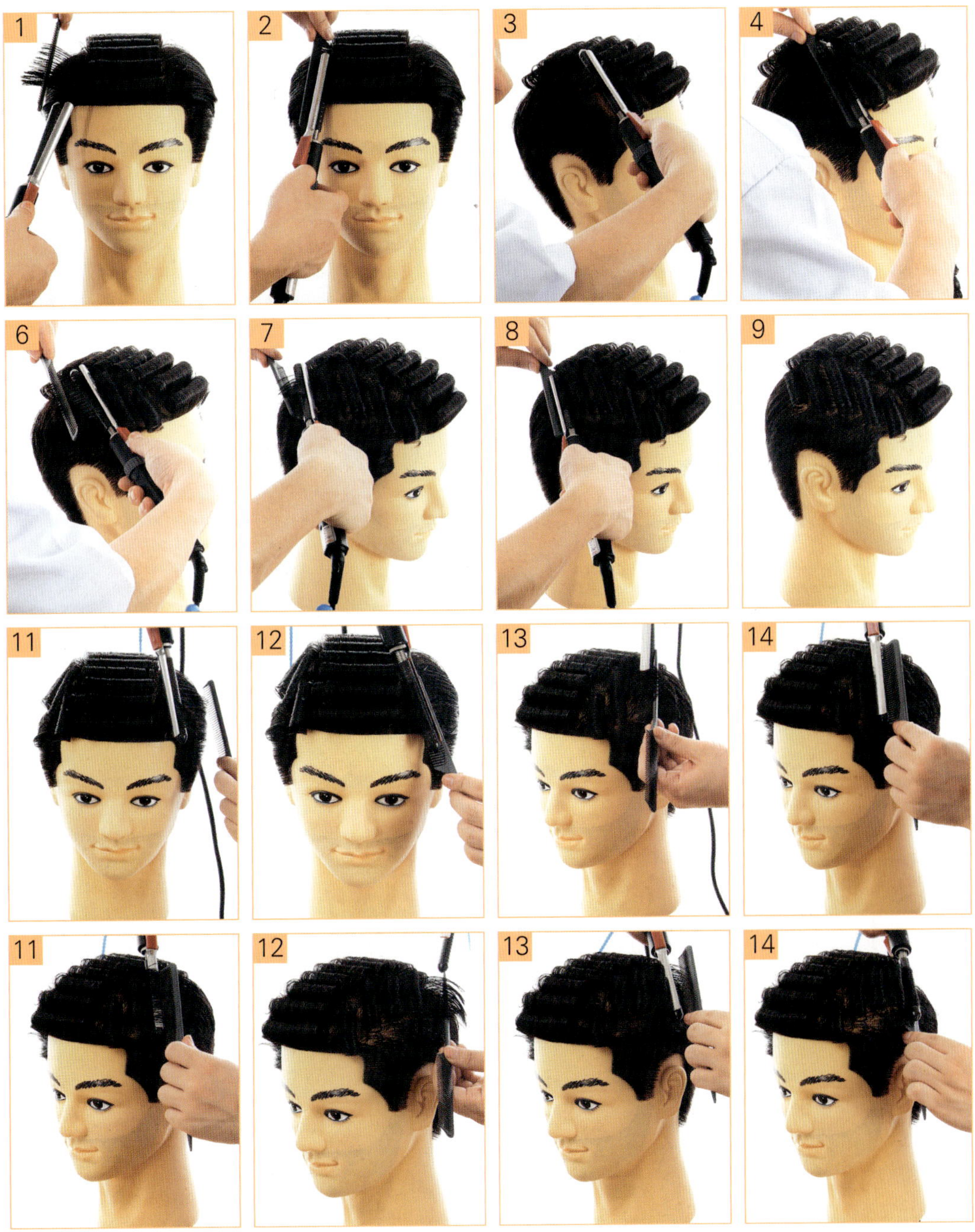

Part 2

남성 디자인 커트

- 두상곡면 분할에 의한 멋진 남성스타일 만들기
- 자세 및 도구사용방법
- 스퀘어레이어1
- 스퀘어레이어2
- 스퀘어레이어3 스포츠
- 유니폼레이어1
- 유니폼레이어2
- 리젠트헤어스타일
- 포마드 스타일
- 모히칸 스타일
- 상고(기본)
- 상고변형
- 높은상고
- 투블럭
- 모던스타일
- 스왈로우 스타일

1. 두상곡면 분할에 의한 멋진 남성스타일 만들기

▶ 꼭 알아야 할 사항

1. 멋진 남성스타일을 시술하려면 두상의 주소, 3분할을 알아야 한다.
2. 헤어디자인에 따라 쉽게 이용할 수 있는 가로존을 알아야 한다.
3. 짧은 모발은 무게가 없기 때문에 모발이 떨어지는 세로존을 알아야 한다.
4. 두상을 5분할하여 곡면 분할에 의한 헤어커트를 시술한다.
5. 두상의 오르막길의 모질의 조건과 내리막길의 모질의 조건을 알아야 한다.

▶ 테스트

0점 [잘 모른다] 5점 [애매하다] 10점 [정확히 알고있다]

두상의 주소를 정확히 나눌 수 있는가?	
두상을 3분할을 나눌 수 있는가?	
두상의 가로존을 나눌 수 있는가?	
두상의 세로존을 나눌 수 있는가?	
두상을 5분할을 나눌 수 있는가?	
두상부위에 따른 모질의 성질을 알고 있는가?	

결과	

01 두상곡면 분할에 의한 멋진 남성스타일 만들기

1. 두상의 주소와 3분할 나누기

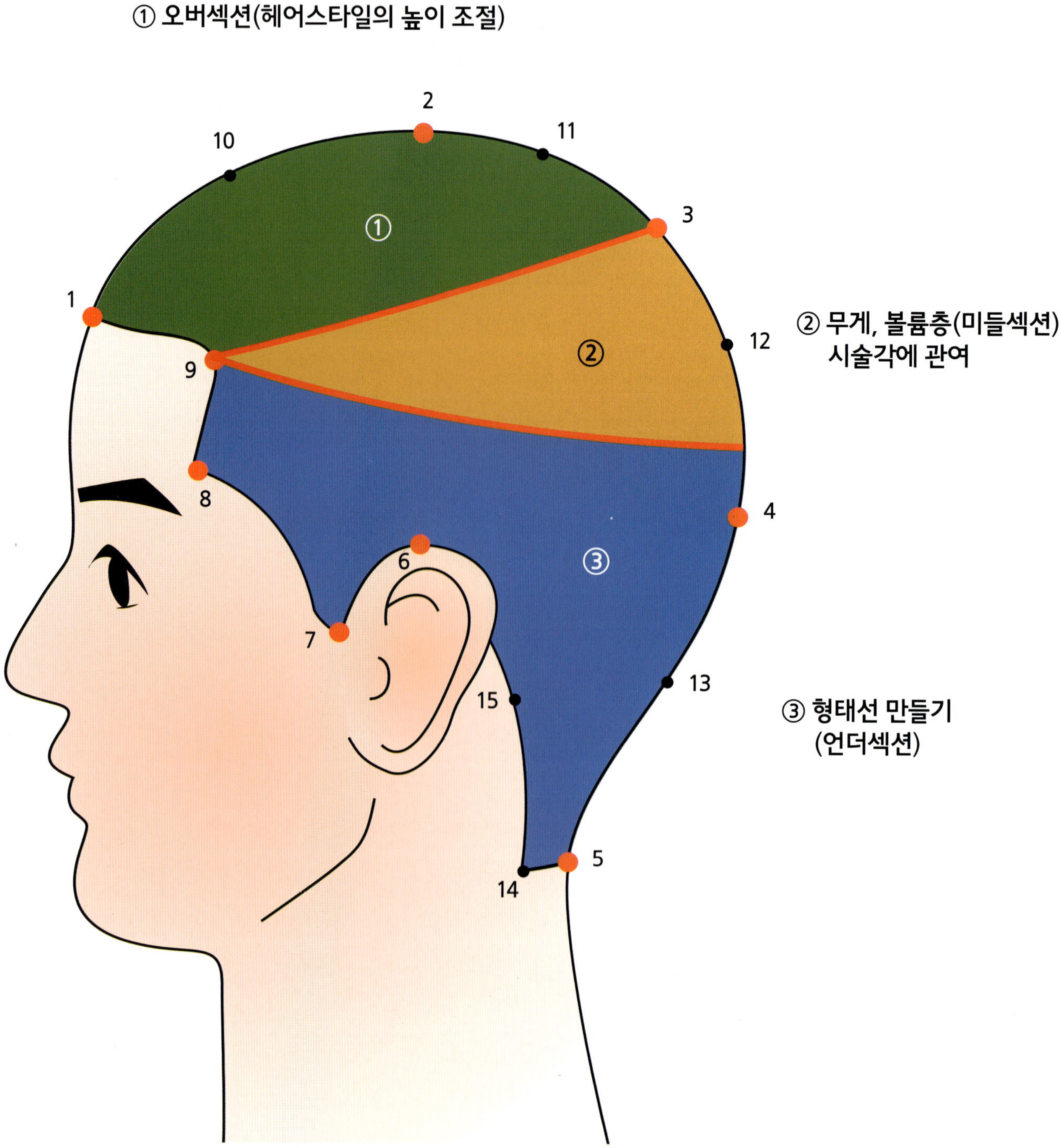

고객이 원하는 헤어스타일을 만들려면 두상의 주소를 알아야
쉽고 빠르고 정확하게 헤어 커트를 시술할 수 있다.

No.	포인트 점	영역설명
1	C.P : 센터 포인트(Center Point)	이마 중앙의 모발 경계선 지점
2	T.P : 탑 포인트(Top Point)	두상의 상부 중앙의 가장 높은 부분에 위치한 지점
3	G.P : 골든 포인트(Golden Point)	턱에서 S.C.P를 지나는 직선이 연장되어 두상의 곡면과 만나는 지점
4	B.P : 백 포인트(Back Point)	귀의 상부에서 수평으로 연장되는 직선이 두상의 곡면과 만나는 지점
5	N.P : 네이프 포인트(Nape Point)	목덜미에서 모발의 형성이 끝나는 지점
6	E.P : 이어 포인트(Ear Point)	귀의 상부에 위치하는 모발 경계선 지점
7	S.C.P : 사이드 코너 포인트 (Side Corner Point)	안면의 측면부에서 가장 하부에 위치하는 모발 경계선 지점
8	S.P : 사이드 포인트(Side Point)	F.S.P 와 S.C.P 의 중간 지점
9	F.S.P : 프론트 사이드 포인트 (Front Side Point)	센터 포인트에서 우측으로 수평하게 연장하여 모발 경계선과 만나는 지점
10	C.T.M.P : 센터 탑 미디움 포인트 (Center Top Medium Point)	C.P 와 T.P 의 중간 지점
11	T.G.M.P : 탑 골든 미디움 포인트 (Top Golden Medium Point)	T.P 와 G.P 의 중간 지점
12	G.B.M.P : 골든 백 미디움 포인트 (Golden Back Medium Point)	F.S.P 에서 수평으로 연장하는 직선이 두상의 곡면과 만나는 지점
13	B.N.M.P : 백 네이프 미디움 포인트 (Back Nape Medium Point)	B.P 와 N.P 의 중간 지점
14	N.S.P : 네이프 사이드 포인트 (Nape Side Point)	목덜미에서 모발이 형성되는 양쪽 끝 지점
15	E.B.P : 이어 백 포인트 (Ear Back Point)	뒤에서 본 귀의 중간 지점

2. 모발의 성질을 이용하여 헤어디자인에 따라 쉽게 이용할 수 있는 가로존

모발이 떨어지는 가로존을 이해하기

두상의 가로존 상태에 따라 모질이 다르므로 영역에 대해서 이해하기

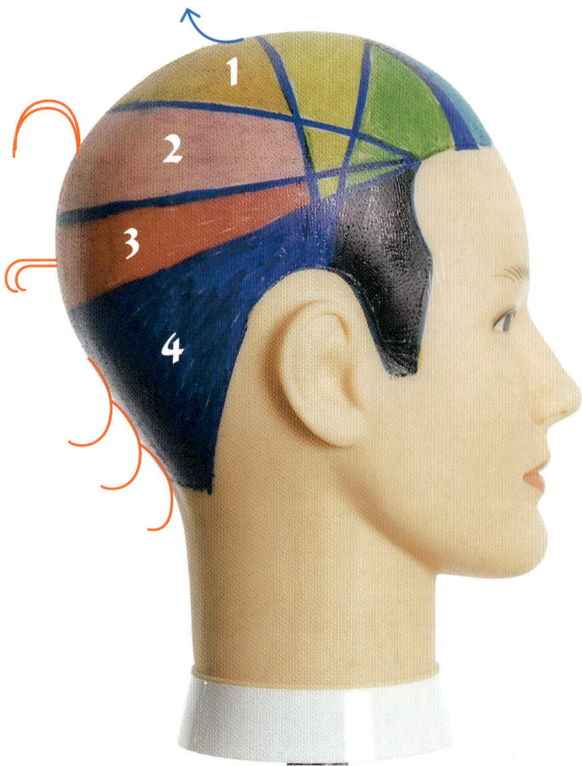

1. 다른 모발에 영향을 받는 일이 거의 없고 모질이 가늘고 부드러워 모량이 적다.
   짧은 모발은 모류의 영향을 많이 받게 되고 모류의 방향대로 모발이 자연스럽게 떨어진다.
2. 이곳의 모발은 두상의 오르막길이고 표면을 덮기 때문에 디자인을 표현하게 되는 곳이다.
   볼륨과 층을 결정하기도 한다.
   모류가 위로 향해 있기 때문에 짧은 모발의 경우에는 서기 쉬운 곳이며 함몰이 되어 있기 때문에 들어간 만큼 모발이 길어지게 되므로 상고를 시술할 경우에 주의가 필요한 곳이다.
3. 머리의 곡면이 수직에 가깝다. 이곳의 윗모발은 옆으로 직선으로 흐르기 때문에 모발이 안쪽으로 휘는 힘보다 바깥으로 뻗치는 힘이 훨씬 강하다.
4. 이곳의 모발은 형태선을 만드는 곳이다.
   곡면이 함몰되어 있기 때문에 모발이 뭉치기 쉽고, 모류가 강하고 모질이 두꺼워서 모량이 많은 곳이기도 하다.
   모량이 많기 때문에 시술하기 전에 모량조절과 모류보정이 필요한 곳이다.

3. 모발이 떨어지는 성질을 이용하여 쉽게 이용할 수 있는 세로존

길이가 짧은 모발은 무게가 없기 때문에 모발이 떨어지는 세로존을 이해하기

두상의 곡면의 상태에 따라 모발이 떨어지는 성질이 다르므로 세로존 영역에 대해서 이해하기

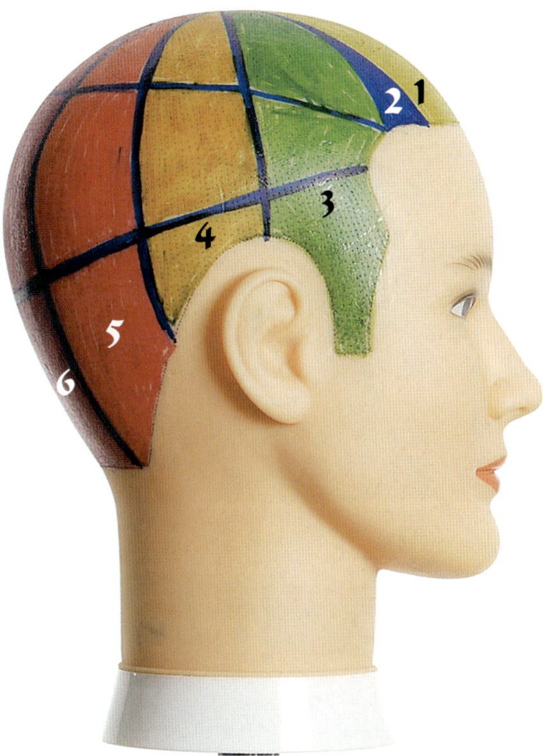

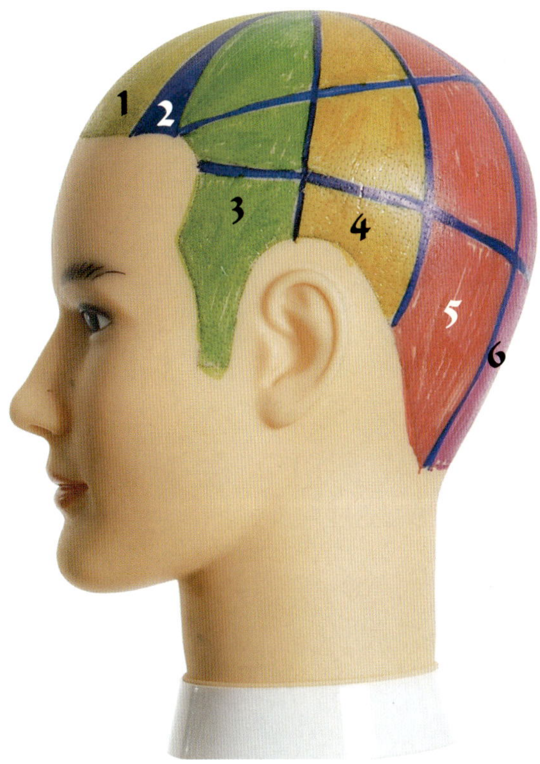

1. 앞머리 영역은 별도의 영역이다. 모류, 모질이 중요하므로 물을 분사하기 이전에 모류의 방향을 파악하고 시술해야 한다. 머리 앞쪽에 경사가 있는 곳에 디자인 표정이 가능한 곳이고 머리가 시작한 곳이 가까울수록 모류가 강하고 모량은 적다.
2. 이곳의 모발은 앞에서 시술하더라도 옆선으로 떨어지기가 쉽다. 모류가 강하고 모량은 적은 곳이다.
3. 비스듬히 모발이 앞을 향하는 곳이다.
   앞쪽으로 모발이 움직이기 쉬운 곳이므로, 이곳은 떨어진 짧은 모발일 경우 세로 슬라이스로 판넬을 잡고 시술해야 떨어진 커트선이 예쁘다.
4. 귀 뒷부분에 모발이 없기 때문에 커트할 때 잘못 시술하기 쉬운 곳이다. 앞과 뒤의 모발의 움직임이 좋은 곳이다.
5. 선이 결정되는 곳이다. 이곳은 모발의 겹침이 많은 곳으로 입체감과 볼륨감을 만드는 곳이기도 하다.
6. 커트의 중심을 잡아주는 곳이다. 두상에서 면적이 제일 크고 모량이 가장 많은 곳이다.
   모발의 겹침이 많은 곳으로 입체감과 볼륨감을 만드는 곳이기도 하다.

4. 두상을 5분할하여 각자의 존에 대한 특징을 알아본다.

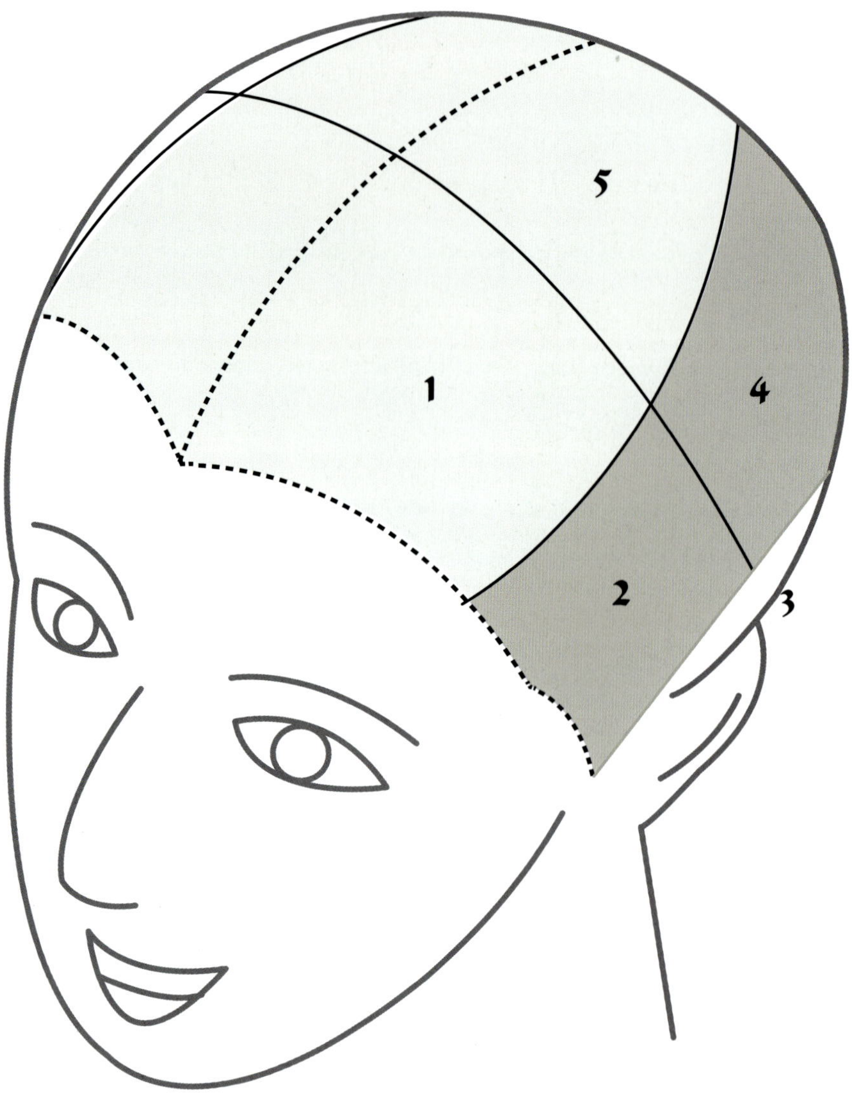

No.	영역	영역설명
1	전두부	선과 길이에 따라 이미지가 결정된다. 앞머리 표정 만들기
2	측두부	선과 길이에 따라 이미지가 결정된다. 옆선 만드는 영역
3	후하부	선과 길이에 따라 이미지가 결정된다. 형태선 결정
4	후중부	시술각과 슬라이스에 따라 무게가 결정된다. 무게감 결정, 층결정
5	후상부	시술각과 길이에 따라 층과 볼륨이 결정된다. 두상에서 가장 높은 위치

5. 두상부위에 따른 모질, 모류의 조건을 알아야 한다.

모발은 자른 위치보다는 아래로 떨어지므로 어디에 떨어지느냐에 따라 단차가 다르고
안쪽으로 말리느냐 밖으로 밀려나느냐는 짧은 모발은 무게가 없기 때문에 모질, 모류의 방향을 알아야 한다.

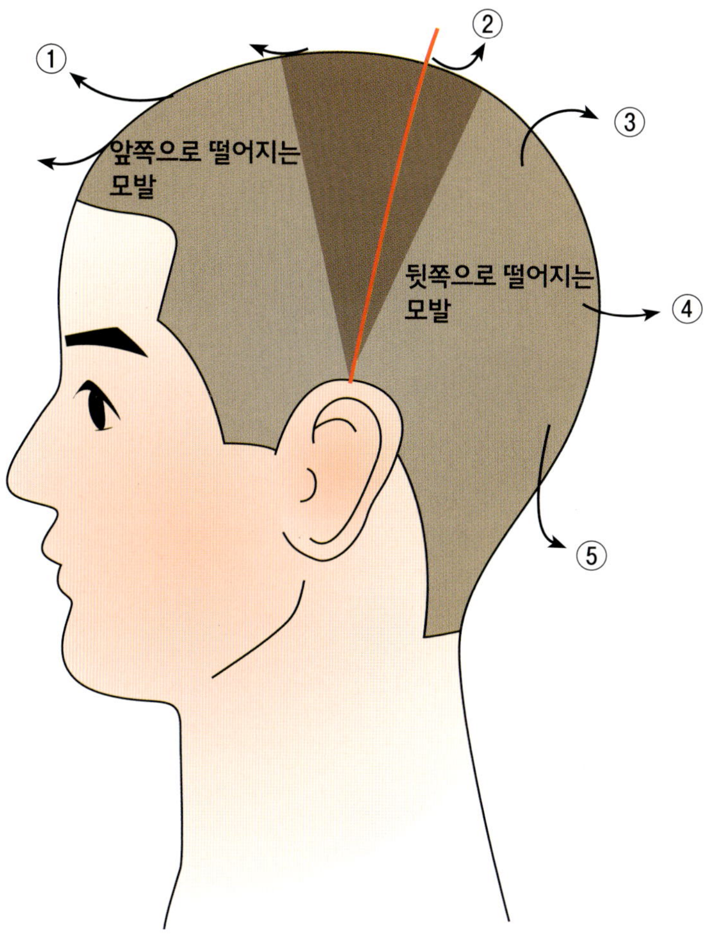

① 두상이 튀어나온 곳이기 때문에 모류가 앞쪽으로 역행해서 떨어진다.

② 두상에 따라 다르지만 대부분의 두상이 모류가 누워져있다. 이곳에는 모발을 말리면서 앞쪽으로 비벼서 모류를 세운다.

③ 이곳은 볼륨을 최대한 만들 수 있는 곳이다.

④ 모류가 직선으로 뻗치는 곳이므로 길이가 짧아지면 위험하다.

⑤ 모류가 아래로 휘어지면서 떨어져서 길이가 길어지면 아웃컬이 쉽게 만들어진다.

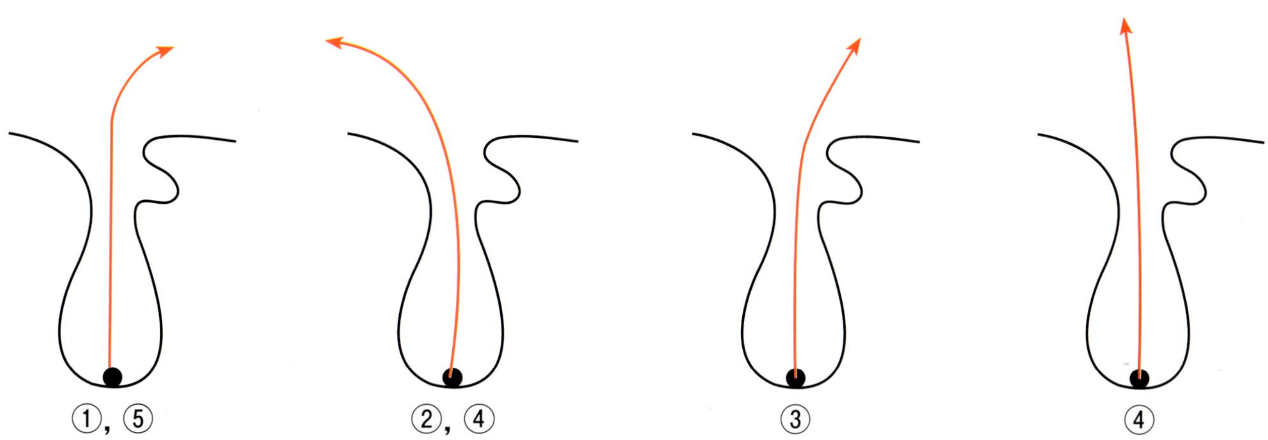

6. 두상 곡면을 분할하여 각 영역의 특징 알기

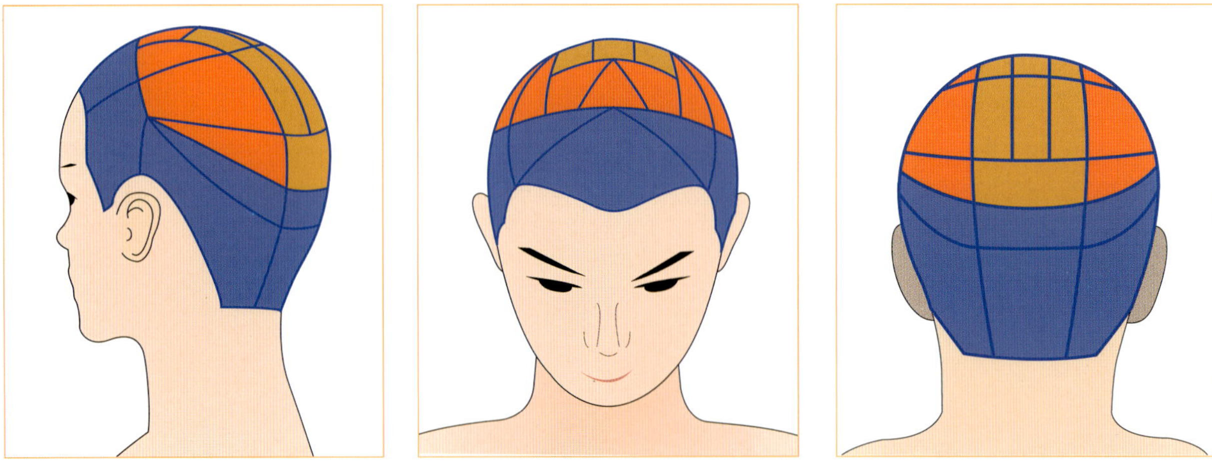

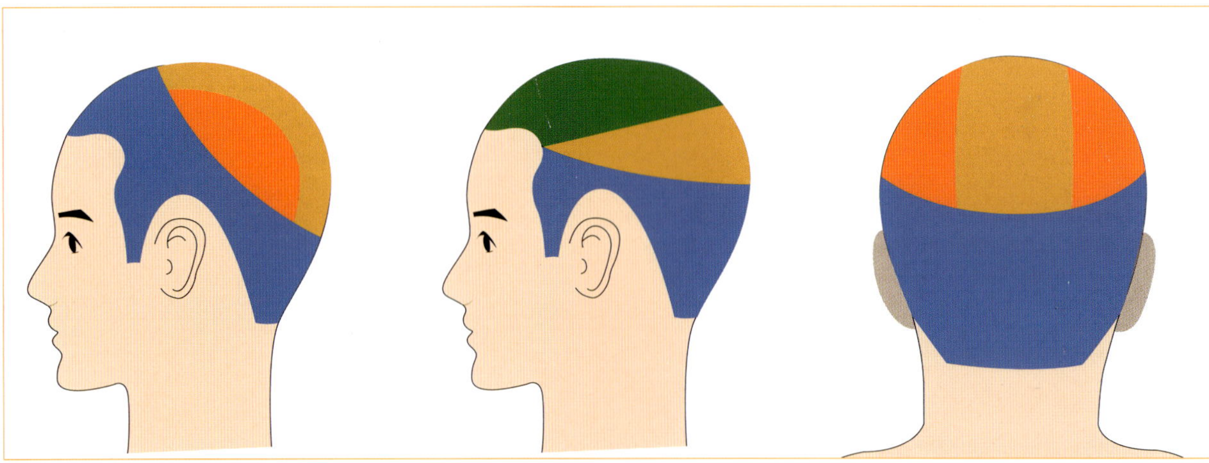

색깔로 두상의 영역을 나누어서 헤어스타일을 쉽게 만들기를 한다.

- ● → 형태선을 결정한다 - 길이 변화에 따라 헤어스타일이 달라진다.
- ● → 시술각을 결정한다 - 모발이 겹치는 부분이므로 무게, 층을 결정한다.
- ● → 형태선과 시술각을 연결

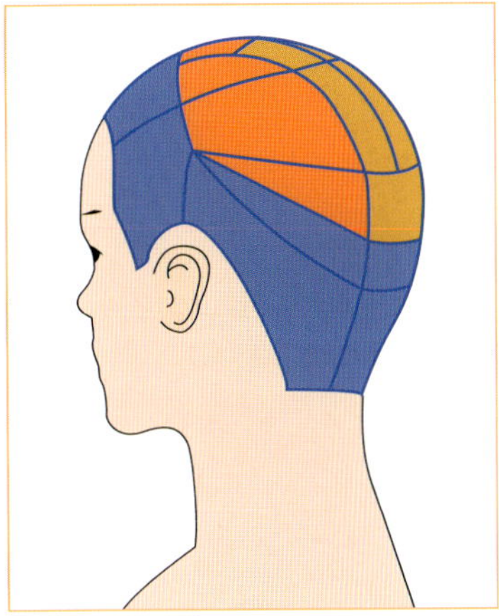

(형태선 만들기) 청색

두상이 아래로 떨어지는 내리막길로 헤어스타일의 형태선을 결정한다.

헤어스타일을 복제할 때 길이를 알고 직선, 곡선, 사선의 이미지로 스타일을 만들면 헤어커트가 쉽고 빠르게 진행된다.

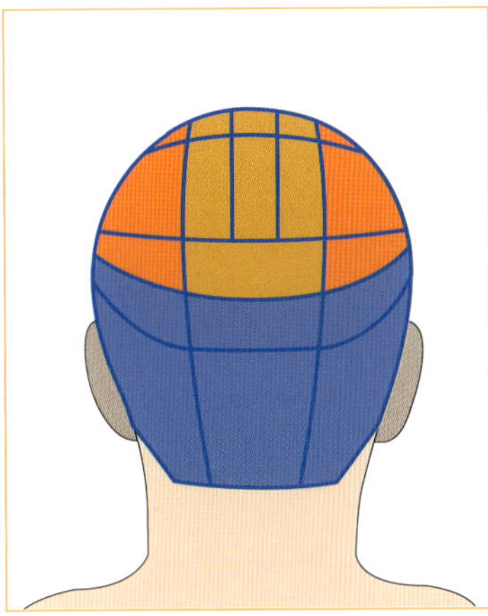

(시술각) 노란색

중심축을 이루면서 모발이 밑에서부터 겹쳐지므로 이곳에서는 헤어커트를 할 때 모발을 들어서 시술할지 내려서 시술할지 시술각을 결정하여 고객이 원하는 볼륨과 층을 결정하여 멋있는 헤어스타일을 구사할 줄 알아야 한다.

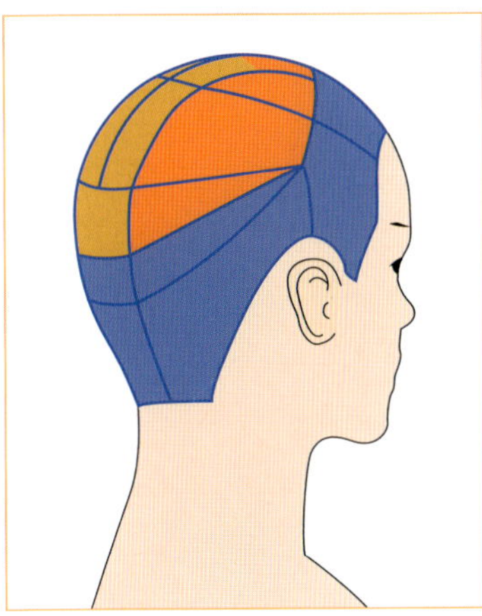

(형태선과 시술각 연결) 주황색

두상이 곡면체이기 때문에 전체적인 시술을 할 때 시술각을 결정하기 힘들고 형태선 만으로도 시술하기가 어렵다.

형태선과 시술각을 시술하고 주황에 해당하는 부분을 연결하여야 헤어스타일을 쉽게 만들 수 있다.

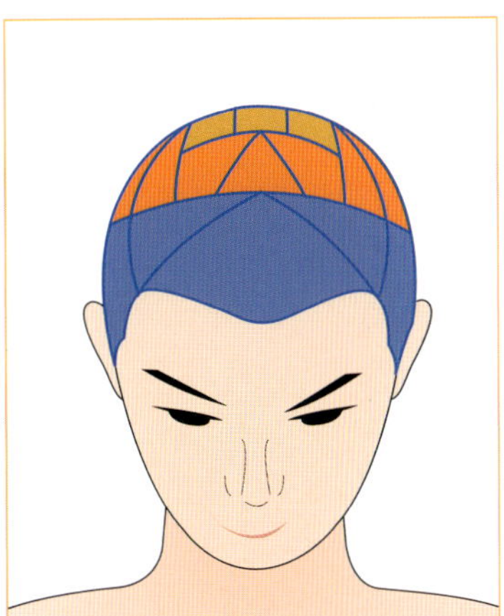

앞머리형태선과 뒷부분 시술각 연결(주황)

앞머리가 결정된 곳은 청색에 해당하는 두상이 함몰된 부분이지만 앞모발과 뒷모발 사이에 연결하는 주황색의 연결부위를 어떻게 처리하느냐에 따라 헤어스타일을 원하는 방향으로 헤어커트를 시술할 수 있다.

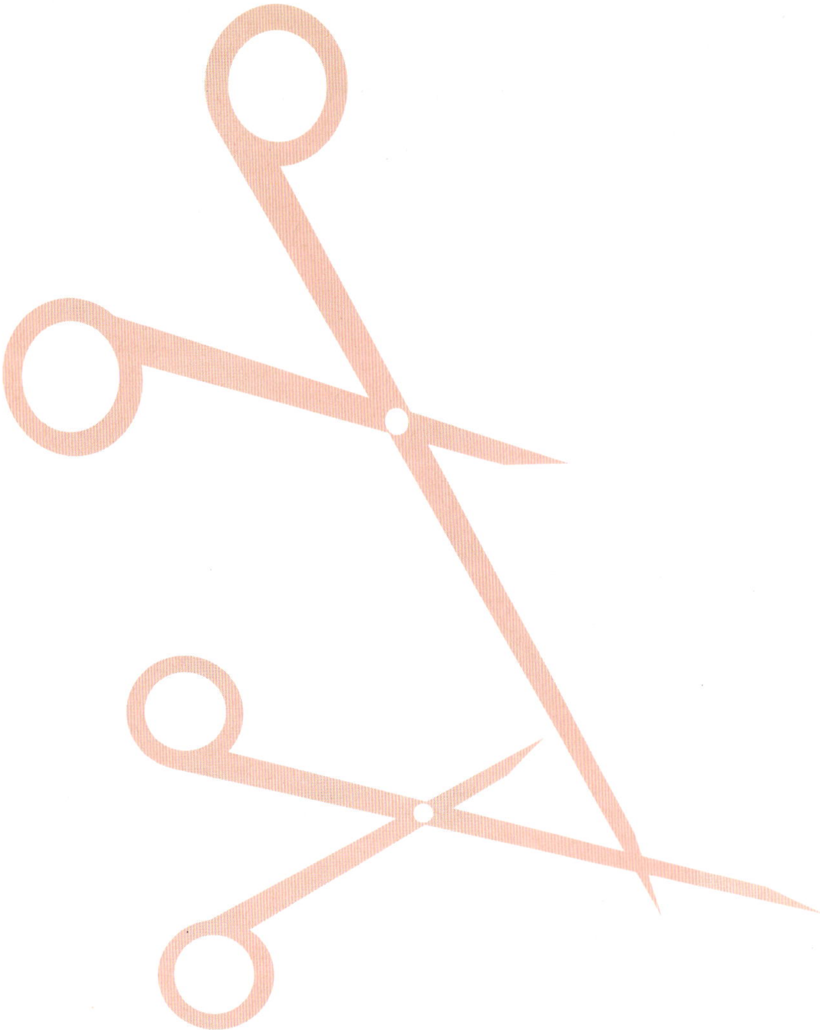

2. 자세 및 도구사용 방법

▶ 꼭 알아야 할 사항

1. 장가위를 사용하는 방법(외날가위 사용방법)을 알아야 한다.
2. 시술각에 따른 빗의 사용방법을 알아야 한다.
3. 두상영역에 따른 클리퍼의 사용방법을 알아야 한다.

▶ 테스트

0점 [잘 모른다] 5점 [애매하다] 10점 [정확히 알고있다]

문항	점수
가위 잡는 방법과 외날가위질을 하는 방법을 아는가?	
빗 잡는 방법 중 유니폼레이어로 판넬을 뜨는 방법을 아는가?	
빗 잡는 방법 중 그래쥬에이션을 판넬을 뜨는 방법을 아는가?	
빗 잡는 방법 중 인크리스레이어를 판넬을 뜨는 방법을 아는가?	
클리퍼를 사용하는 방법을 아는가?	
모발이 떨어지는대로 틴닝사용하는 방법을 아는가?	

결과	

02 커트자세 및 도구사용 방법

1. 장가위 사용방법

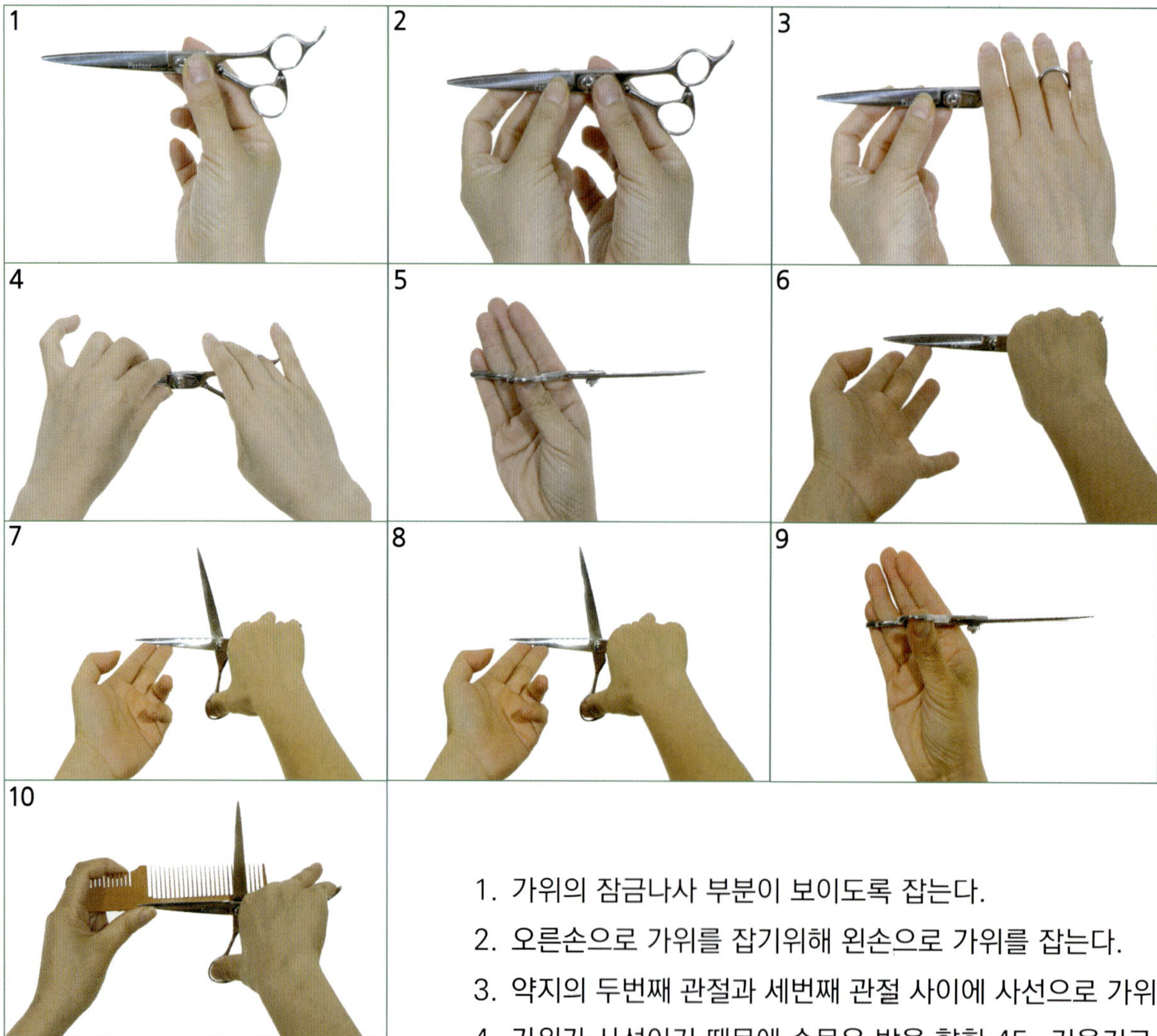

1. 가위의 잠금나사 부분이 보이도록 잡는다.
2. 오른손으로 가위를 잡기위해 왼손으로 가위를 잡는다.
3. 약지의 두번째 관절과 세번째 관절 사이에 사선으로 가위를 놓는다.
4. 가위가 사선이기 때문에 손목은 밖을 향한 45。 기울기로 손목을 비튼다.
5. 유동날의 링은 엄지손가락에 얹는다.
6. 윗부분(손등)은 힘을 주고 엄지부분은 개폐 역할만 한다.
7. 고정날은 평행상태로 유지한다.
8. 고정날은 힘을 주고 유동날은 엄지가 개폐 역할만 하면 된다.
9. 엄지 손톱의 1/3을 넘지 않게 해야 가위 개폐가 쉽다.
10. 엄지손가락 만으로 유동날을 움직여 커트한다.

1) 빗의 자세

커트 빗은 모발을 나누고 뜨거나 곱게 빗질하는데 사용하기도 하도 커트할 때 눈금자로도 이용된다. 견고한 소재의 재질로 만든 빗으로서 부드럽고 유연성이 있어 모발을 손상시키지 않아야 하며 빗살 끝이 너무 뾰족하지 않고 두피를 보호할 수 있어야한다.

1. 검지, 중지, 약지를 빗살에 사선으로 잡고 엄지로 빗등을 지지하고 잡는다.
2. 엄지를 밀고 중지를 돌리면서 빗질한다.
3, 4, 5. 빗질은 엄지를 밀면서 중지로 조절한다.

빗살끝 : 모발을 뜨게 하는 작용을 한다.

빗 살 : 얼레살은 한 판넬을 뜨는 안내자 역할을 한다.
빗살의 간격이 넓으면 텐션이 부족하여 정확한 한 판넬을 뜨기가 힘들다.
빗살 간격이 좁은 고운살은 판넬을 뜰 때 한 판넬을 정확하고 세밀한 라인으로 뜰 수 있다.

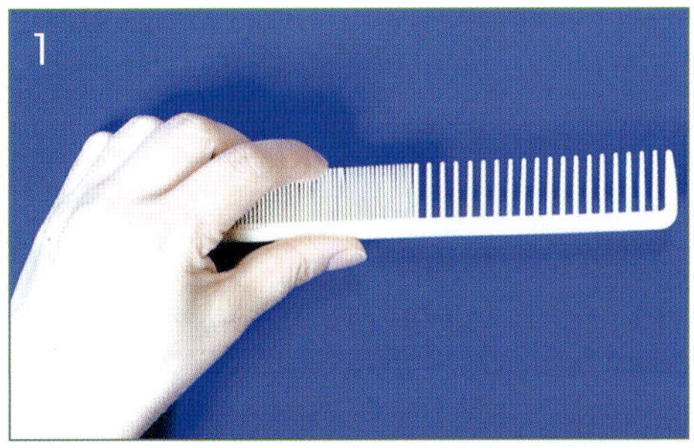

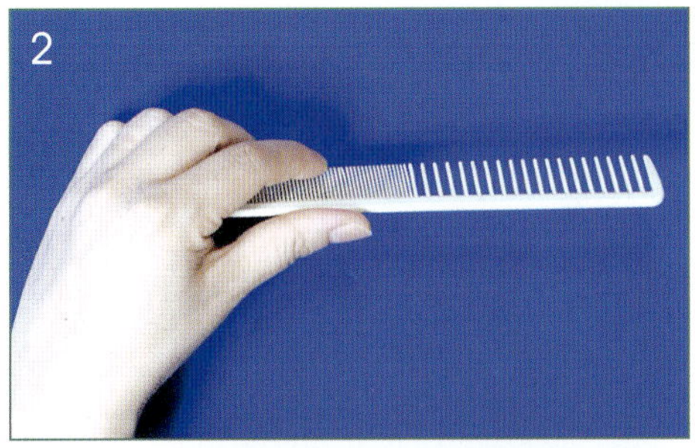

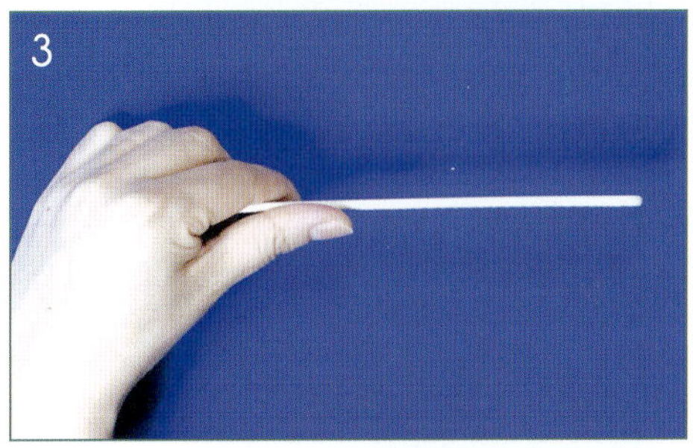

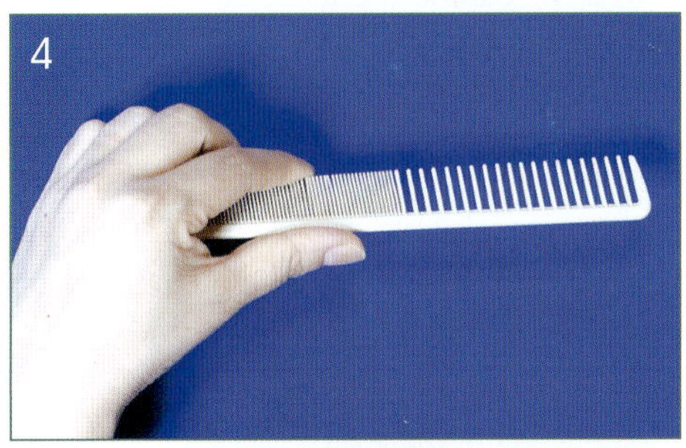

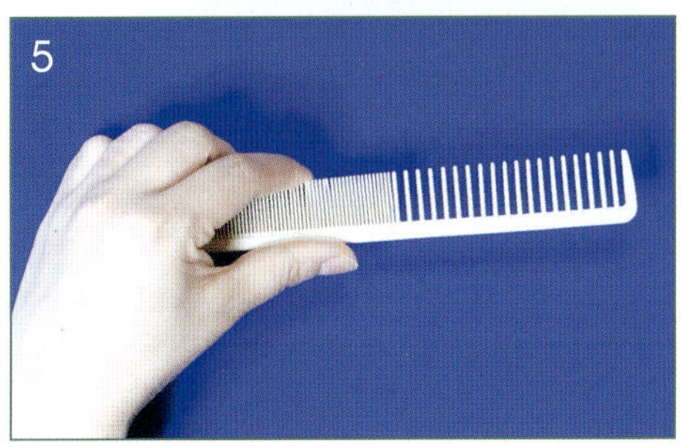

2. 시술각에 따른 빗의 사용 방법

빗의 시술각(유니폼레이어)

기본형

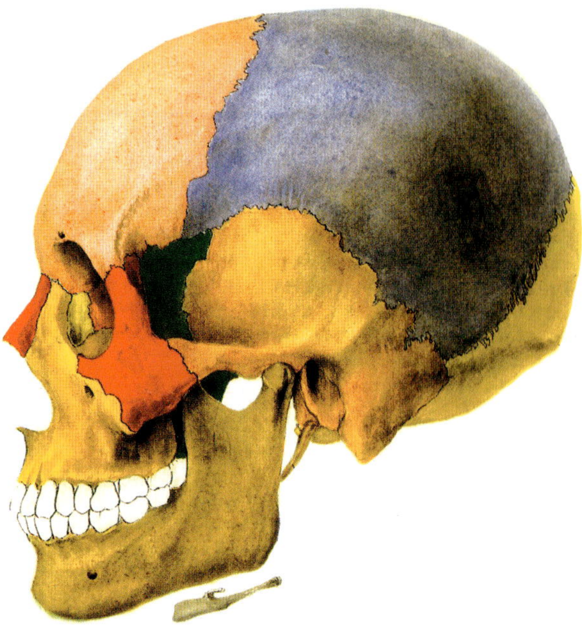

두상연장 스퀘어
(틴닝사용의 경우 무난한 모발)

두상을 자연스럽게 연장하며 제일 많이 활용한다.
선을 만들 때 이용하기도 한다.

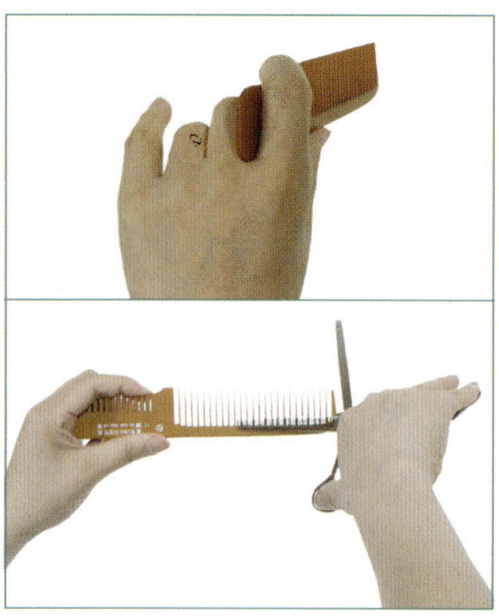

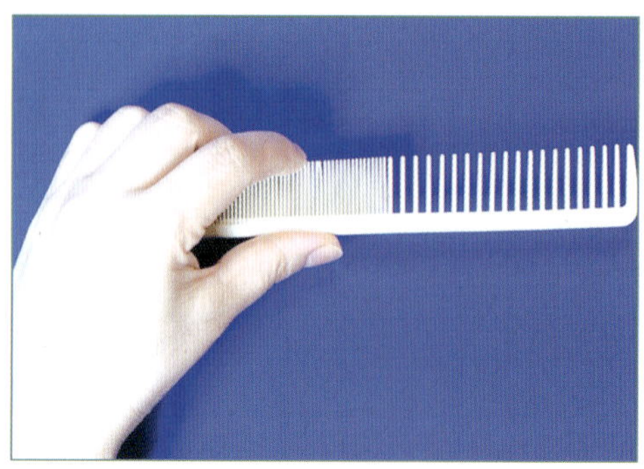

3cm이하의 길이를 동일한 길이로 커트 하고자 할 때
두상곡면과 평행하게 90°로 시술한다.

빗의 시술각(그래쥬에이션)

함몰되었을 때

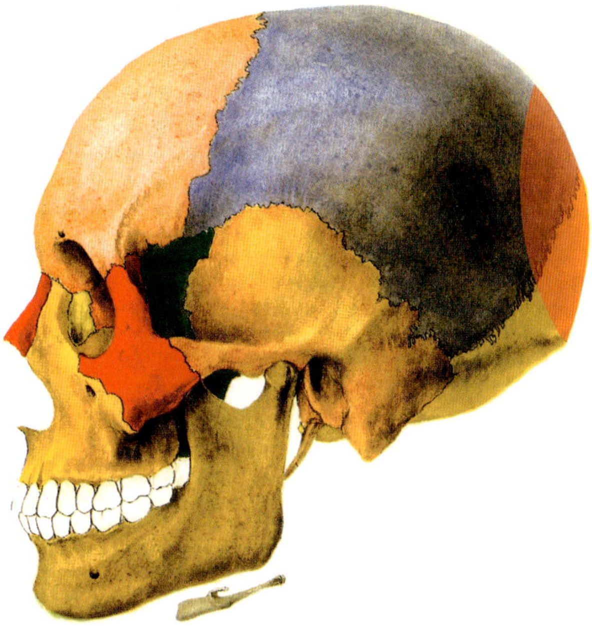

그래쥬에이션
(틴닝사용의 경우 모량이 적을 때)

윗머리가 길고 아랫머리가 짧게 컷을 한 형태이다. 볼륨을 주고자 할 때 함몰되어 있는 골격을 보정할 때 사용한다.

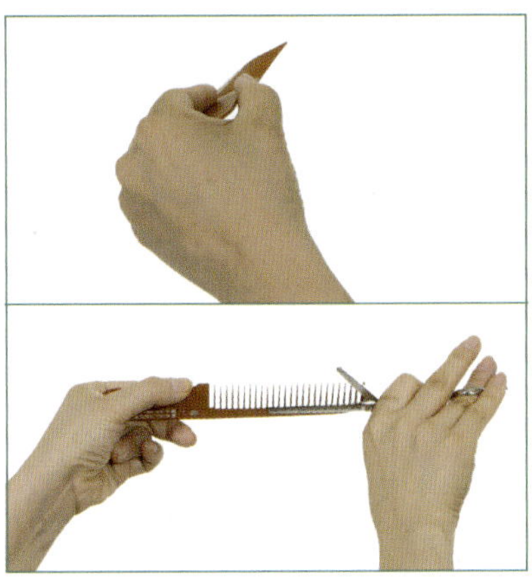

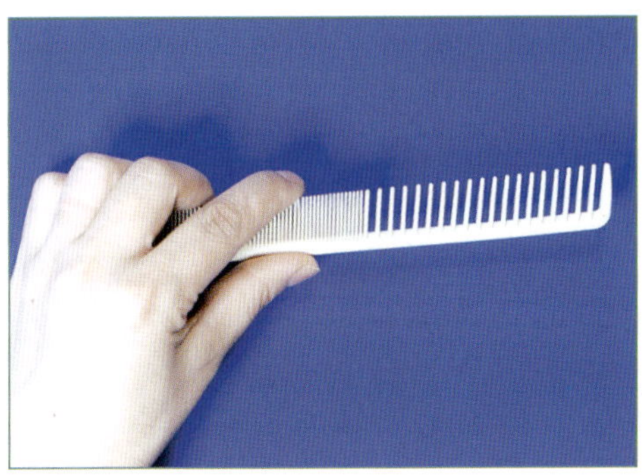

3cm이하의 짧은 길이를 밑머리 길이가 짧고 윗머리 길이를 길게 커트하고자 할 때 그래쥬에이션 형태로 빗을 댄다.

빗의 시술각(인크리스레이어)

두상이 튀어나왔을 때

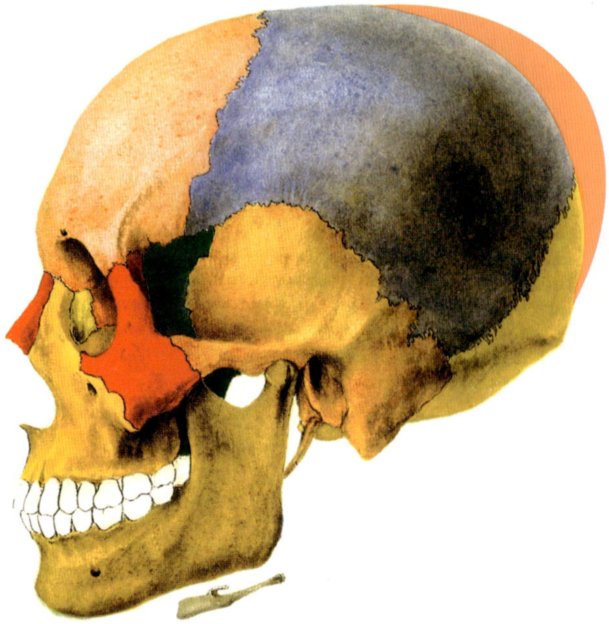

인크리스 레이어
(틴닝사용의 경우 모량이 많을 때)

윗머리가 짧고 아래가 긴 모발의 형태에 이용하며, 자연스런 층을 원할 때, 튀어나온 골격을 깎아낼 때 사용한다.

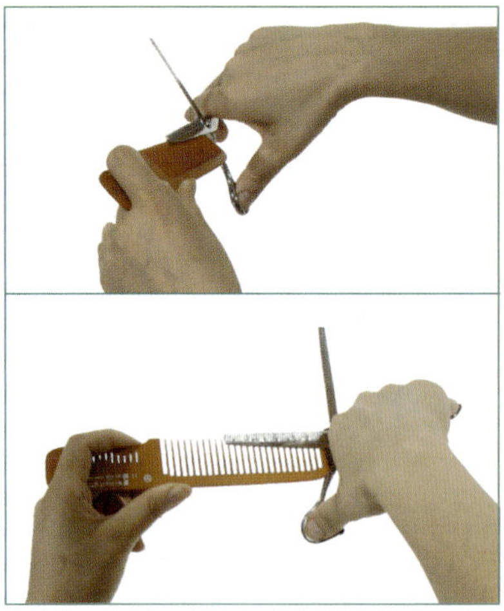

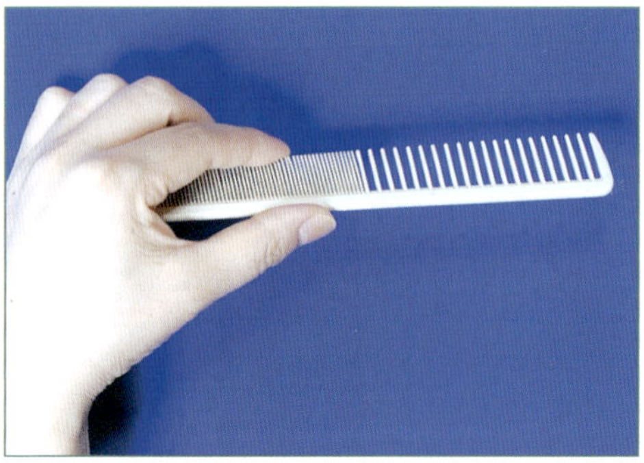

3cm이하의 짧은 길이의 모발을 밑머리 길이가 길고 윗머리를 짧게 커트하고자 할 때 인크리스레이어 형태로 빗을 댄다.

2) 클리퍼의 자세

두상의 곡면에 따라 클리퍼의 자세가 달라진다. 두상이 곡면이기 때문에 빗과 클리퍼는 사선으로 대며 왼손이 빗이 시술각을 결정한다. 오른손의 힘을 최대한 빼고 왼손의 빗에서 빠진 모발을 커트한다.

1번 영역

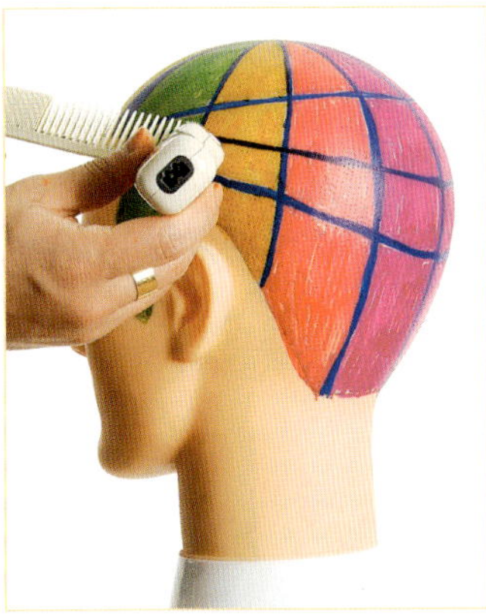
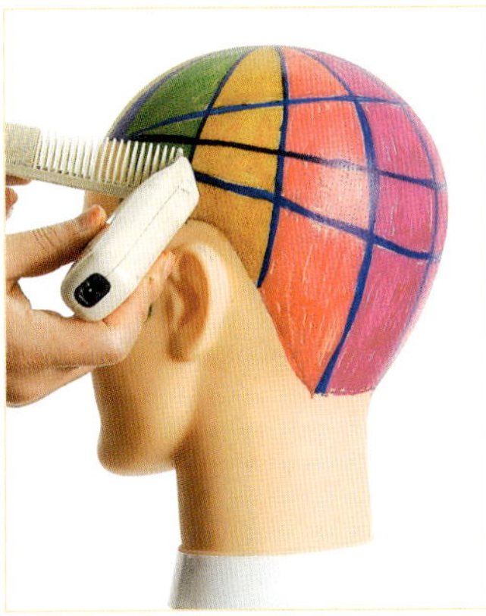
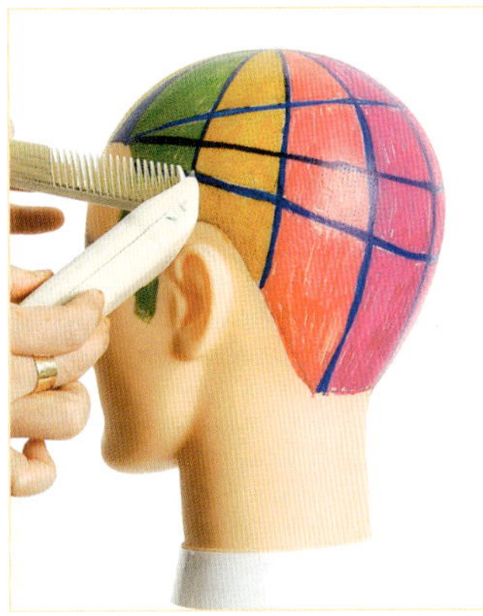

2번 영역

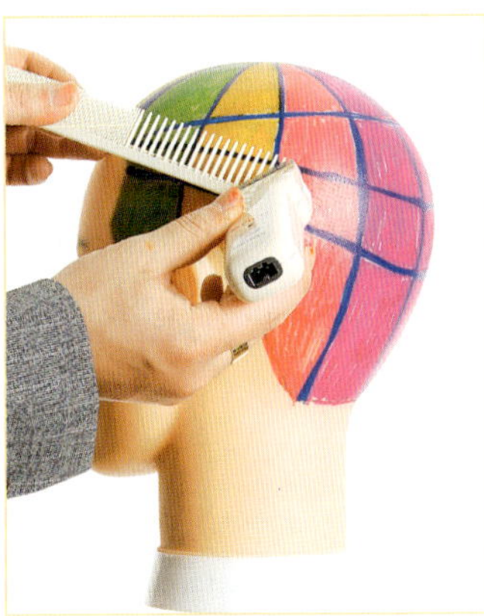
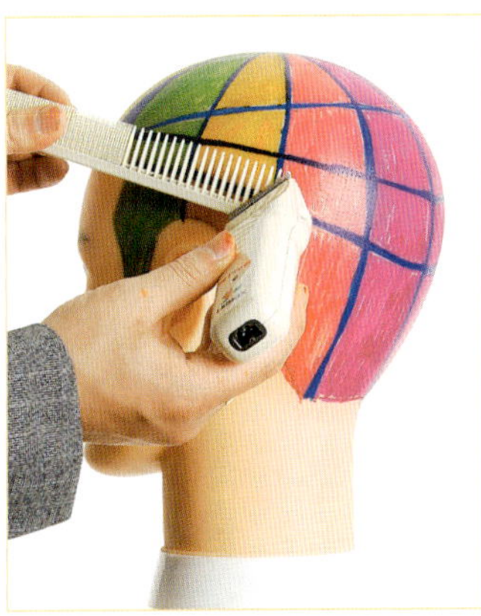
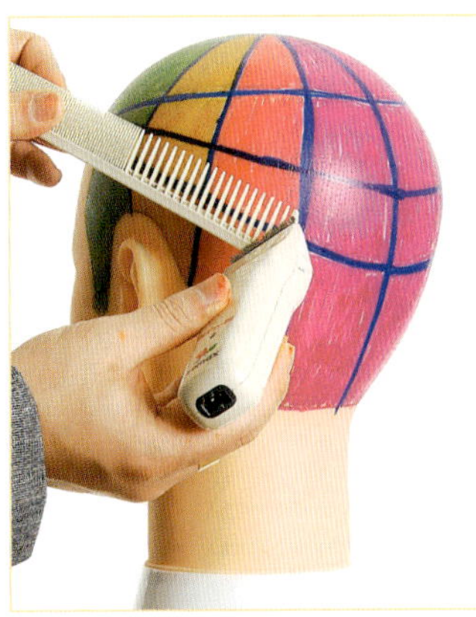

3번 영역

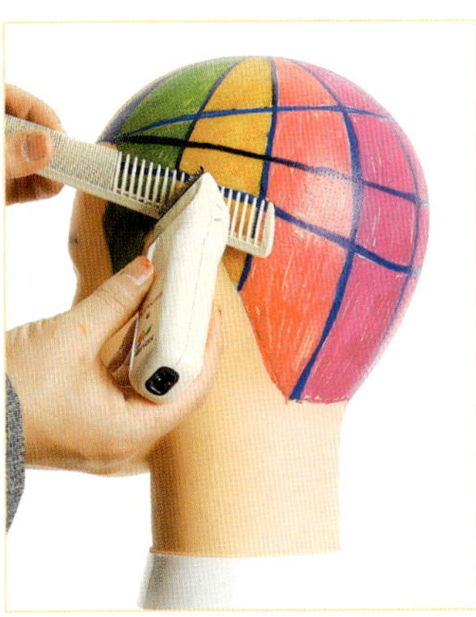
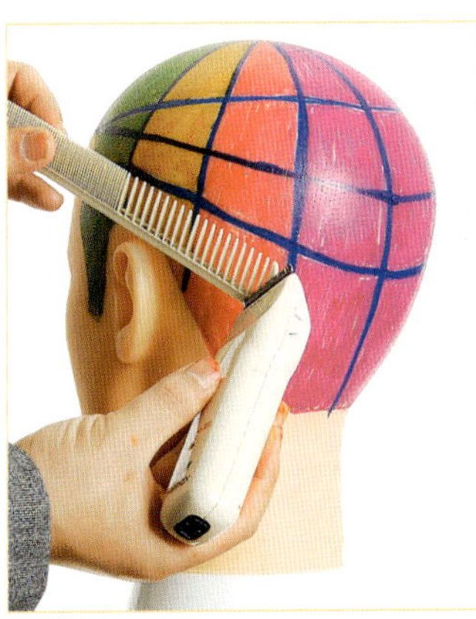
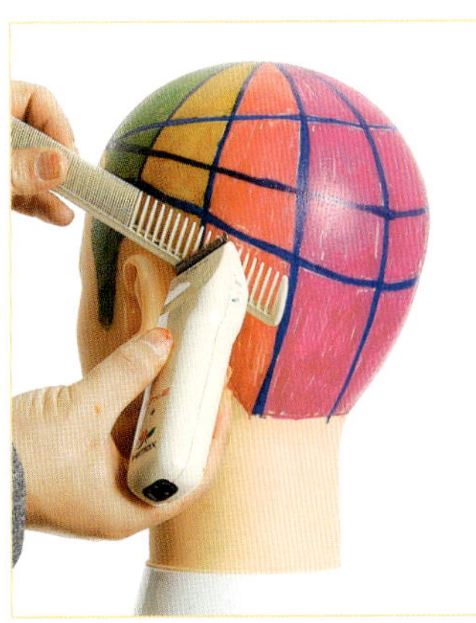

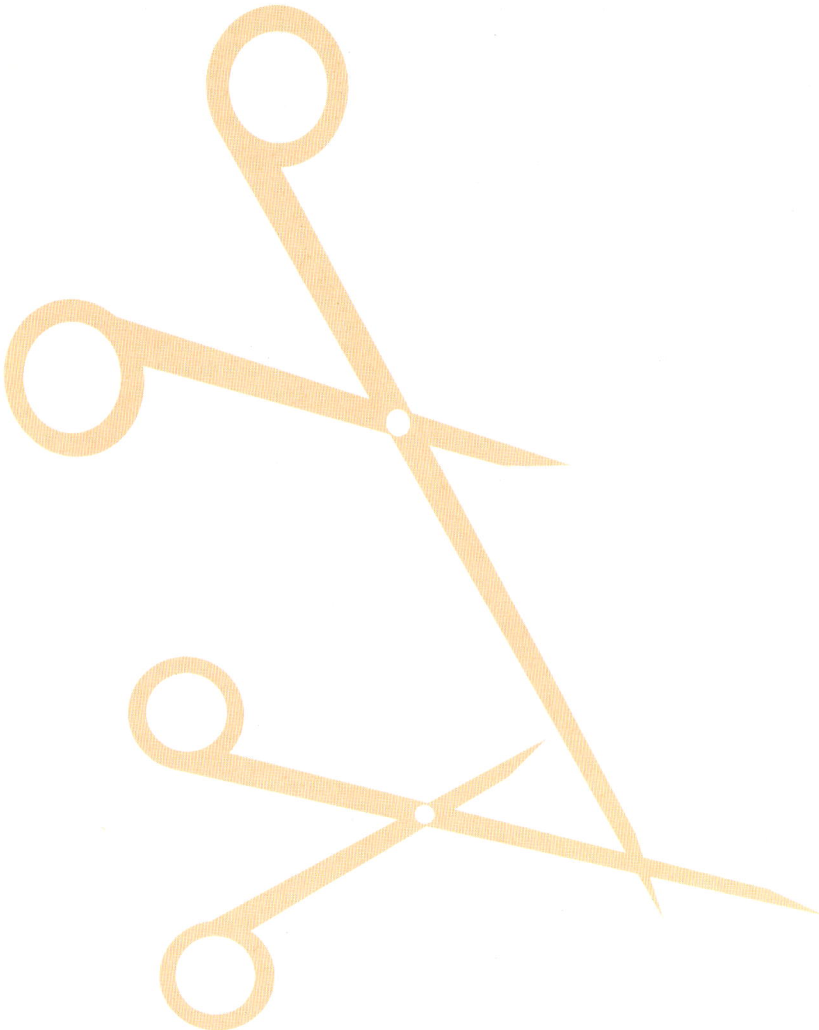

3. 스퀘어레이어 1

▶ 꼭 알아야 할 사항

1. 시술각에 대한 이해를 충분히 알아야 한다.
2. 자연시술각에 대한 이해와 사용하는 방법을 알아야 한다.
3. 일반시술각에 대한 이해와 사용하는 방법을 알아야 한다.
4. 90°의 미학(자연시술각 90°와 일반시술각 90°의 활용방법)
5. 두상을 보정하기 위한 방법을 시술각으로 활용하는 방법을 알아야 한다.

▶ 테스트

0점 [잘 모른다]　5점 [애매하다]　10점 [정확히 알고있다]

시술각에 관한 설명을 충분히 할 수 있는가?	
자연시술각을 이해하고 활용하는 방법을 알 수 있는가?	
일반시술각을 이해하고 활용하는 방법을 알 수 있는가?	
앞머리의 영역과 옆선의 영역에 형태선 만들기 방법을 알고 있는가?	
두상을 보정할 때 시술각을 활용하는 방법을 알고 있는가?	

결과	

1) 시술각

시술각은 모발을 헤어커트하기 위해서 모발을 들어올리는 각도를 말한다. 헤어스타일을 만들 때 시술각도에 따라 모발의 길이가 달라지므로 입체감, 무게감, 층(layer) 등 헤어디자인에서 중요한 부분이다. 시술각의 종류는 자연시술각과 일반시술각으로 구분된다.

(1) 자연시술각

커트를 시술하고자 할 때 그 면에 대한 각도(일반미용사, 그라데이션 시술할 때 사용)

① 면에 대한 각도

② 중력에 의해 모발이 떨어지는 각도

③ 천체축각도

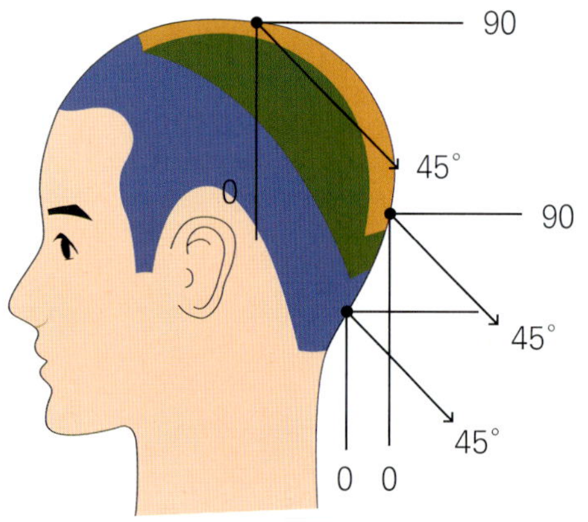

G.P 아래에 모발은 시술 후 중력에 의해 모발이 바로 떨어지므로 자연시술각으로 도해도를 그린다.

(2) 일반시술각

면에 대한 각도로 시술하다 보면 두상이 함몰된 만큼 모발의 길이가 길어진다. 이러한 점을 보완하여 두상에서 원하는 길이를 시술하고자 할 때 일반시술각을 활용한다.

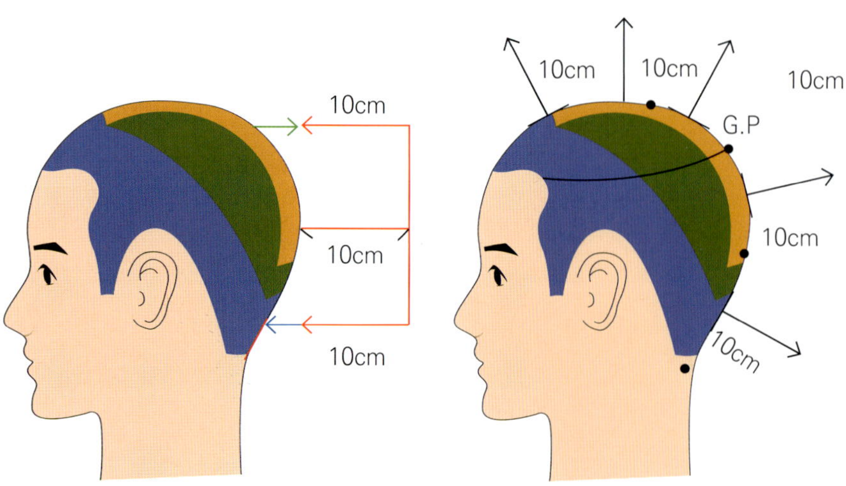

G.P의 위의 모발은 두상을 거쳐서 모발이 떨어지므로 G.P의 위는 일반시술각으로 도해도를 그리면 이해하기 쉽다.

(예시 : 일반미용사 레이어 시험 활용)

2) 90°의 미학(자연시술각 90°와 일반시술각 90°의 활용방법)

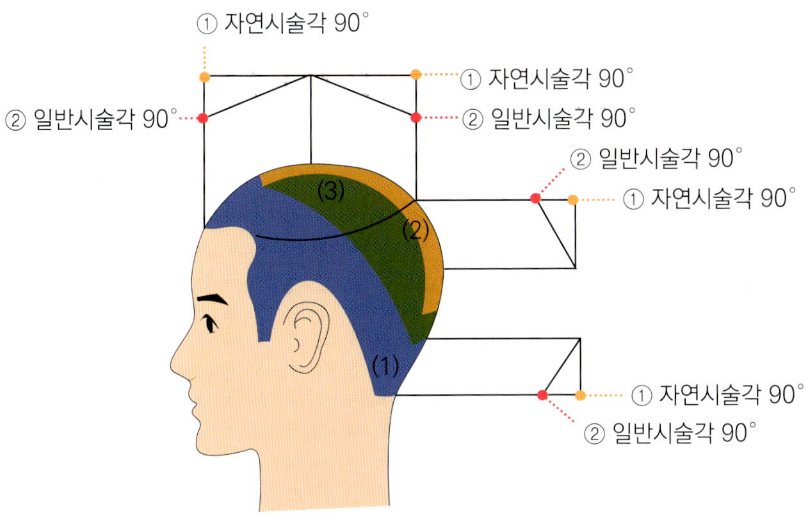

짧은 모발은 90°의 각도만 잘 활용하여 골격을 보정하면 멋진 헤어스타일을 구사할 수 있다.

(1)

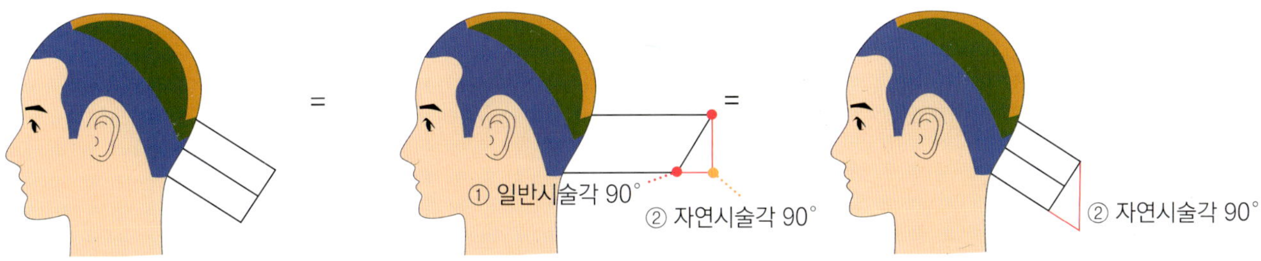

일반시술각 90° 자연시술각 45° 일반시술각 up 45°

(2)

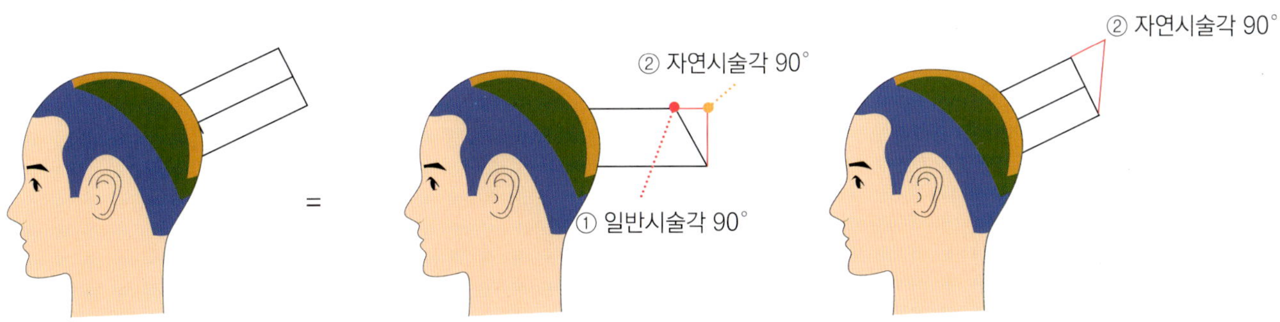

일반시술각 90° 자연시술각 up 45°

(3)

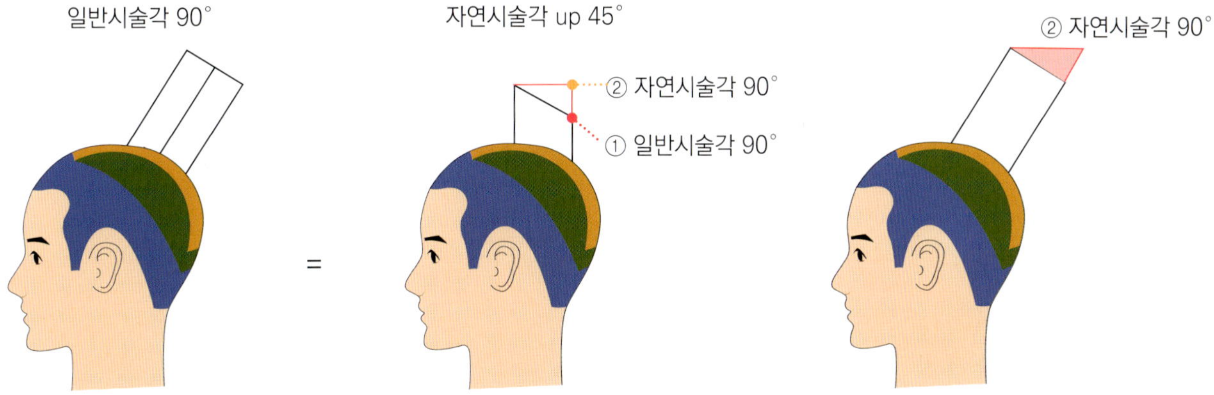

일반시술각 90° 일반시술각 90°

03 스퀘어레이어 1. 댄디스타일

얼굴이 큰 사람을 헤어스타일로 수정하기 위한 방법으로 앞머리 길게하기 위하여 자연시술각 90˚로 시술

실습날짜	요점정리

1. 시술방법

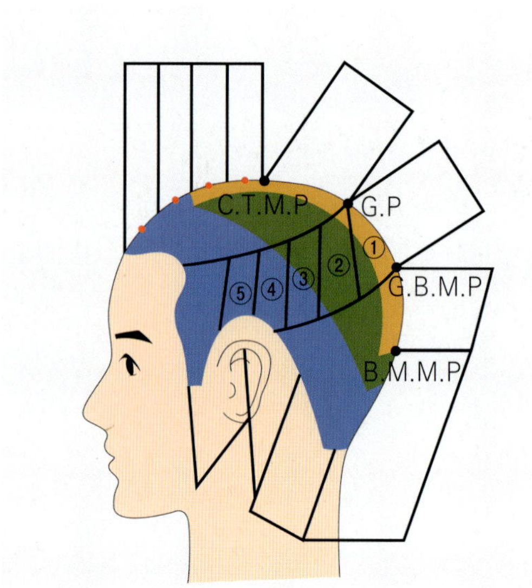

1) 형태선이 예쁘게 표현될 수 있도록 모류보정

① 길이를 다르게 하여 앞길이가 짧고 뒷길이가 길게 하여 틴닝으로 시술한다.

2) 오버섹션

길이가이드 : T.G.M.P에서 10cm 설정
슬라이스 : 가로(중심축), 사선(떨어지는 모발)
베이스 : 온더베이스, 사이드베이스
시술각 : 자연시술각 90˚, 일반시술각 G.P에서 90˚

3) 미들섹션

길이가이드 : G.P
슬라이스 : ①② 세로, ③④⑤ 사선, ⑥⑦ 사선
베이스 : 온더베이스
시술각 : 일반시술각 90˚

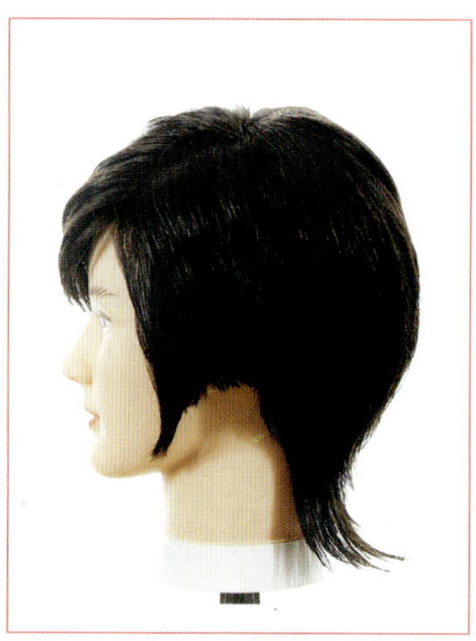

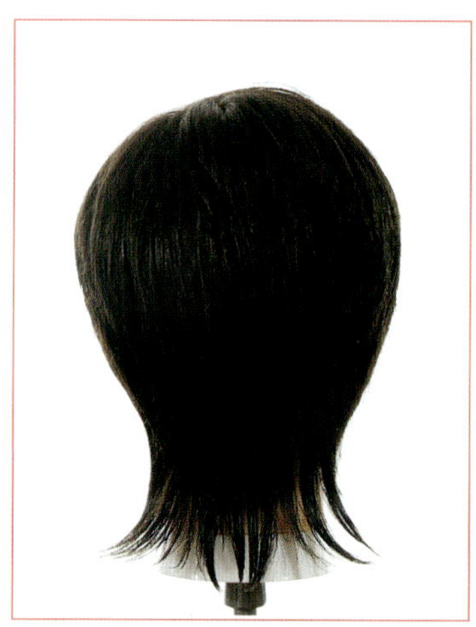

4) 형태선 만들기

옆선

① 앞, 뒤 나누기
② 영역 나누기
③ 길이 결정
④ 시술각 결정
⑤ 긴 길이, 짧은 길이 연결

뒷선

① 길이 결정, 옆선에서 나온 부분과 연결
② 시술각 결정, 코너 연결
③ 긴 길이, 짧은 길이 연결

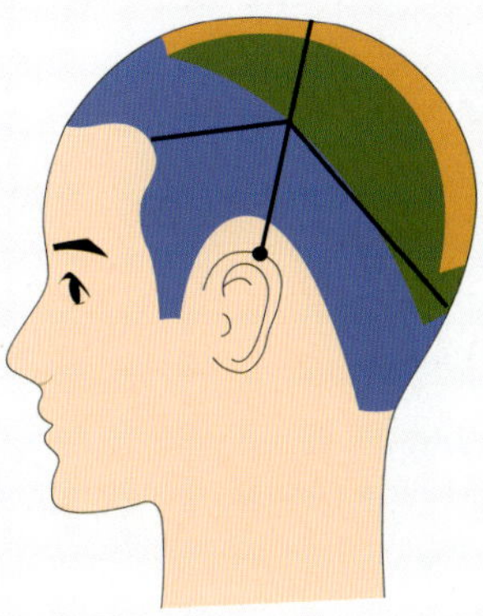

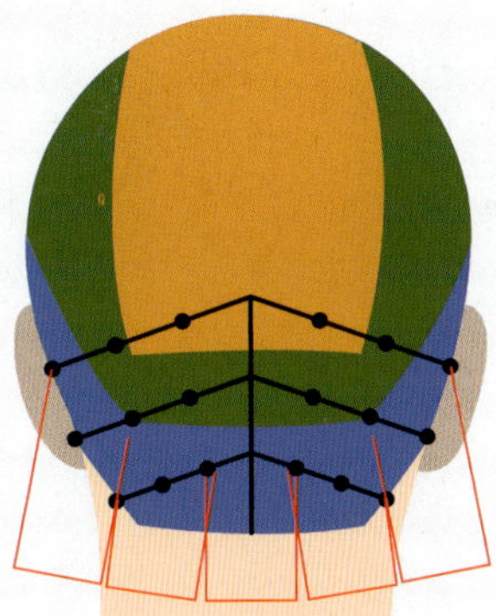

5) 앞머리 표정만들기

① 얼굴형에 맞추어서 가르마 타기
② 사선 슬라이스로 영역 나누기
③ F.S.P에서 가져온 길이가이드를 슬라이스와 평행하게 빗질하여 길이 결정
④ 반대편에 모발을 당겨서 길이 연결

6) 쳐내기 방법

① 앞머리 표정만들기 – 라인틴닝
② 옆선 만들기 – 라인틴닝
③-1 중심축 잡기 – 이너그라데이션틴닝
③-2 모량조절, 형태선 확인 – 이너레이어틴닝
④ 방향성 제시 – 루트틴닝, 이너레이어틴닝

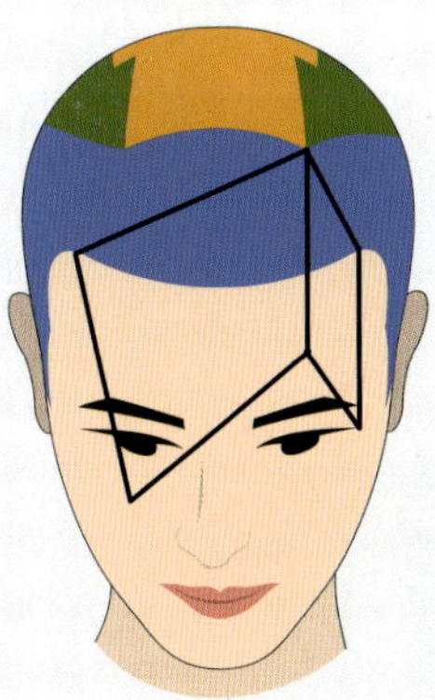

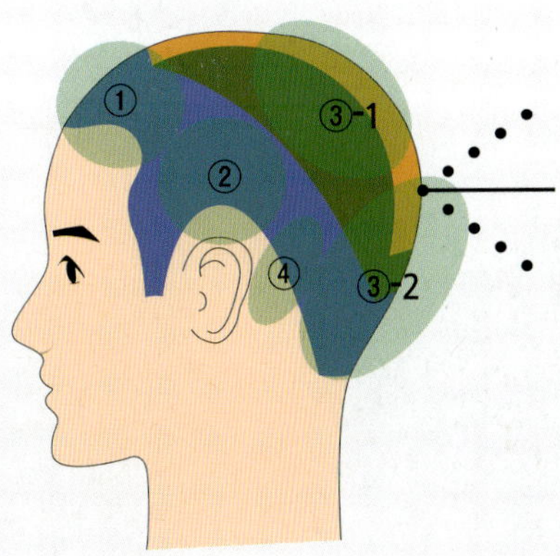

모류보정

1. 형태선이 예쁘게 표현될 수 있도록 형태선을 만들기 이전에 모류보정을 한다.
2. 중심축에 모발을 앞쪽으로 당겨서 앞모발이 짧고 뒷모발의 길이가 길어지게 모류보정을 한다.
3. 반대쪽도 앞쪽으로 빗질하여 시술한다.
4. 모질과 모류를 파악하여 시술한다.

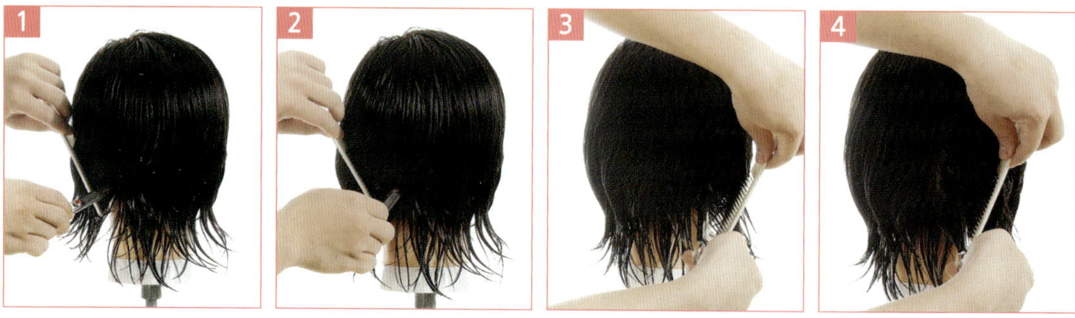

오버섹션

1. 모발이 떨어지기 시작하는 점에서 모발의 길이를 빗으로 10cm 설정한다.
2. 가로슬라이스 온더베이스 자연시술각 90˚로 시술한다.
3. 앞머리에 해당하는 두상의 내리막길은 모발의 베이스를 뒤고 당긴 느낌의 사이드베이스, 자연시술각 90˚로 시술한다.
4. 가로 슬라이스 베이스를 뒤로 당겨서 자연시술각 90˚로 시술한다.
5. 가로로 슬라이스를 떠서 온더베이스하여 일반시술각 90˚로 시술한다.
6. 모발이 떨어지는 대로 사선슬라이스를 하여 일반시술각 90˚로 시술한다.

7, 8, 9. 모발이 흐르는 대로 사선슬라이스를 하여 일반시술각 90˚로 시술한다.

미들섹션

1, 2. 중심축에서 세로로 슬라이스를 떠서 온더베이스 일반시술각 90˚로 시술한다.
3. 사선으로 슬라이스를 떠서 온더베이스 일반시술각 90˚로 시술한다.
4, 5. 모발이 흐르는 대로 사선슬라이스를 떠서 온더베이스 일반시술각 90˚로 시술한다.
6. 반대쪽도 중심축에서는 세로로 슬라이스를 떠서 온더베이스 일반시술각 90˚로 시술한다.
7. 반대쪽도 사선으로 슬라이스를 떠서 온더베이스 일반시술각 90˚로 시술한다.
8, 9, 10. 곡선을 만들기 위해 모발이 흐르는 대로 사선슬라이스를 떠서 온더베이스 일반시술각 90˚로 시술한다.

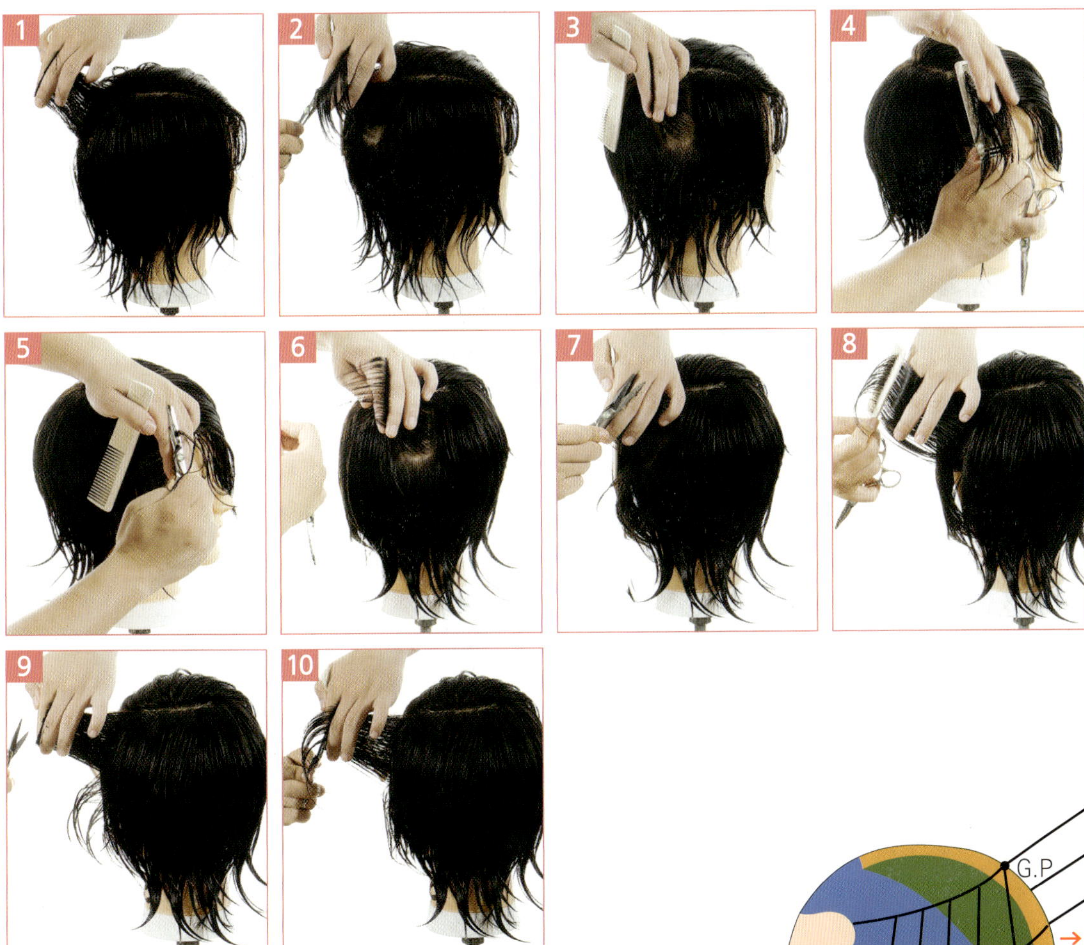

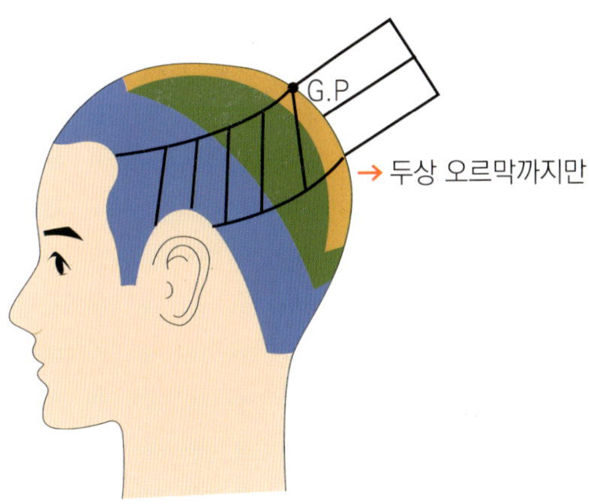

형태선 만들기

1. 앞으로 떨어질 모발과 뒤로 떨어질 모발을 나눈다.
2. E.P에서 길이가이드를 설정한다.
3. E.P의 가이드로 뒷선에 길이가이드를 먼저 설정한다.
4. S.C.P에서 옆선의 길이가이드를 설정한다.
5. E.P와 S.C.P를 연결한다.
6, 7. 윗모발을 첫선의 가이드에 연결한다.
8. 앞선이 시술각을 결정한다.
9. 앞쪽으로 당겨서 옆선의 흐름을 자연스럽게 만든다.
10. 반대편도 동일한 방법으로 시술한다.

뒷선

1. 가벼움을 주기 위해 길이가이드를 중심축에서 들어서 설정한다.
2. 모발을 다시 내려서 형태선을 다듬는다.
3. 모발을 내려서 밑모발과 연결한다
4. 옆선의 길이가이드와 연결하면서 곡선을 만든다.
5. 오르막길의 윗모발과 아래로 떨어지는 형태선을 만들었던 모발과 연결한다.

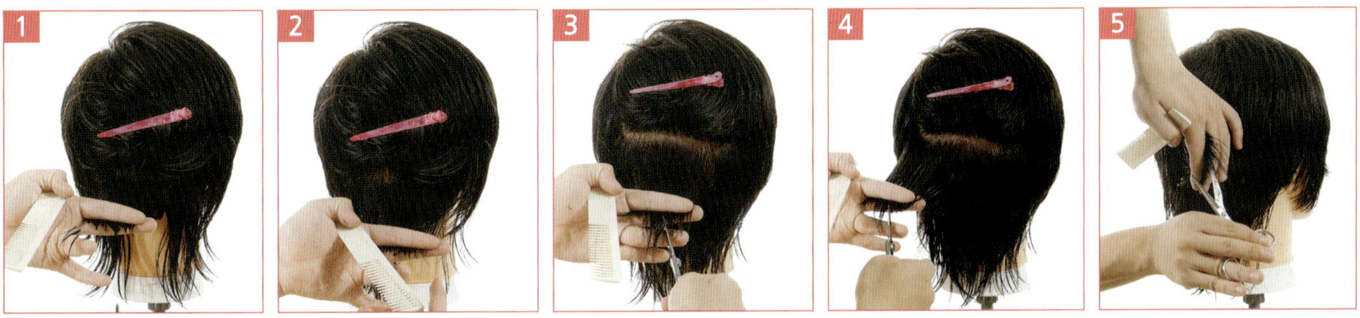

앞선

1. 가르마를 얼굴형에 맞추어서 나눈 후 사선 슬라이스를 나눈다.
2. 슬라이스와 평행하게 빗질하고 슬라이스 보다 모발을 내려서 낫칭커트한다.
3. 옆선에서 나온 가이드에서 시작하여 밑에서 위로 낫칭커트한다.
4. 반대쪽도 옆선에서 나온 길이가이드와 앞머리에서 나온 길이가이드를 연결한다.
5. 시술을 해 놓은 상태이다,

질감 앞머리, 질감 뒤

1. 틴닝을 사선으로 넣어 C커브를 그리면서 모발을 빼낸다.
2. 모발을 혼합한 후에 다시 한번 2cm 다음 자리에 틴닝을 사선으로 넣어 C커브를 그리면서 모발을 빼낸다.
3. 슬라이스를 탄 부분에 해당하는 모발을 3번에 나누어서 시술한다.
4. 윗부분의 모발도 틴닝을 사선으로 넣고 C커브를 그리면서 빼낸다.
5. 전체적인 모발을 한쪽이 짧고 다른 한쪽은 길게 하여 C커브의 흐름을 만들면서 라인틴닝으로 시술한다.
6. 중심축에 볼륨을 만들기 위한 이너그라데이션 틴닝을 시술한다.

7, 8. 틴닝을 윗모발이 길고 아랫모발이 짧아지게 잡고 C커브를 그리면서 모발을 뺀다.

9, 10. 방향성 제시를 하기 위한 방법으로 앞쪽으로 모발을 빗질하고 앞모발이 짧고 뒷모발이 길어지게 틴닝을 사선으로 시술한다.

04 스퀘어레이어 2

두상에 관한 시술각과 면에 대한 시술각의 차이가 45° 생기고, 원하는 헤어스타일이 다르기 때문에 처음부터 시술각에 관한 90°의 미학을 이해하면 고객이 원하는 시술을 하기가 쉽다.

실습날짜	요점정리

1. 시술방법

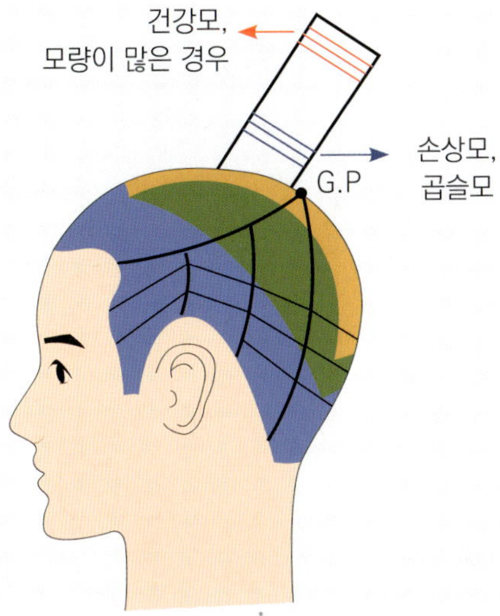

1) 질감처리

① G.P 아래 모발은 모발이 떨어지는 세로존 대로 두상의 내리막에 틴닝으로 질감처리를 한다.

② G.P의 윗부분은 남겨질 부분이므로 모질과 손상도에 따라 질감처리를 한다.

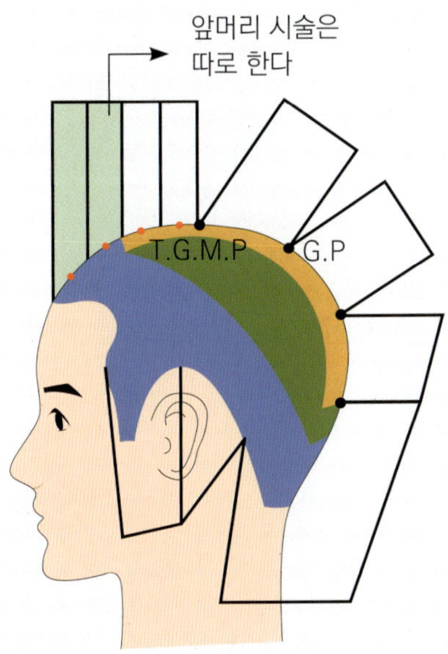

2) 오버섹션

길이가이드 : T.G.M.P 11cm
슬라이스 : 가로, 사선
베이스 : 온더베이스, 사이드베이스
시술각 : 자연시술각 90˚, 일반시술각 90˚

3) 미들섹션

길이가이드 : G.P
슬라이스 : ①② 세로, ③④⑤ 사선
베이스 : 온더베이스
시술각 : 일반시술각 90˚

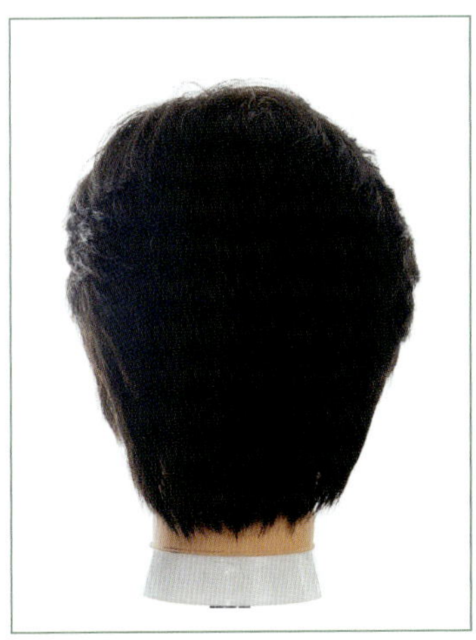

4) 형태선 만들기

① N.P에서 길이가이드 3~5cm를 설정하여 20cm를 5번에 나누어서 완만한 U라인선 만들기

② N.B.P에서 길이가이드를 가지고 옆선에 길이가이드 만들기

③ 시술각 결정

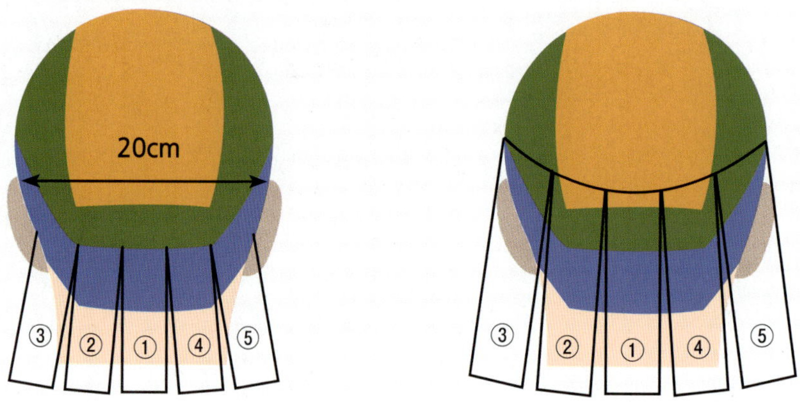

5) 앞머리 이미지 만들기

① 7:3으로 가르마를 나눈 후 가르마쪽으로 모발을 빗질하여 손가락을 일직선으로 하여 시술한다.

② 반대쪽도 길이가이드와 연결하여 시술한다.

③ 앞머리와 옆선을 연결하여 마무리한다.

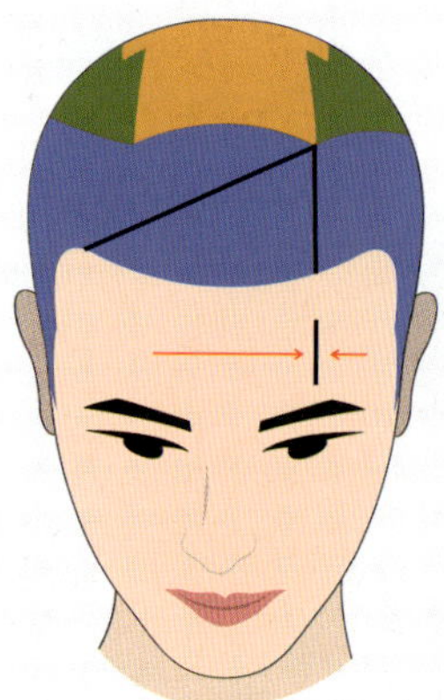

틴닝

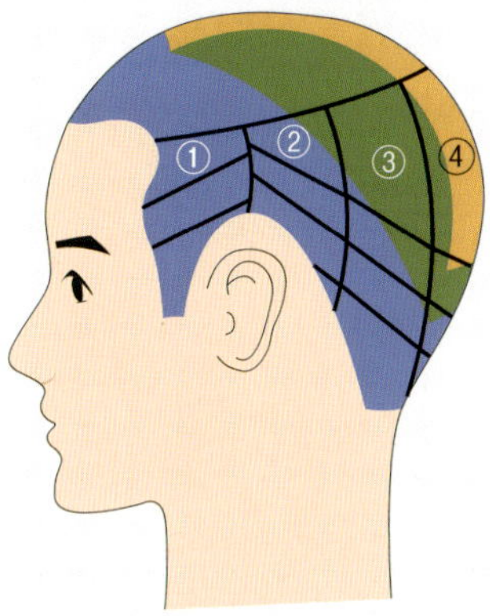

1, 2. 모발이 떨어지는 세로존 1번을 빗등을 자로 생각하고 틴닝으로 3번에 나누어서 시술한다.

3. 3번의 영역을 빗을 두상곡면대로 사선으로 대고 틴닝으로 시술한다.

4. 4번의 영역을 빗을 두상곡면대로 사선으로 대고 틴닝으로 시술한다.

5, 6, 7, 8. 반대쪽에서 1, 2, 3, 4로 나누어서 동일한 방법으로 시술한다.

※ G.B.M.P의 아랫영역의 질감처리는 모질과 모량을 생각하면서 빗으로 시술각을 조절하여 틴닝가위로 시술한다.

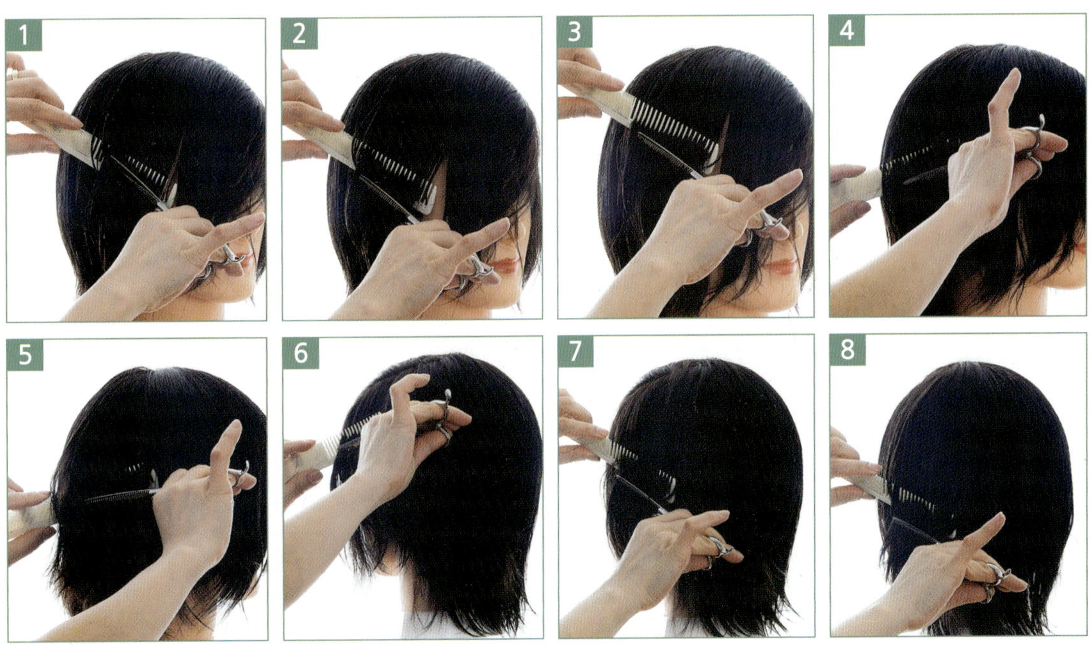

오버섹션 틴닝

1. U라인의 영역을 시술하고자 하는 길이를 설정한다.

2-6. 10cm 길이가이드를 설정하고자 했을 때 길이의 반, 7cm, 8cm, 9cm에 틴닝을 3번에 나누어서 시술한다.
모질이 강모나 모질이 강한 경우는 위에 길이 7cm, 8cm, 9cm에 넣어주고, 모질이 가늘고 곱슬모인 경우에는 2cm, 3cm, 4cm에 틴닝을 넣어 남아있는 모발이 부스스하지 않게 한다.

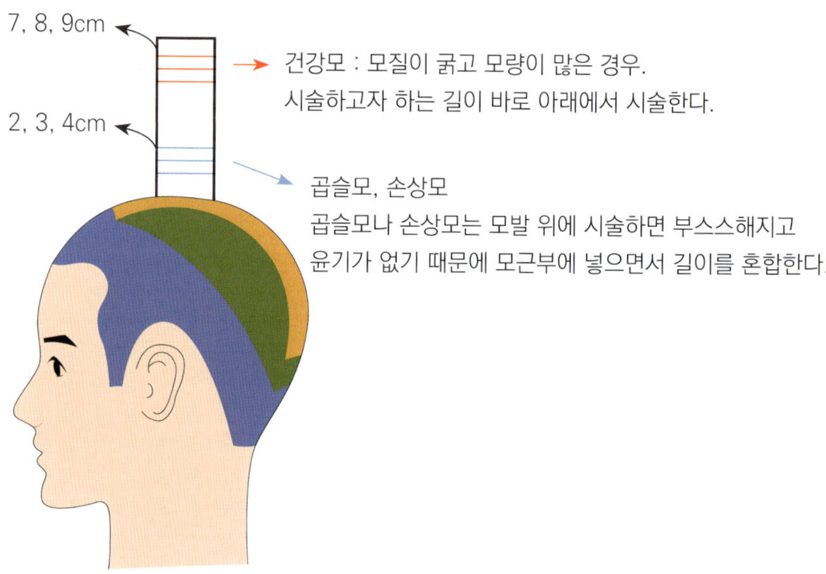

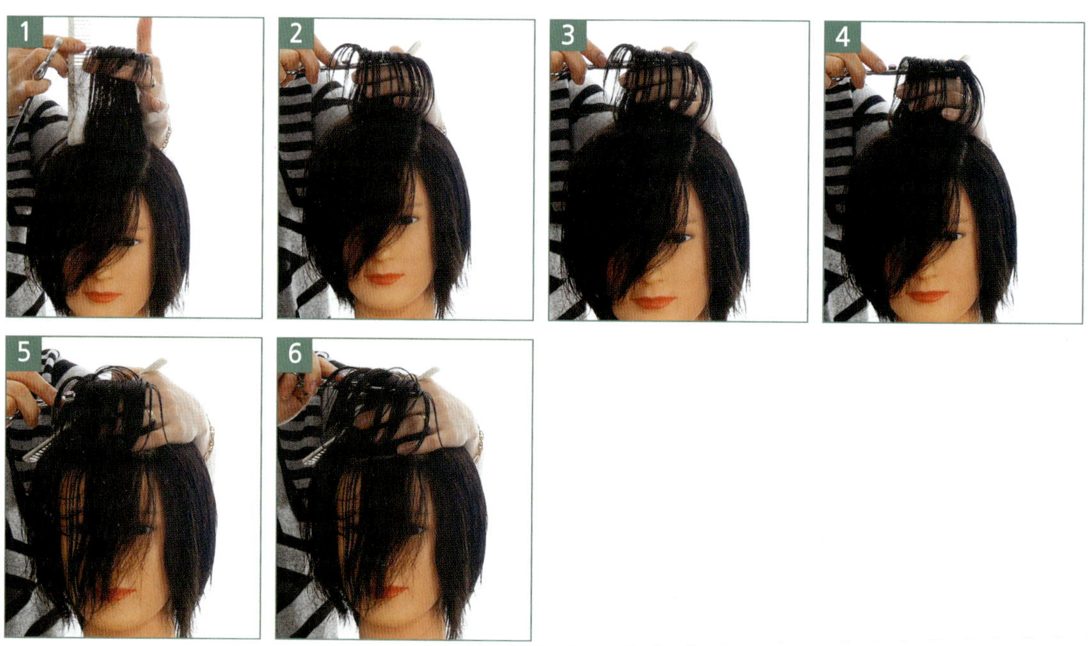

오버섹션 영역의 시술방법

1. T.G.M.P에서 10cm 길이가이드를 설정한다.
2. 가로슬라이스를 떠서 베이스를 뒤쪽으로 살짝 당겨서 시술한다.
3. 3번째 앞머리의 영역도 베이스를 뒤로 당겨서 앞머리를 길게 시술한다.

4, 5, 6. 가로슬라이스를 뜨고 베이스를 뒤로 당겨서 앞머리를 길게 시술한다.

7. 두상이 함몰된 부분도 자연시술각 90˚로 시술한다.

8, 9, 10. 오버섹션에 있는 U라인 영역은 T.G.M.P를 시작하여 모두 자연시술각 90˚로 시술한다.

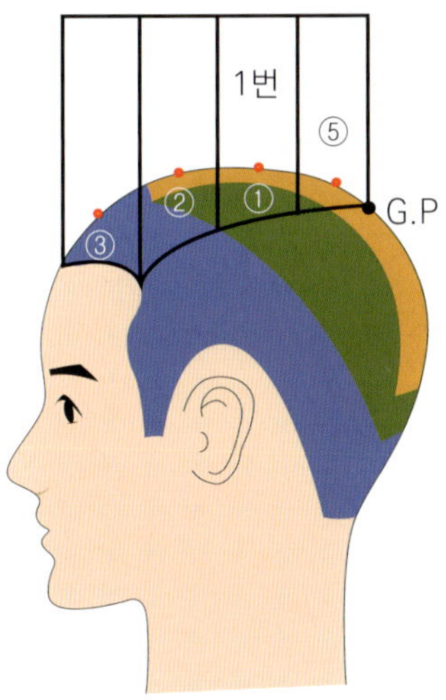

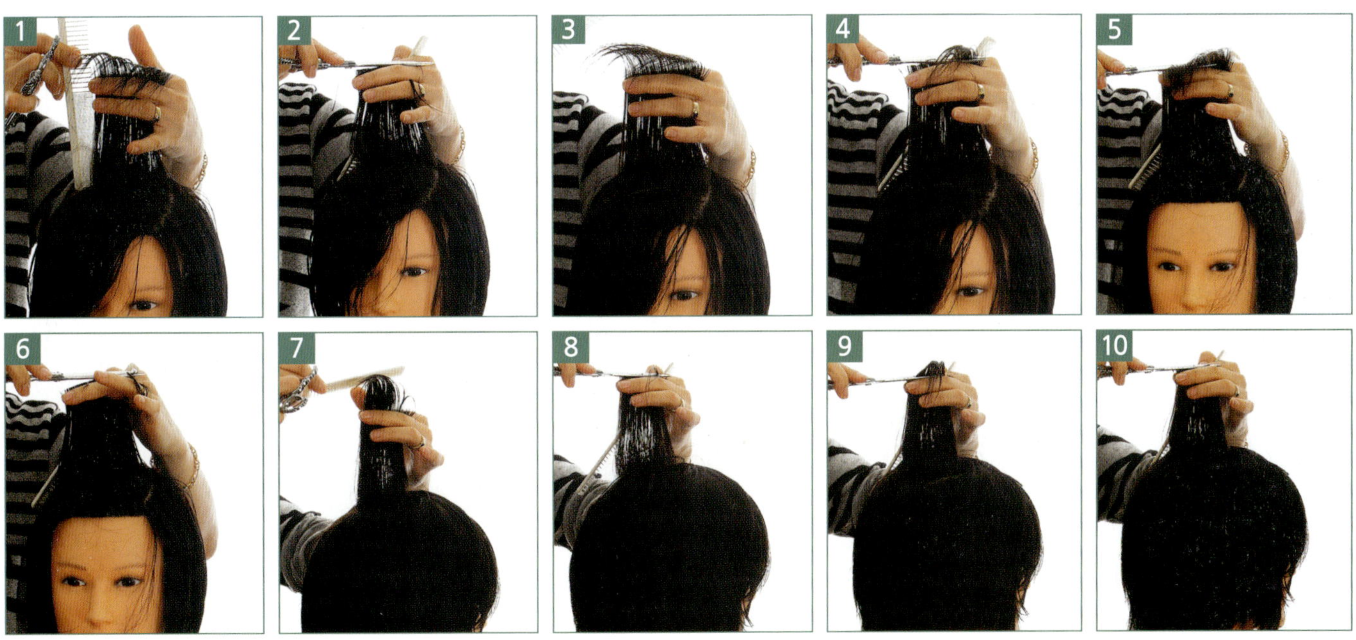

미들섹션 영역의 시술방법

1, 2. 중심축에서 세로슬라이스, 일반시술각 90˚로 온더베이스하여 시술한다.
3, 4. 2번째 영역도 세로슬라이스로 떠서 일반시술각 90˚ 온더베이스로 시술한다.
5, 6. 3번째는 사선슬라이스로 떠서 일반시술각 90˚ 온더베이스로 시술한다.
7. 4번째는 사선슬라이스로 떠서 일반시술각 90˚ 온더베이스로 시술한다.
8, 9, 10. 옆선에 해당하는 부분도 모발이 떨어지는대로 사선슬라이스로 떠서 온더베이스 일반시술각 90˚로 시술한다.

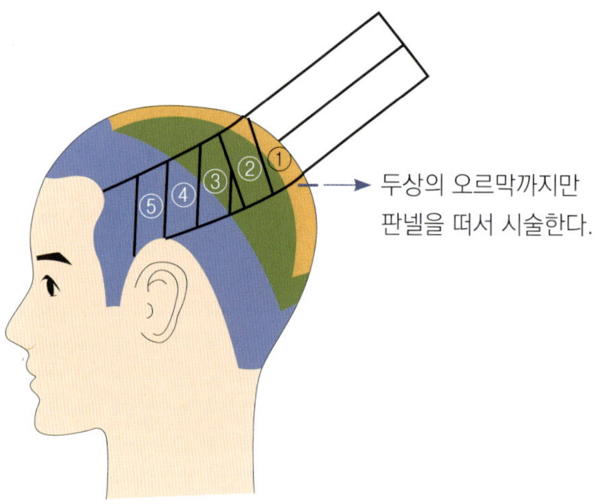

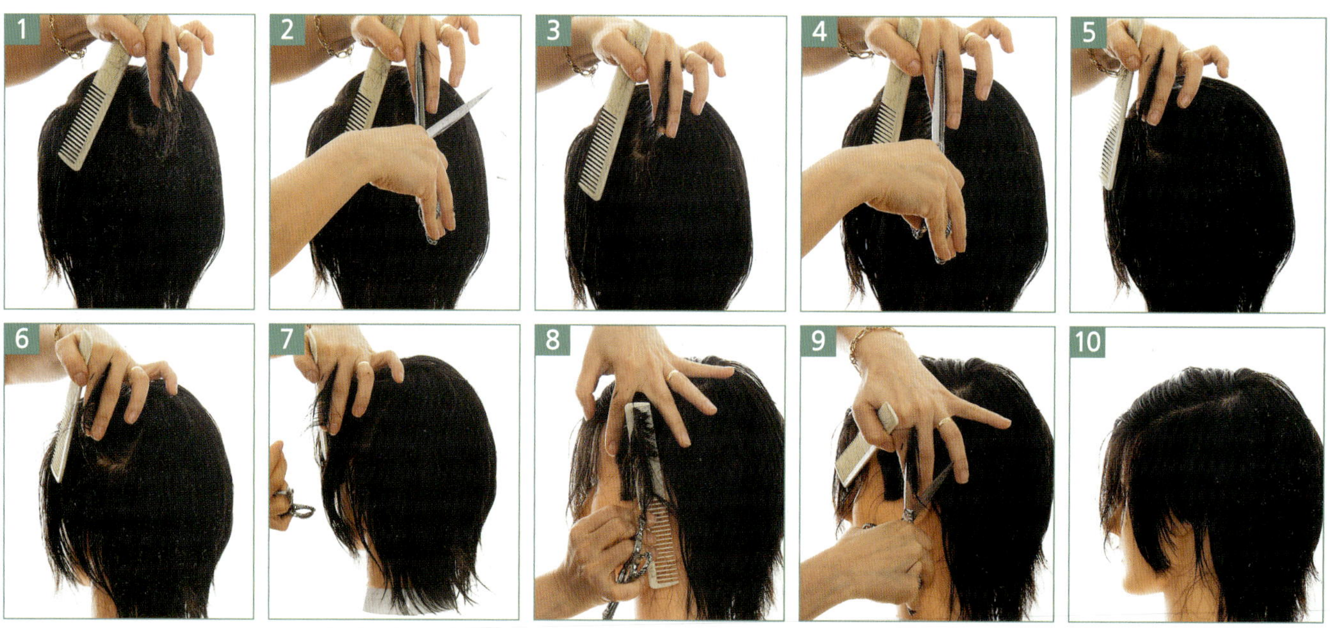

미들섹션 반대

1. 첫 번째 세로슬라이스로 떠서 온더베이스, 일반시술각 90˚로 시술한다.
2, 빗이 슬라이스를 뜰 때 한 베이스의 중심에 대고 온더베이스를 뜬다.
3. 빗이 들어가는 슬라이스와 손가락이 평행하게 일반시술각 90˚로 시술한다.
4. 한 판넬의 중앙에서 빗을 넣어야 온더베이스로 시술된다.
5. 온더베이스 일반시술각 90˚로 시술하다.
6. 두상이 함몰된 부분에 들어서면 사선으로 슬라이스를 더서 온더베이스로 시술한다.
7. 곡선을 만들기 위해서는 사선슬라이스로 떠서 시술한다.
8, 9. 사선슬라이스로 떠서 온더베이스로 시술한다.
10. 시술해놓은 상태이다.

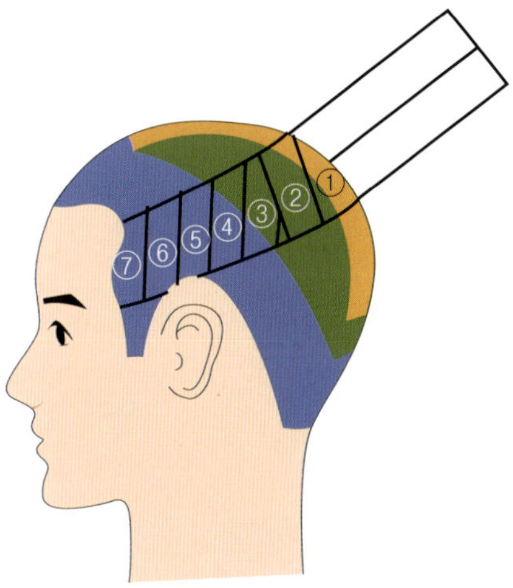

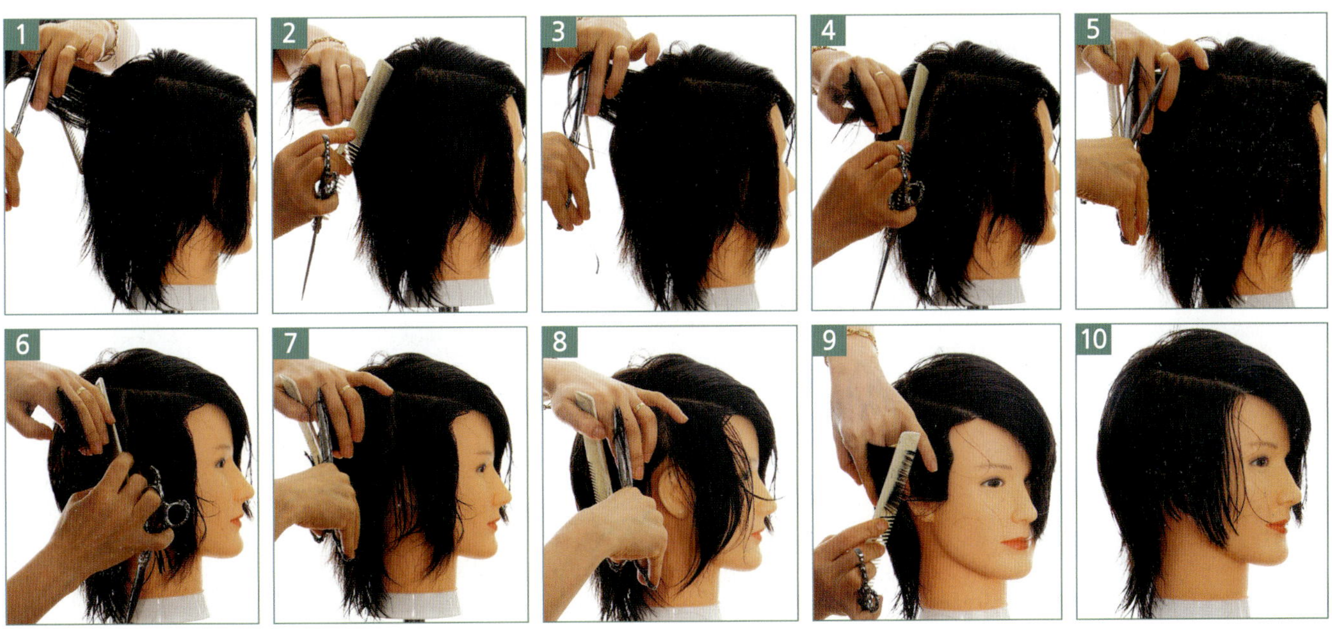

형태선 만들기

1-5. 길이가이드를 설정하고 5번에 나누어서 U라인 형태선을 만든다.
6. E.B.P에서 길이가이드를 설정하여 옆선의 이미지를 결정한다.
7-12. 길이가이드를 설정한 후 무거운 모발을 시술각을 들어서 가볍게 시술한다.
13, 14. 반대편도 E.B.P에서 길이가이드를 가져와서 옆선을 결정한다.
15. 오르막길에서 시술했던 모발과 형태선에서 나온 모발을 연결한다.

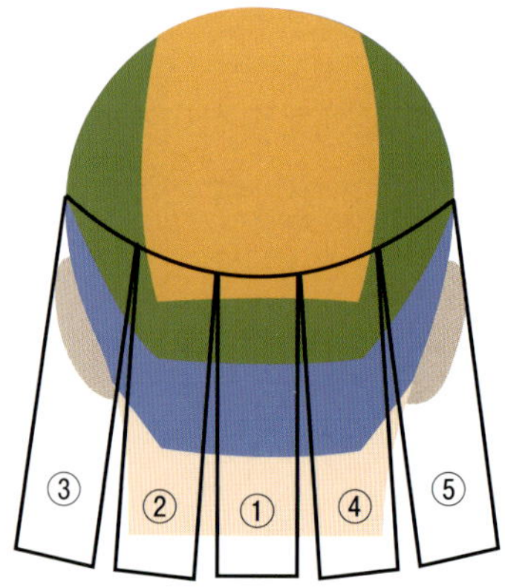

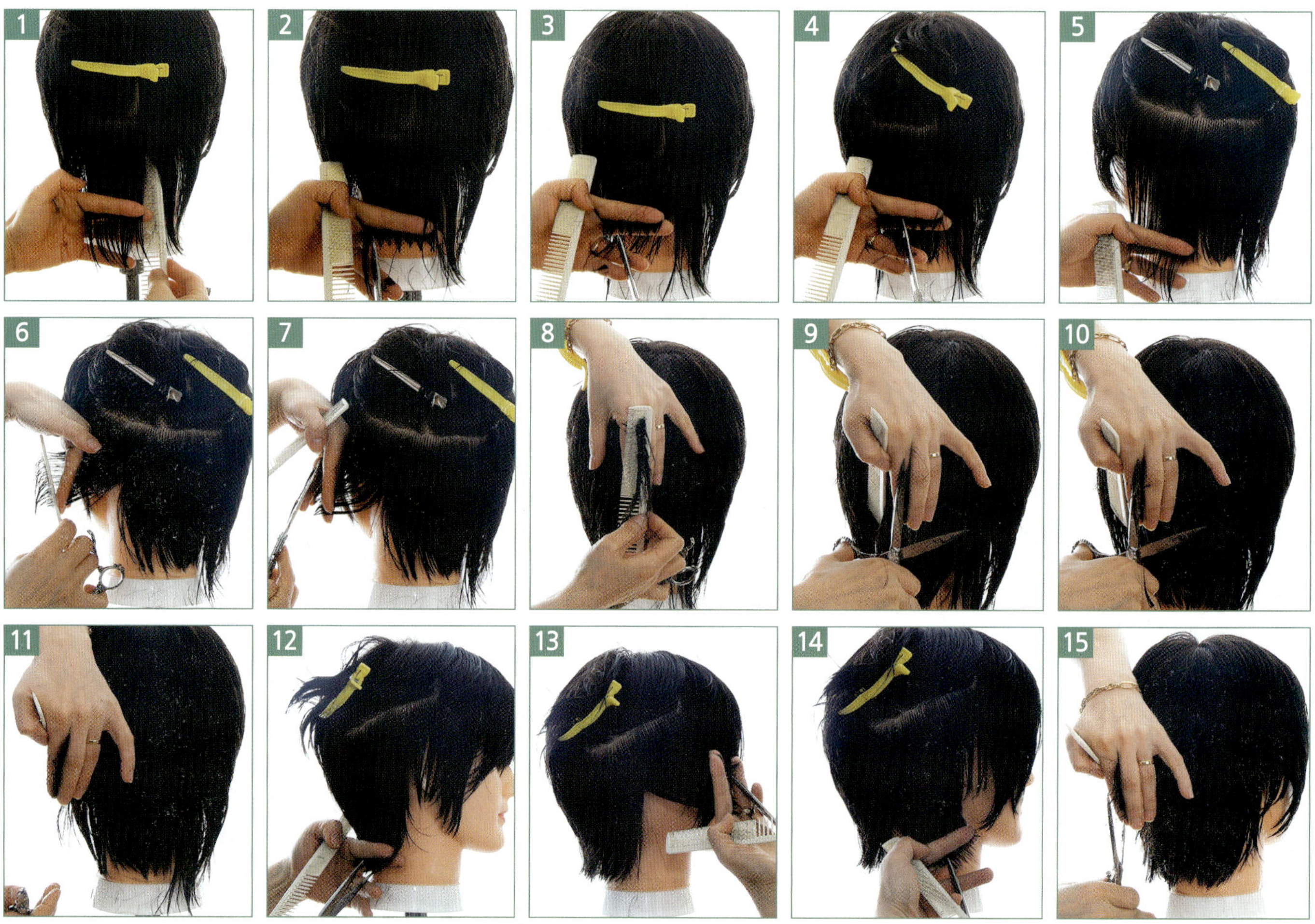

연결

1, 2, 3, 4. 오버섹션에서 나온 모발과 미들섹션의 모발을 사선으로 모발이 떨어진 대로 판넬을 잡아 연결한다.

5, 6, 7, 8. 반대편 모발도 오버섹션의 모발과 미들섹션의 모발을 사선으로 판넬을 떠서 튀어나온 모발을 시술한다.

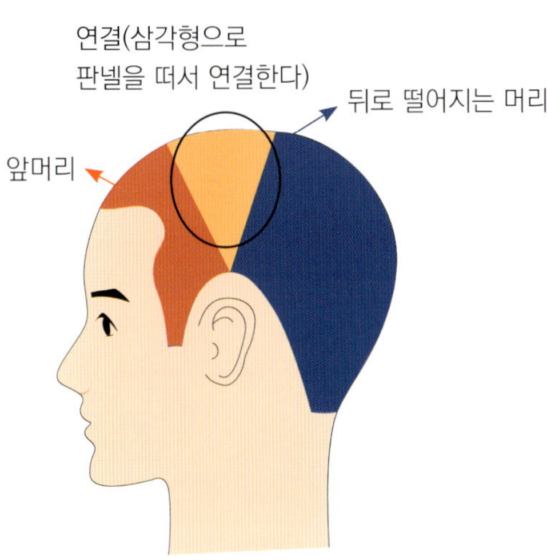

앞머리

1. 7:3 가르마를 나눈다고 생각하고 모발을 가르마쪽으로 빗질한다.
2. 손가락을 일자로 시술각을 결정하고 모발을 잡는다.
3, 4. 일자에서 나온 모발을 정리한다.
5. 다른쪽도 가르마쪽으로 모발을 당겨서 시술한다.
6. 앞머리가 헤어커트된 상태이다.

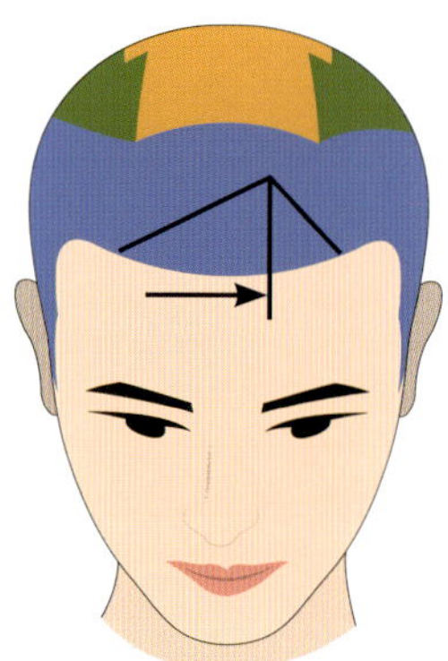

옆선 쳐내기

1, 2. 윗모발이 짧고 아랫모발이 길게 틴닝을 넣어 C커브를 그리면서 뺀다.

3, 4, 5. 반대편도 윗모발이 짧고 아랫모발이 길게 틴닝을 넣어 C커브를 그리면서 뺀다.

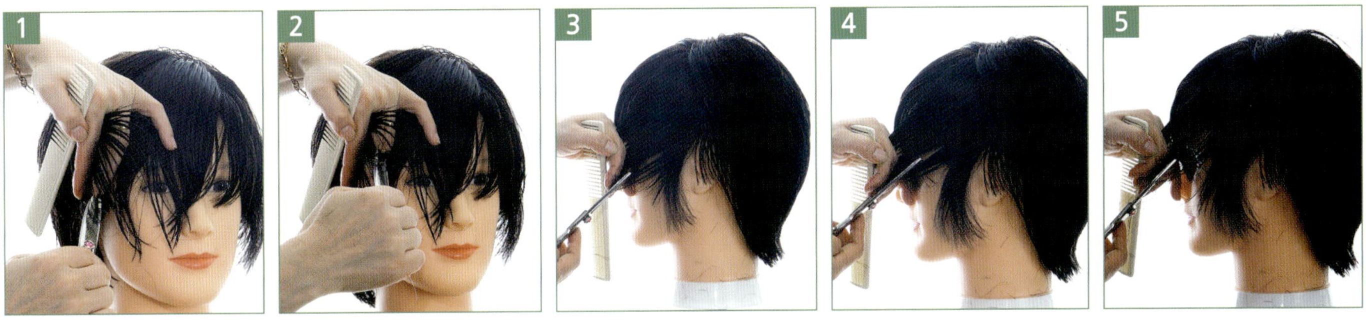

중심축

1, 2, 3, 4. 틴닝을 이너그라데이션 틴닝으로 넣고 C커브를 그리면서 뺀다.

5, 6. 틴닝을 이너레이어 틴닝으로 넣고 C커브를 그리면서 뺀다.

7, 8. 앞머리 길이가 짧고 뒷부분의 모발이 길게 앞쪽으로 모발을 빗질하여 틴닝으로 세 번에 나누어서 시술한다.

9, 10. 반대쪽도 모발을 사선으로 밀어서 시술한다.

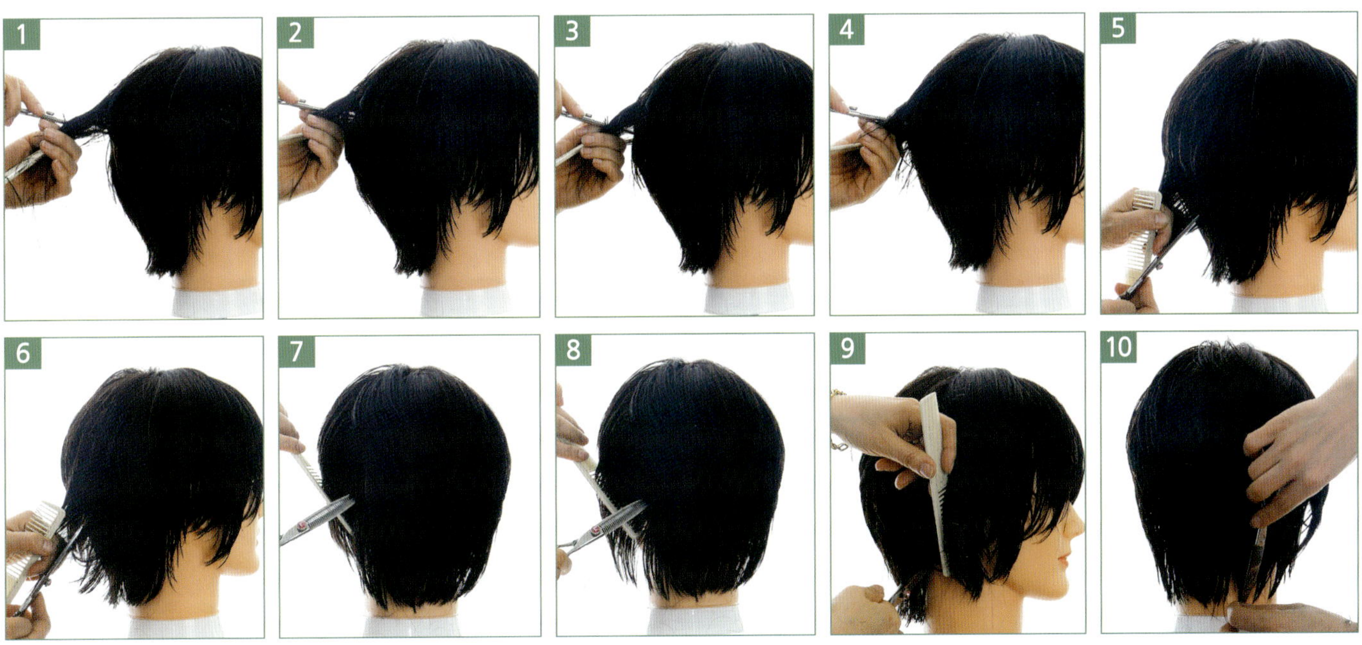

마무리

1. 모발이 흐르는 모류의 방향을 잡아준다.
2, 3. 손으로 원하는 웨이브를 만들어서 드라이어로 바람을 준다.
4, 5. 앞머리를 뒤로 넘기면서 모류를 잡는다.
6. 한 쪽의 시술이 종료된 상태이다.
7, 8. 반대쪽도 원하는 웨이브를 손으로 만들어 준다.

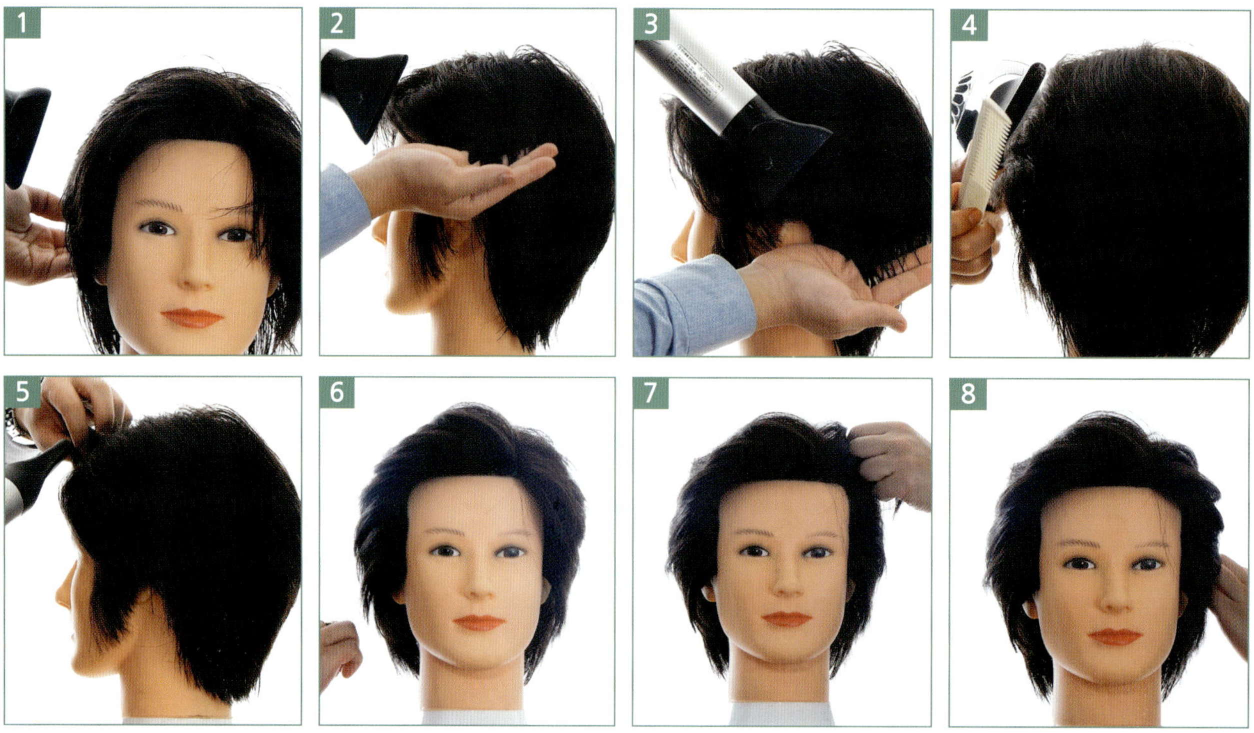

05 스퀘어레이어 3. 스포츠

박스(상자)형으로 된 각진 커트형태로 네모지게 한다. 스포츠는 일명 Bross Cut라고도 한다.
브러쉬와 같은 느낌의 헤어스타일으로 자신감있는 남성스러움을 강조한 스타일이다.
둥근두상을 원하는 형태에 따라 스퀘어브러쉬(U라인역역8~10cm) 폼페이드 브러쉬 (둥근)라고 한다.

실습날짜	요점정리

1. 시술방법

시술을 위한 도해도 1

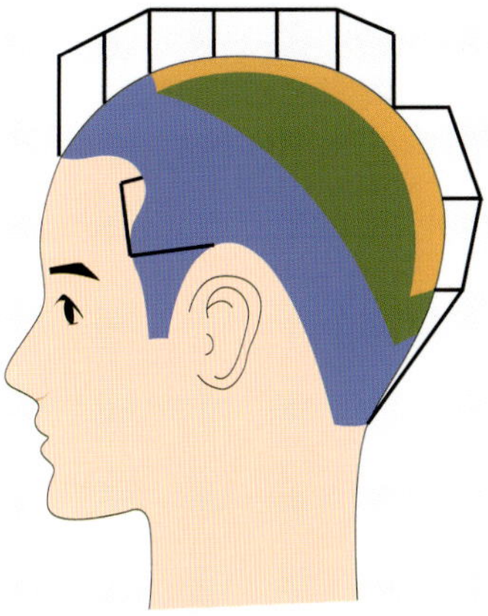

시술을 위한 도해도 2

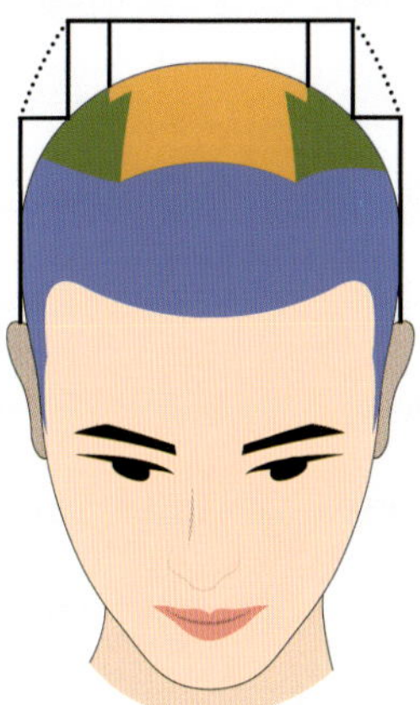

1) 질감처리

길이가 짧기 때문에 길이가 혼합되지 않으면 모류방향대로 흐른다. 모발이 모류방향으로 형태를 잡아주고 헤어스타일의 전체적인 형태를 잡기 위해 질감처리를 시술한다.

2) 오버섹션

길이가이드 : T.G.M.P.
슬라이스 : 가로, 사선
베이스 : 온더베이스, 사이드베이스
시술각 : 자연시술각 90°, 일반시술각 90°

3) 미들섹션

① 오버섹션에서 나온 길이가이드로 옆쪽은 빗을 90° 수직으로 대고 위에서 아래로 내려오면서 자연시술각 90°로 시술한다.
② 뒷선은 빗을 사선으로 대고 일반시술각 90°로 온더베이스로 이동하면서 시술한다.
③ 빗으로 시술각을 조절하고 클리퍼로 모발을 커트한다.
④ 반대쪽도 시술했던 방법과 동일하게 시술한다.

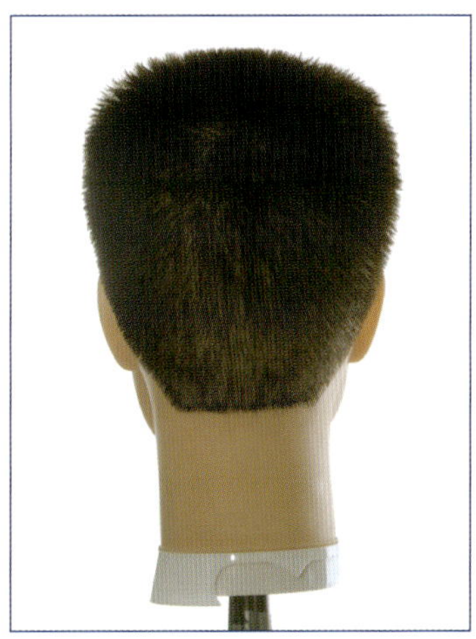

4) 형태선 다듬기

① 헴라인 주변 모발은 클리퍼로 깨끗하게 정리한다.

② 빗으로 다시 한 번 확인하면서 정리한다.

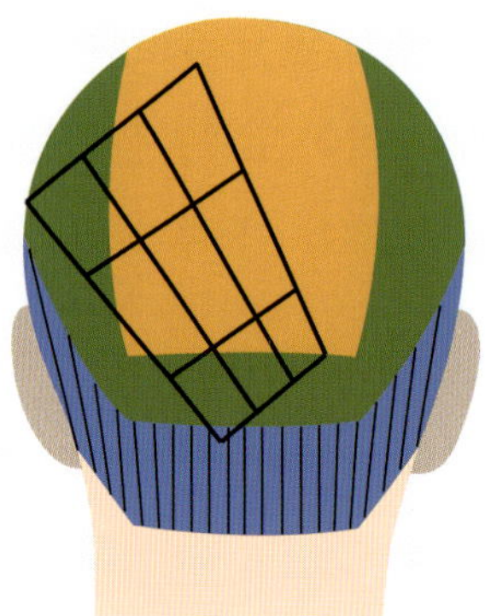

5) 질감처리, 싱글링

① 뭉치거나 무겁게 보이는 모발은 빗으로 시술각을 들어서 틴닝으로 시술한다.

② 모발이 튀어나온 부분은 가위로 시술했던 시술각과 동일하게 잡고 싱글링으로 마무리한다.

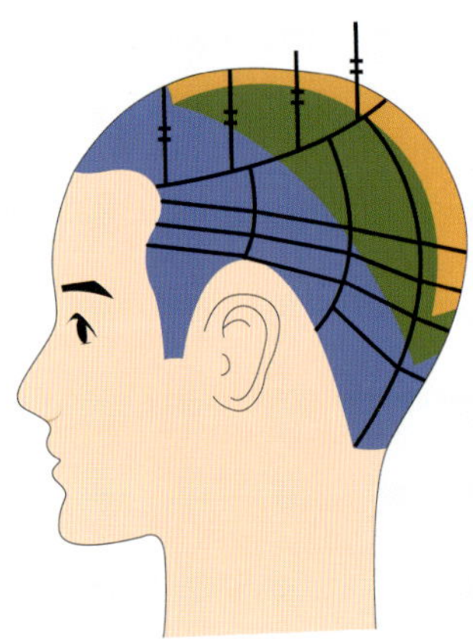

시술 방법

질감처리

1. 시술전의 모습
2. 1번 영역 빗등이 손가락이라고 생각하고 리듬을 타면서 틴닝으로 시술한다.
3. 2번 영역을 두상이 곡면이므로 빗을 사선으로 하고 리듬을 타면서 틴닝으로 시술한다.
4. 3번 영역을 빗을 사선으로 하고 리듬을 타면서 틴닝으로 시술한다.
5. 시술하고 난 후 모량이 많아 보이고 무겁게 표현되는 부분은 다시 한번 시술한다.
6. 반대쪽 1번영역을 빗을 사선으로 하고 리듬을 타면서 틴닝으로 시술한다.
7. 2, 3번 영역을 빗을 사선으로 하고 리듬을 타면서 틴닝으로 시술한다.

8, 9, 10. 모발을 세워서 길이를 혼합하기 위한 질감처리를 틴닝으로 시술한다.

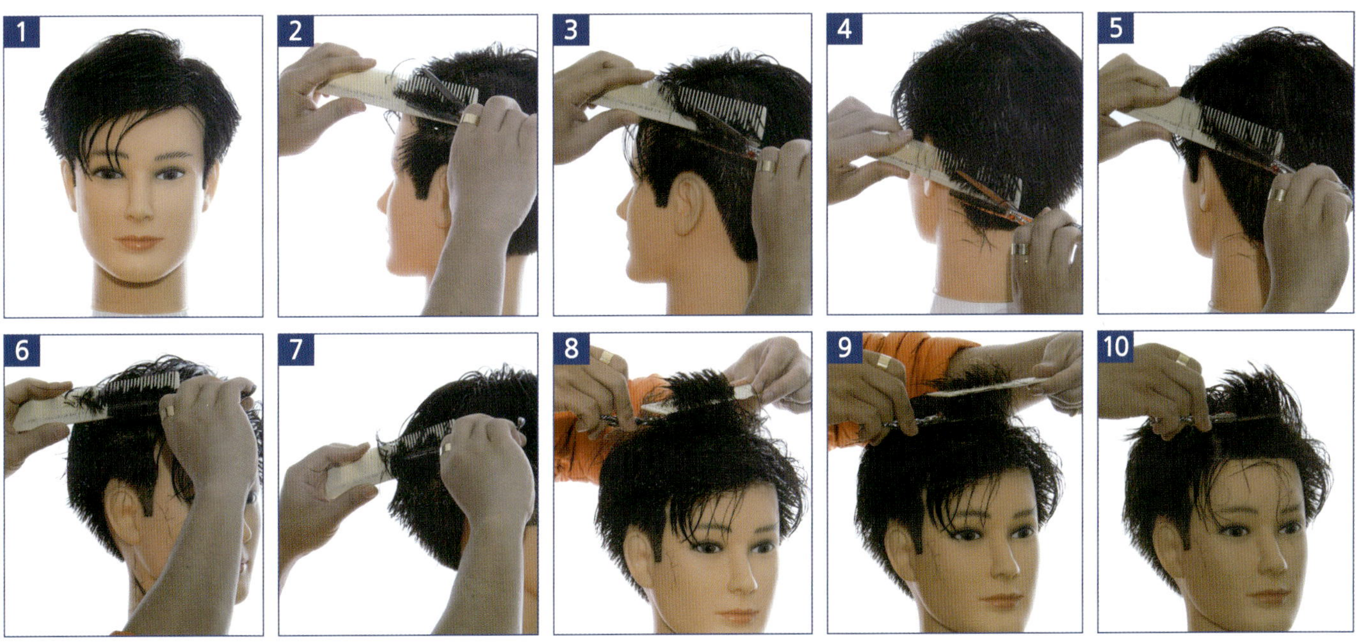

오버섹션

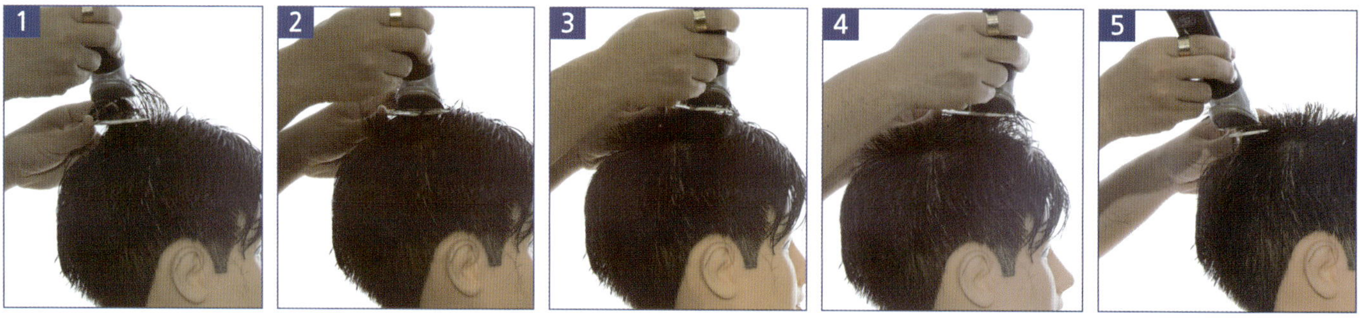

1. 중심축에서 빗을 수평으로 잡고 일직선으로 시술한다.
2. 빗을 앞으로 밀면서 일직선으로 시술한다.
3. 두상에서 제일 튀어나온 부분에서 빗이 휘어지지 않게 일직선으로 시술한다.
4. 두상이 함몰된 앞머리 부분에도 면에 대한 자연시술각 90˚로 시술한다.
5. G.P까지 자연시술각 90˚로 빗을 대고 시술한다.

6-10. 빗을 수평으로 면에 대한 자연시술각 90˚로 시술한다.

11-15. U라인 역역에 해당하는 부분, 앞머리부분은 자연시술각 90˚로 시술하고 후상부도 자연시술각 90˚로 시술한다.

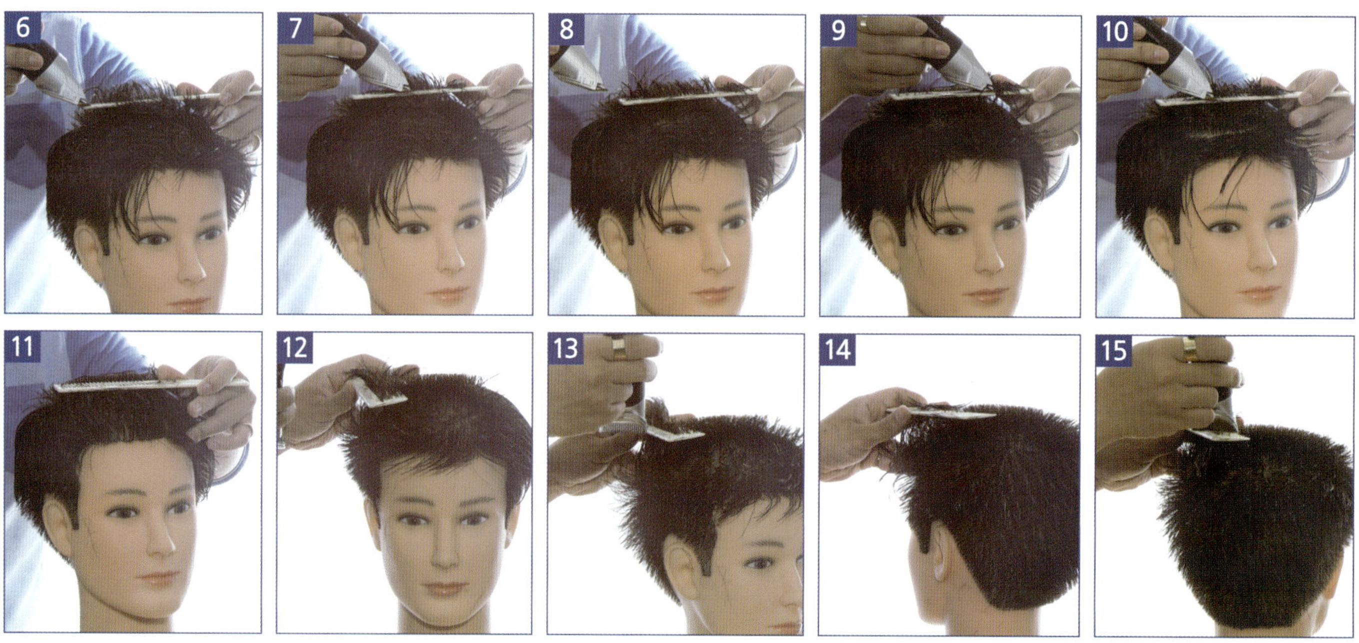

미들섹션

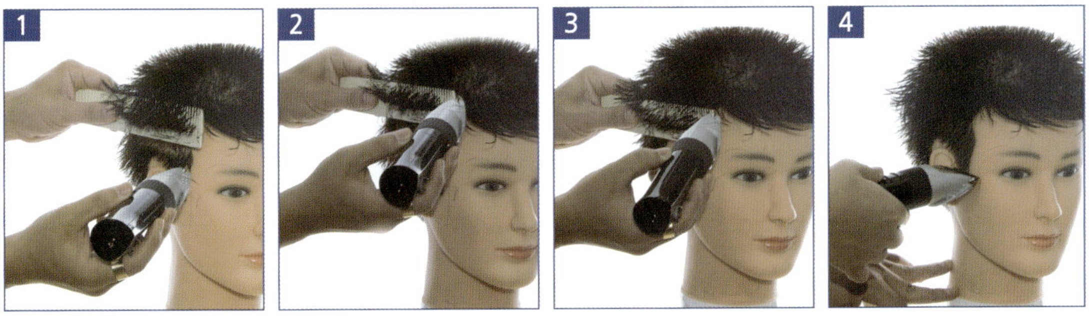

1. 하나의 박스를 만들기 위한 자연시술각 90˚로 시술한다.
2, 3. 윗길이의 가이드를 가지고 아랫모발도 위와 동일하게 자연시술각 90˚로 시술한다.
4. 빗등의 길이만큼 잘리지 않는 모발을 클리퍼로 쳐올리기를 시술한다.
5. 밑에서 위를 향해 다시 한 번 재커트한다.
6. 클리퍼로 사선으로 원을 그리면서 다시 한 번 재커트한다.
7. 뒷부분까지 자연시술각 90˚ 일직선으로 시술한다.
8, 9. 밑에서 위를 향해 연결하면서 커트에 곡면체를 시술한다.
10. 두상의 곡면대로 빗을 일반시술각 90˚로 시술한다.
11. 클리퍼를 사선으로 잡고 E.B.P에서부터 라인을 깨끗하게 정리해 준다.
12. 아래서부터 위를 향해 다시 한 번 그라데이션으로 연결해 준다.
13. 뒷선도 빗을 수직으로 대로 자연시술각 90˚로 시술한다.
14. 뒷선도 하나의 박스형태를 만들어 준다.

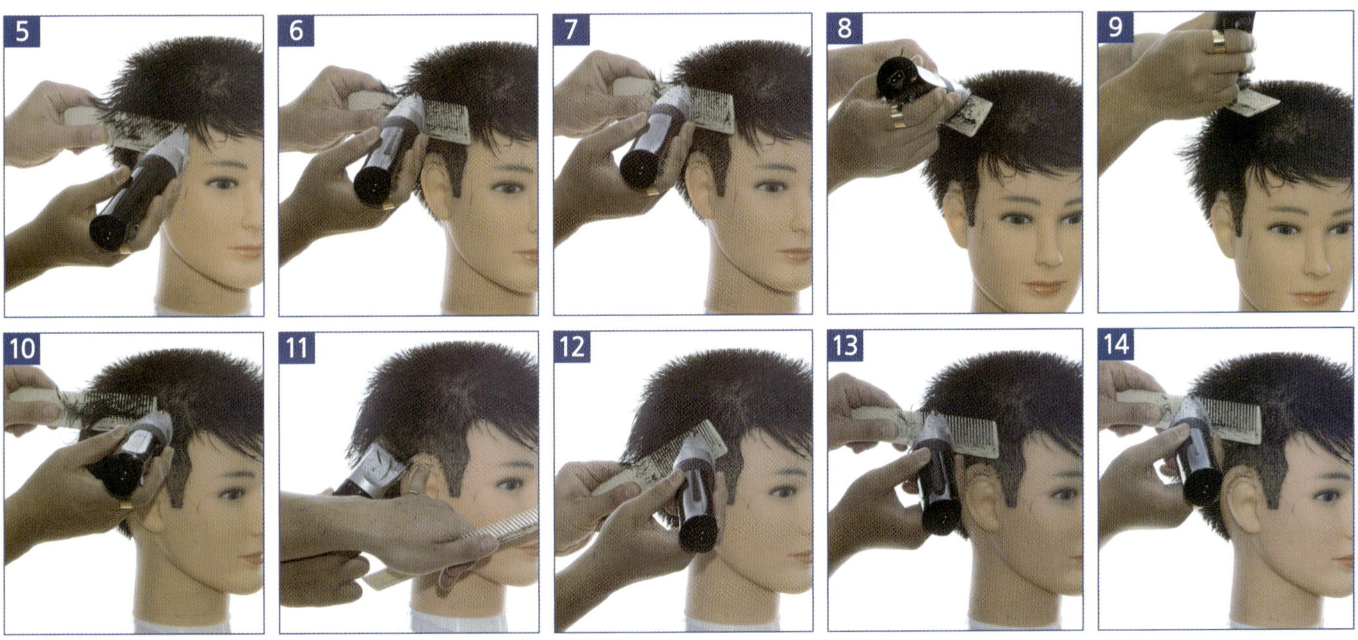

사이드 미들섹션

1, 2. 반대편도 빗을 수직으로 잡고 자연시술각 90°로 시술한다.
3. 클리퍼를 사선으로 잡고 라인을 깨끗하게 정리해 준다.
4. 빗을 사선으로 대고, 빗등을 자라고 생각하고 클리퍼로 시술한다.
5. 시술후 빗을 사선으로 대고 아래서부터 위를 향해 다시 한 번 재커트한다.
6, 7, 8, 9. 자연시술각 90°로 빗을 대로 아래서부터 위를 향해 시술한다.
10. 오버섹션과 미들섹션을 연결한다.

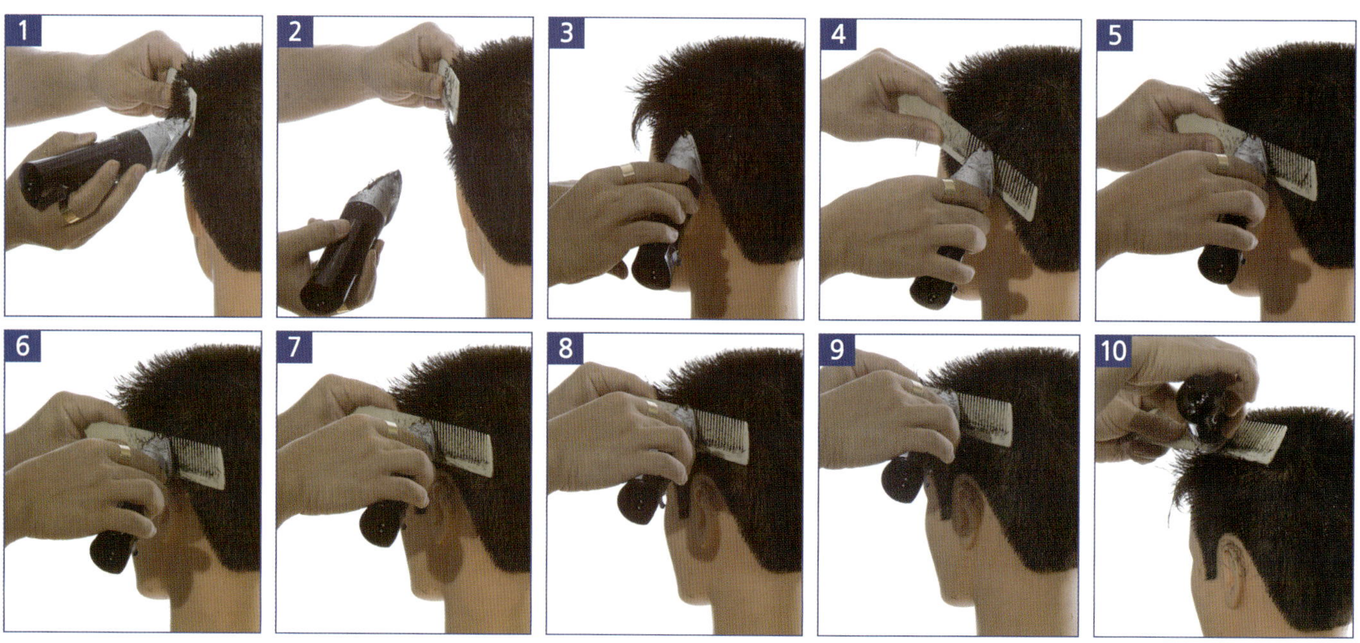

중심축 미들섹션

시술이 전체적으로 종료된 상태이다.

1. 빗을 사선으로 대고 일반시술각 90°로 클리퍼로 짧은 모발을 시술한다.
2, 3. 미들섹션의 중심부 부분은 사선으로 빗을 움직여 가면서 동일한 각도로 시술한다.
4. 두상이 아래로 함몰된 부분은 빗등이 자라고 생각하고 아래서부터 위를 향해 시술한다.
5. 미들섹션과 언더섹션을 일반시술각 90°로 빗을 대고 클리퍼로 시술한다.
6. 아래에서 위를 향해 다시 한 번 마무리 한다.

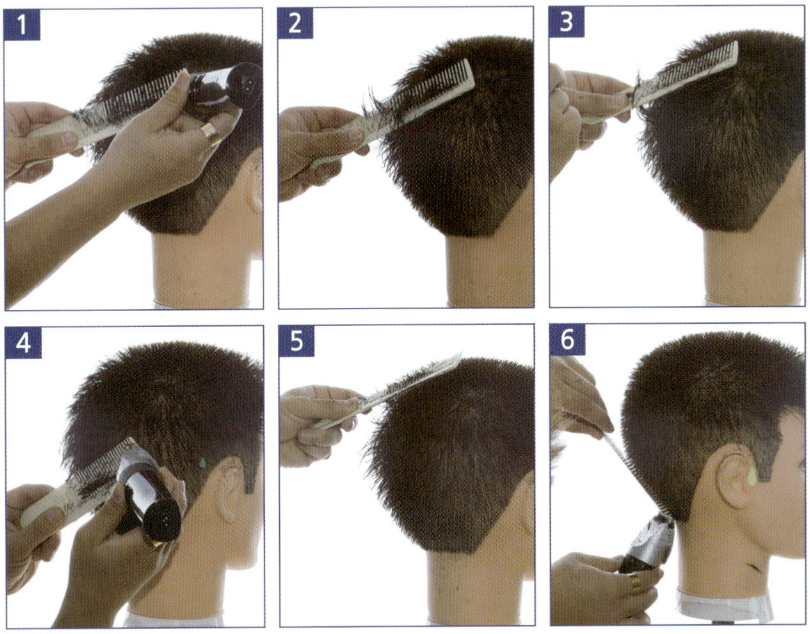

사이드 미들섹션

시술이 종료된 상태이다.

1, 2, 3. 빗을 사선으로 대고 일반시술각 90˚로 하여 클리퍼로 시술한다.

4. 클리퍼를 사선으로 하고 라인을 깔끔하게 정리한다.

5. 밑에서 위를 향해 다시 한 번 마무리 한다.

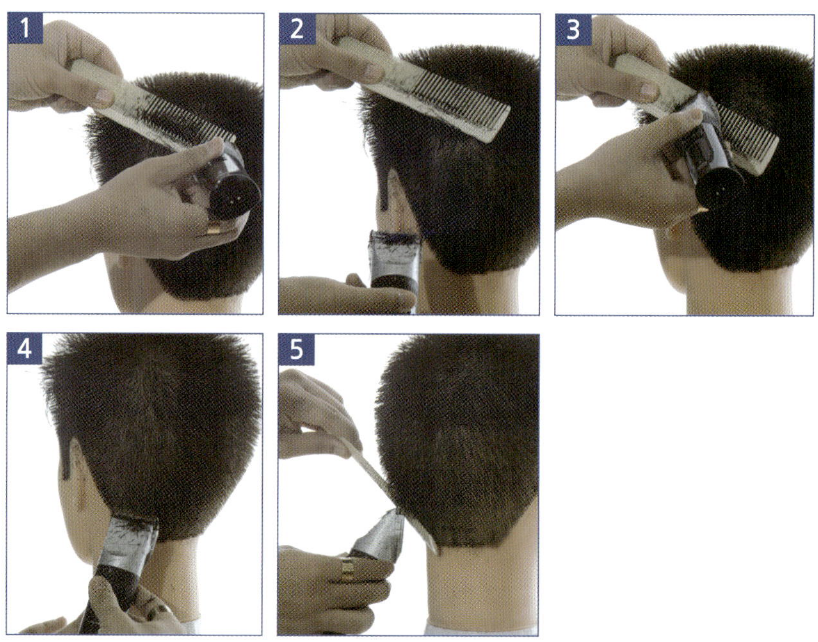

재질감처리, 싱글링

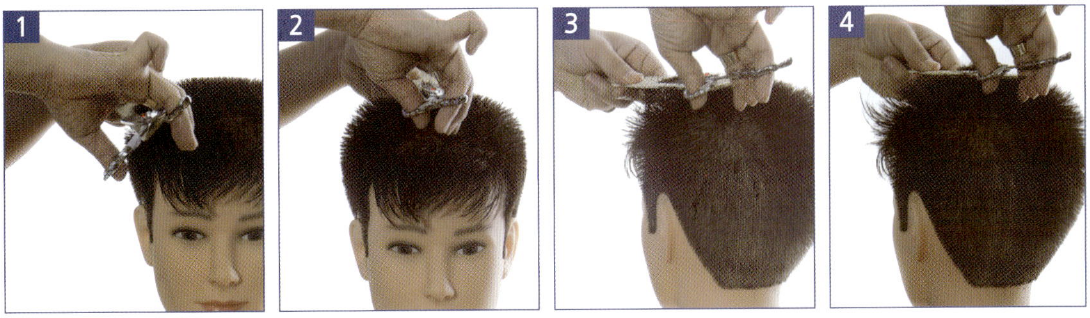

1, 2, 3, 4. 모발이 뭉치는 부분이나 두상이 함몰되어 전체적으로 모류가 한꺼번에 있는 곳은 틴닝으로 자연스러움이 표현될 수 있도록 질감처리 한다.

1, 2, 3. 고정가위를 이용한 부분을 시술했던 각도대로 지지대를 잡고 천천히 움직이면서 튀어나온 모발을 정리한다

4. 반대쪽도 동일한 방법으로 튀어나온 부분을 싱글링으로 시술한다.

6. 길이의 변화

▶ 꼭 알아야 할 사항

1. 모발의 길이에 대한 성질을 알아야 한다.
2. 두상 영역에 따른 길이의 변화를 알아야 한다.
3. 앞머리와 옆선의 변화를 길이의 변화를 알고 시술해야 한다.

▶ 테스트

0점 [잘 모른다]　5점 [애매하다]　10점 [정확히 알고있다]

항목	점수
모발 길이에 따른 성질을 알고 있는가?	
앞머리의 길이에 따른 성질을 알고 있는가?	
옆선의 길이에 따른 성질을 알고 있는가?	
후하부 길이에 따른 성질을 알고 있는가?	

결과	

1. 두상에서 떨어지는 모발의 길이(모발의 힘)

고객이 원하는 헤어스타일을 쉽고 빠르고 정확하게 헤어커트할 수 있다.

모발의 길이	모발의 모양	모발의 성질
1cm	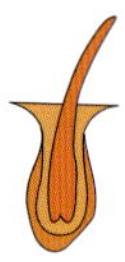	중력에 의한 영향은 받지 않고 모발의 무게가 없어 서려고 하는 성질이 강하고 모류의 영향을 적게 받는다.
2~5cm		모발에 무게가 생기기 시작하여 모류의 방향으로 기울어지려는 성질이 생기고 모발이 일어서려고 한다.
7, 8, 9cm	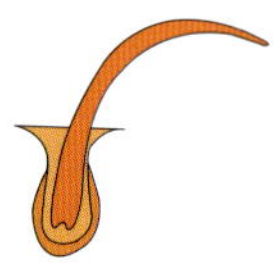	중력의 영향을 받아 모발의 끝부분에서 곡선을 그리기 시작하여 C커브를 그리기 때문에 질감의 볼륨을 최대로 표현할 수 있는 모발의 길이이다. 인컬과 아웃컬에 많이 활용한다.
10cm	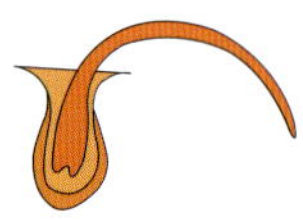	모류의 방향으로 흐르는 힘과 모발에 무게가 생겨 모발이 아래로 떨어지면서 C커브를 이루게 된다. 유니폼레이어를 시술할 때 동일한 두상모양이 표현되는 길이이다.
12cm	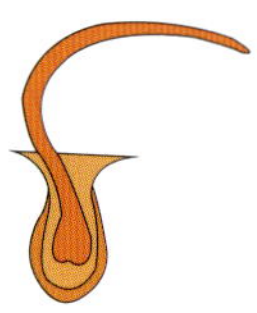	모발의 무게가 생겨 휘면서 곡선을 그리기 시작한다. 모류의 역행에서 C컬을 만들 수 있고 볼륨을 표현할 수 있어 줌마스타일을 활용할 때 많이 사용하는 길이이다.
15cm	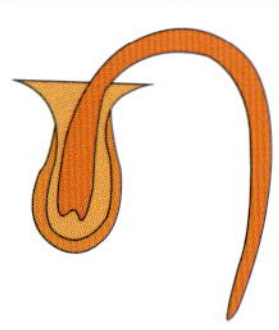	모류에 역행해서도 C커브가 크게 생기고 두상 어디에서 떨어지느냐에 따라 원하는 스타일이 달라진다.
20cm	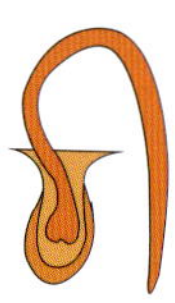	모발의 볼륨은 없어지고 모발이 무거워서 떨어지므로 선을 만들어서 원하는 헤어스타일을 얻어내는 경우가 많다.

2. 두상에서 떨어지는 모발의 길이

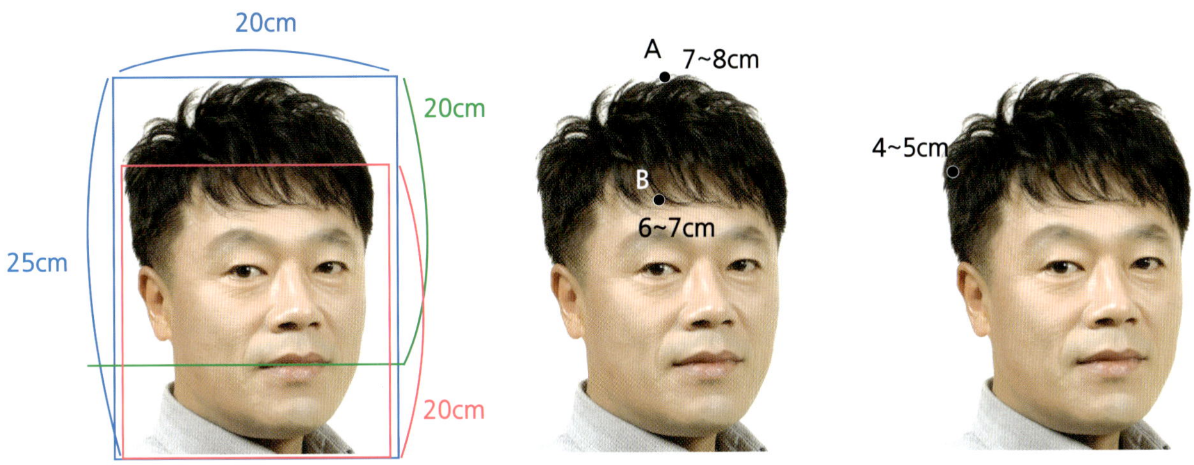

두상에서 모발에 떨어진 길이를 알고 헤어스타일을 복제하면 고객이 원하는 헤어스타일을 쉽고 빠르고 정확하게 헤어커트 할 수 있다.

커트 빗이 보통 20cm에서 만들어진 이유는 대부분의 가로 세로 얼굴의 길이가 20cm에 가깝기 때문이다.

06 유니폼레이어 변형

두상의 모습이 표현되는 길이를 설정하여 일반시술각 90˚로 시술하고 모발이 아래로 떨어지는 함몰부분에는 형태선을 시술하는 기본스타일이다.

실습날짜	요점정리

3. 시술방법

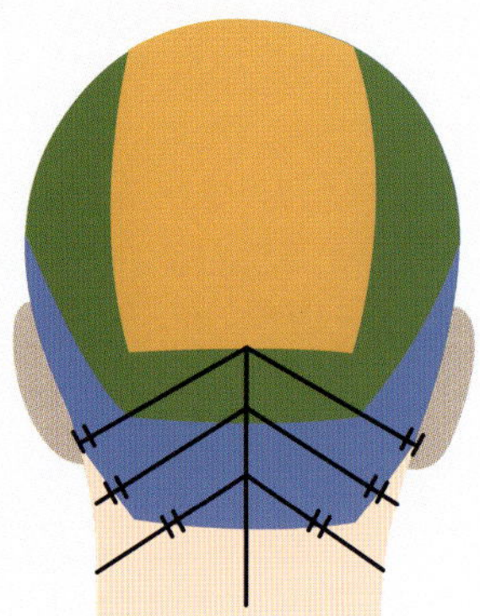

1) 모류보정하기

두상이 함몰된 부분은 모류가 강하고 모질이 두꺼우므로 모류를 보정하면서 모량조절을 해야 형태선이 예쁘게 표현된다.

2) 형태선 만들기

길이가 짧은 모발은 두상이 곡면체이므로 완만하게 U라인을 시술한다.

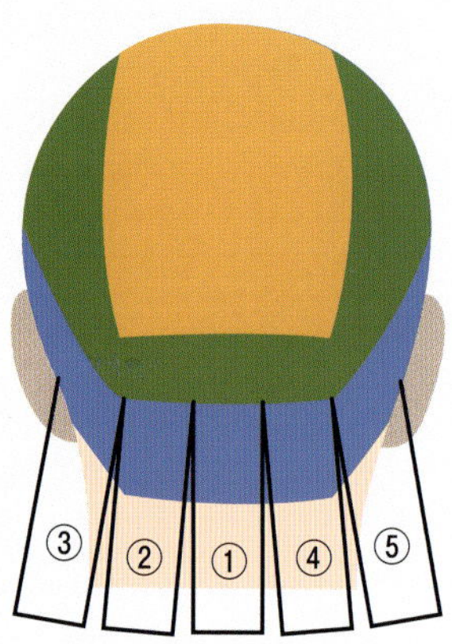

3) 오버섹션(후상부, 전두부)

길이가이드 : C.T.M.P에서 11cm 설정한다.
슬라이스 : 중심축(가로슬라이스), 함몰된 부분(사선슬라이스)
베이스 : 온더베이스, 모발이 없는 부분은 사이드베이스
시술각 : 일반시술각 90˚로 시술한다.

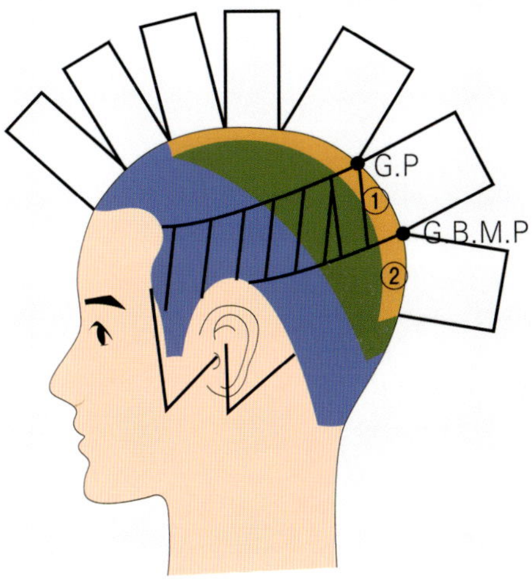

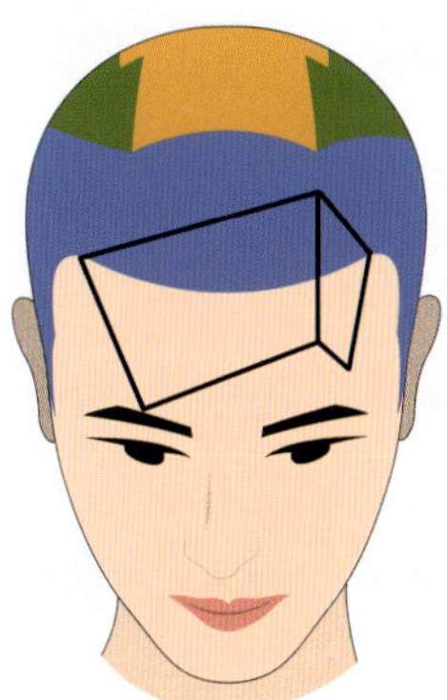

4) 미들섹션(후중부, 측두부)

① 길이가이드 : G.P

슬라이스 : ①② 세로, ③④⑤ 사선, ⑥⑦ 사선

베이스 : 온더베이스

시술각 : 일반시술각 90°

② 길이가이드 : G.B.M.P

슬라이스 : ①② 세로, ③④ 사선

베이스 : 온더베이스

시술각 : 자연시술각 90°

5) 옆선만들기

길이결정 : ① E.B.P에서 가이드를 가져와서 손가락이 일직선이 되도록 하여 시술

② E.P에서 나온 길이가이드와 슬라이스와 평행하게 하여 시술

시술각결정 : 손가락을 중앙으로 맞추어서 무거운 모발을 제거한다.

6) 앞머리 표정만들기

F.S.P에서 긴 길이가이드를 가져와서 슬라이스와 평행하게 하여 가르마를 나눈 부분에 길이를 짧게 한다. 반대쪽의 모발을 연결한다.

모류보정

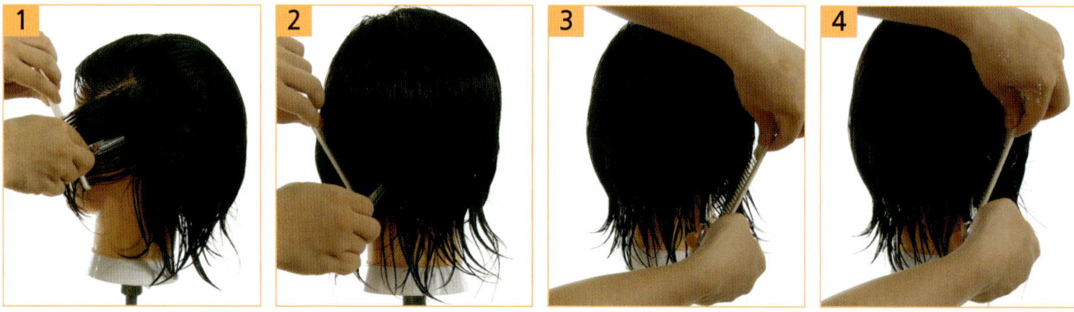

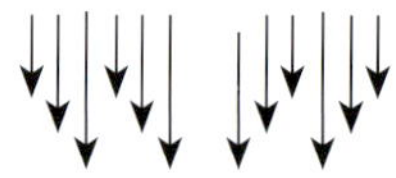

1. 모류가 흐르는 내리막길은 모류가 흐르는 반대방향으로 모발을 당겨서 길이가 긴 길이, 짧은 길이 순서대로 떨어지도록 틴닝으로 시술하여 모량을 정리한다.
2. 사선으로 빗질하여 앞모발의 길이가 짧고 뒷모발의 길이가 길어지게 틴닝으로 3번에 나누어서 시술한다.
3. 반대쪽도 앞쪽으로 모발을 당겨서 틴닝으로 시술한다.
4. 모발이 시작되는 부분부터 틴닝으로 시작한다.

형태선 만들기

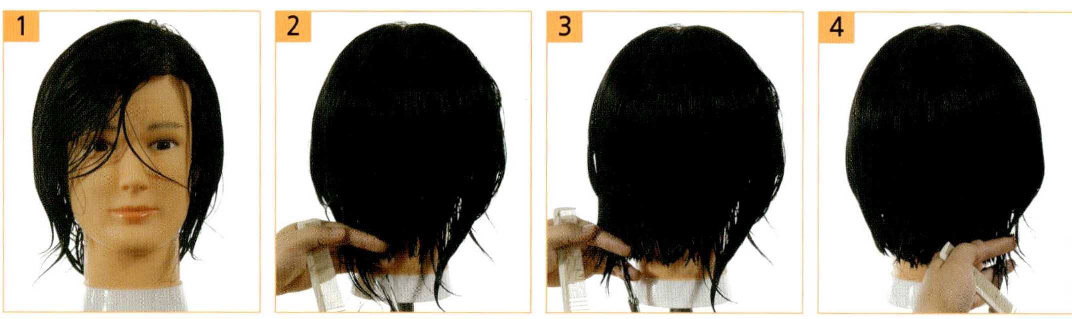

1. 시술 전의 모습
2. 중심축에서 길이가이드를 설정하여 낫칭으로 시술하면서 형태선 만들기
3. 짧은 길이가이드는 완만하게 U라인의 형태선을 만들기 위하여 손가락의 기울기를 조절하여 시술하여야 한다.
4. 반대쪽에 시술할 때는 낫칭을 시술할 때 첫 번째 짧아지는 길이가이드를 생각하고 시술해야 원하는 형태선을 시술할 수 있다.

오버섹션

1. C.T.M.P에서 11cm 길이가이드를 빗으로 설정한다.
2, 3. 가로슬라이스, 온더베이스, 일반시술각 90˚로 시술한다.
4. 가로슬라이스, 온더베이스, 일반시술각 90˚로 시술한다.
5, 6. U라인 영역에 남아있는 모발을 중심축으로 연결하여 판넬을 떠서 온더베이스, 일반시술각 90˚로 시술한다.
7, 8. 반대쪽 부분도 온더베이스, 일반시술각 90˚로 시술한다.

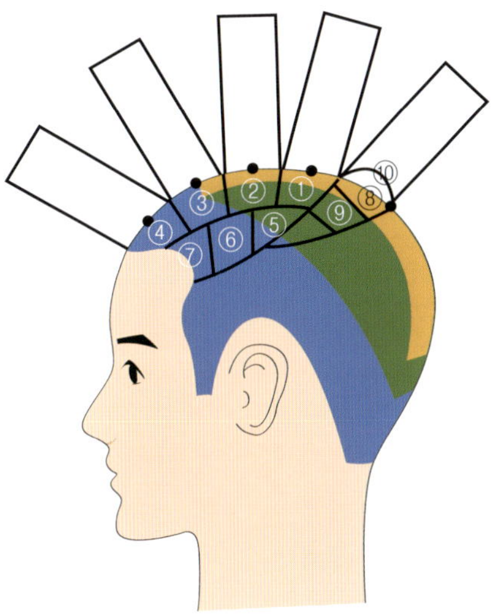

미들섹션

1. 세로슬라이스, 온더베이스, 일반시술각 90˚로 G.P에서 나온 길이가이드를 설정하여 시술한다.
2. 두 번째도 1번과 동일한 방법으로 시술한다.
3. 두상이 함몰되기 시작한 부분은 사선으로 판넬을 떠서 온더베이스 일반시술각 90˚로 시술한다.
4. 사선 슬라이스 온더베이스 일반시술각 90˚로 시술한다.
5. 한쪽이 시술이 종료된 상태이다.
6. 반대쪽을 시술한다. 중심축에 있는 부분은 세로슬라이스 온더베이스, 일반시술각 90˚로 시술한다.
7. 세로슬라이스 온더베이스로 시술한다.

8, 9, 10. 모발이 흐르는 대로 사선슬라이스, 온더베이스 일반시술각 90˚로 시술한다.

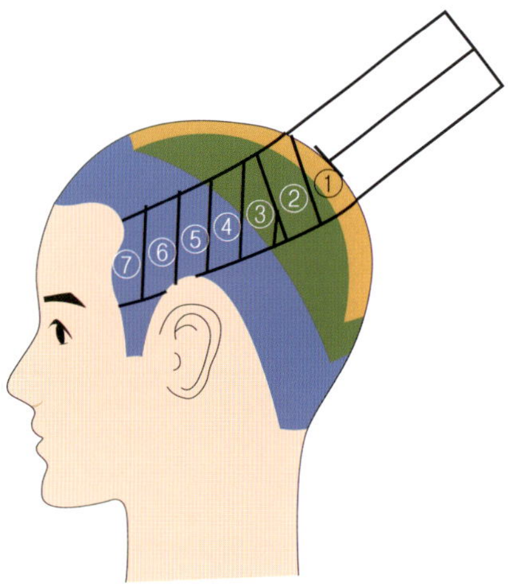

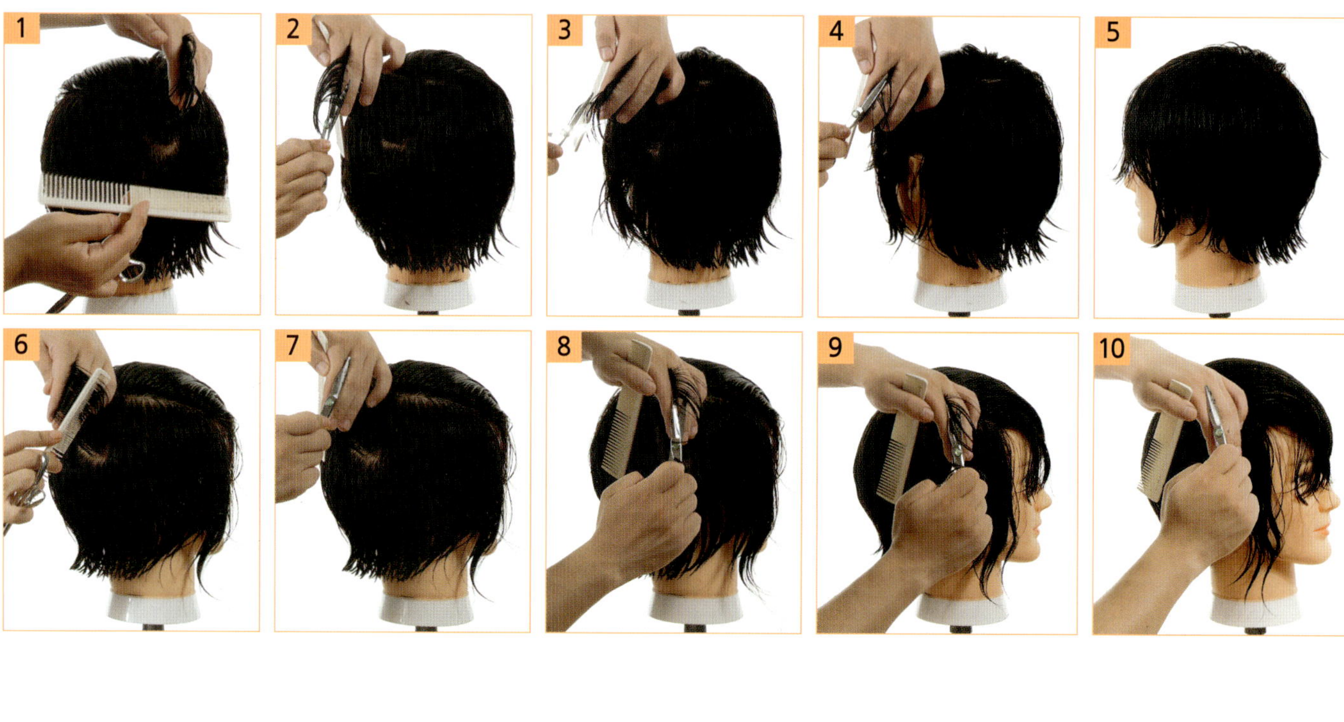

옆선

1. 앞으로 흐르는 모발과 뒤로 흐르는 모발을 나눈 후 형태선을 만들기 위한 영역나누기를 결정한 후 E.P에서 옆선의 길이가이드를 설정한다.
2. E.P의 길이가이드로 뒤선에 해당하는 E.B.P의 모발을 연결한다.
3. S.C.P에서 길이가이드를 설정한다.
4. S.C.P와 E.P에서 길이가이드를 연결한다.
5. 길이가이드를 시술하여 놓은 상태이다.
6. 형태선이 무겁게 표현되면 시술각을 들어 형태선을 가볍게 표현한다.
7. 반대쪽E.P에서 길이가이드를 설정한다.
8. 중심축에서 길이가이드를 설정한 후 시술각을 시술한다.
9. 오르막길의 모발(긴 길이 결정), 내리막길에서의 모발(짧은 길이 결정)을 연결한다.
10. 앞머리의 영역을 다시 한 번 정리한다.

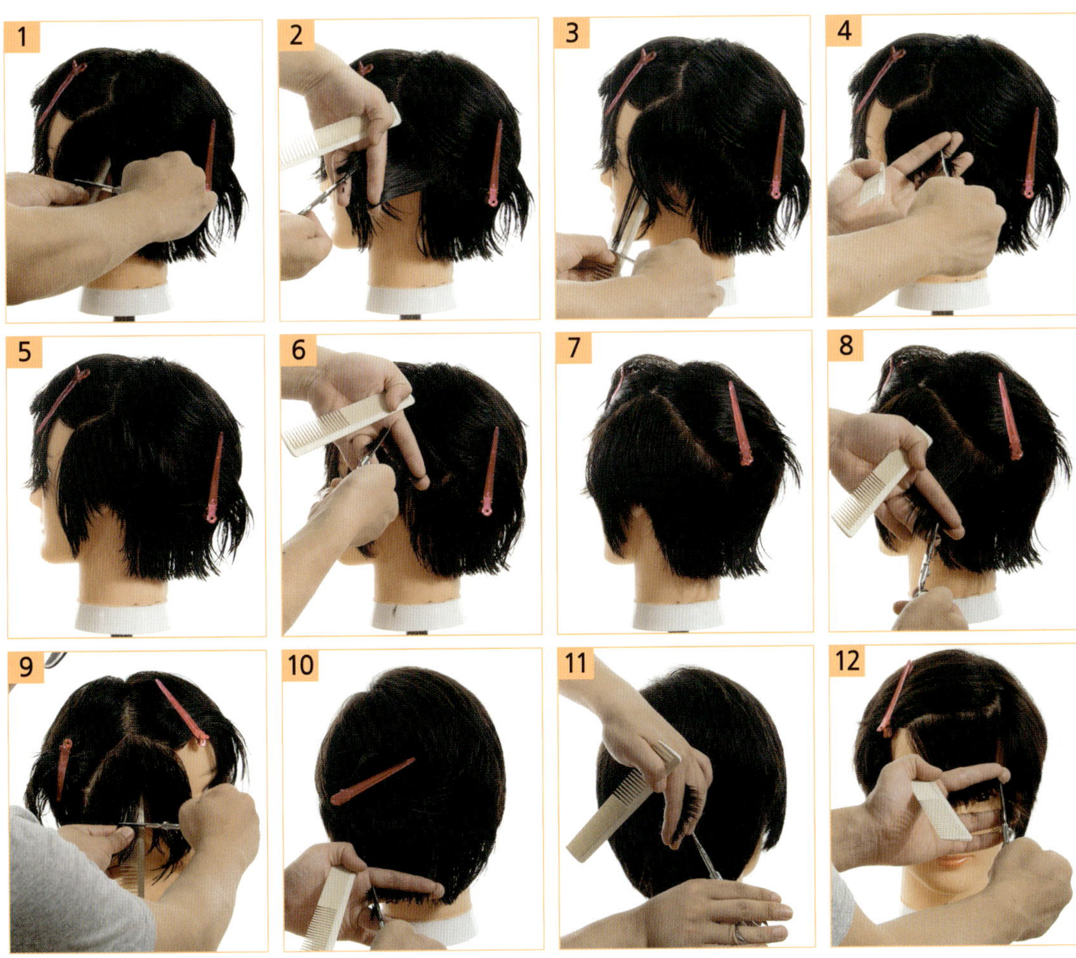

앞머리 표정 만들기, 옆선질감

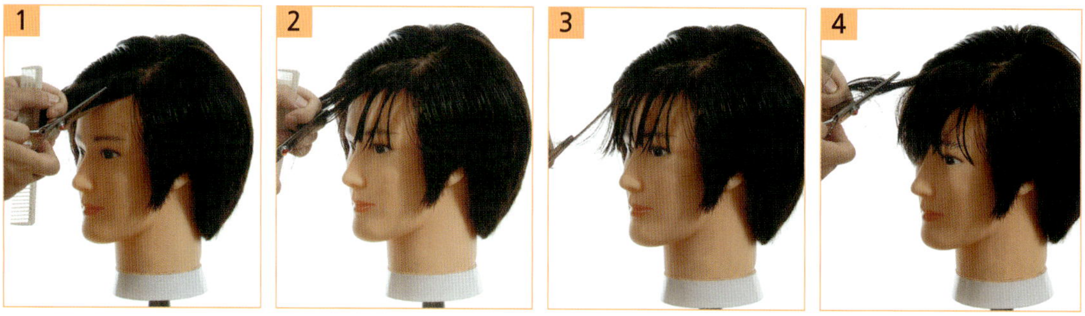

1. 앞머리를 사선으로 슬라이스를 떠서 윗모발이 짧게 하고 틴닝도 사선으로 넣어서 모발을 빼내어 길이를 다르게 하여 모양을 조절한다.
2. 두 번째 판넬도 동일한 방법으로 사선으로 판넬을 떠서 C커브를 만들어 줄 수 있도록 질감처리를 한다.
3. 끝부분의 모발도 동일한 방법으로 모발의 길이를 점점 가늘게 하면서 시술한다.
4. 윗모발의 길이가 짧고 틴닝을 사선으로 넣어 시술한다.

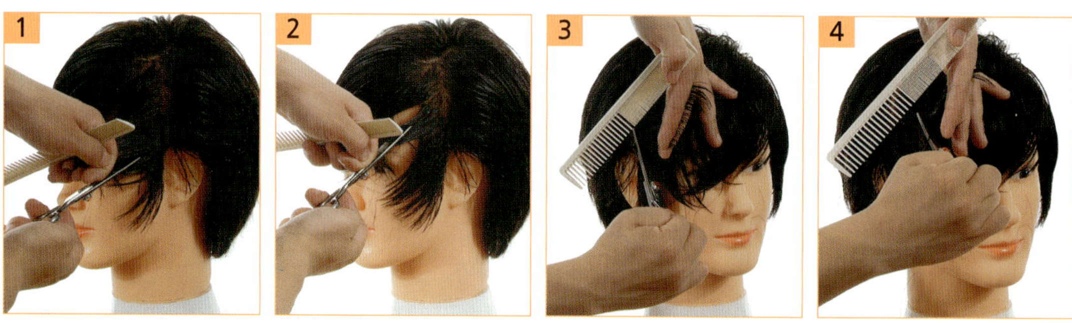

1. 앞으로 모발을 당겨서 모발이 떨어지는 순서대로 윗모발이 짧게 틴닝을 넣어 시술한다.
2. 다음 판넬도 동일한 방법으로 시술한다.
3. 반대편도 윗모발이 짧아지게 판넬을 잡고 시술한다.
4. 다음 판넬도 동일한 방법으로 시술한다.

중심축잡기

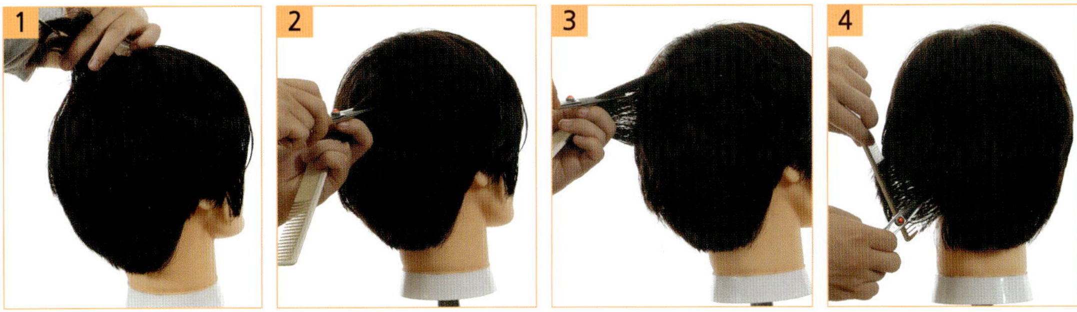

1. 볼륨을 주기 위하여 두상의 오르막길을 세로로 판넬을 떠서 이너그라데이션 틴닝을 넣는다.
2. 다음 판넬도 1번과 동일한 방법으로 이너그라데이션 틴닝을 넣는다.
3. 중심축에 있는 3판넬은 동일한 방법으로 이너그라데이션 틴닝을 넣는다.
4. 중심축을 제외한 함몰된 곳에선 방향성 제시를 할 수 있게 모발을 앞쪽으로 끌어당겨 앞모발의 길이가 짧고 뒷모발의 길이가 길어지게 틴닝을 넣는다.

방향성 제시

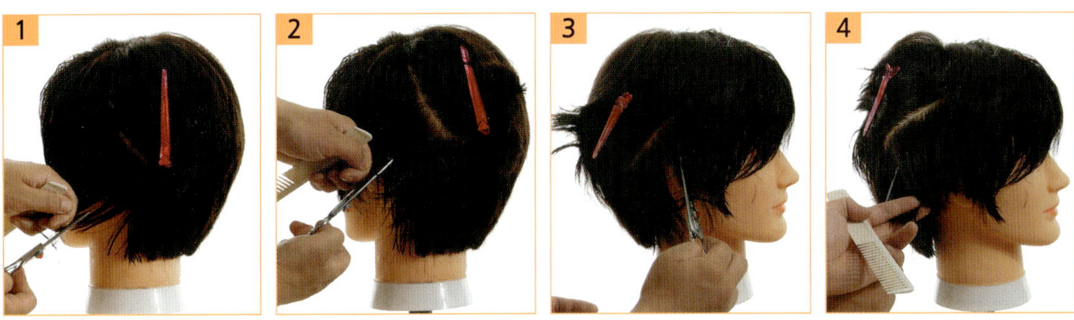

1. 윗모발의 길이가 짧고 아랫모발의 길이가 짧게 틴닝을 넣는다.
2. 다음 판넬도 동일한 방법으로 틴닝을 넣어 시술한다.
3. 반대쪽도 동일한 방법으로 윗모발이 짧고 아래모발이 길어지게 틴닝을 넣는다.
4. 다음 판넬도 동일한 방법으로 시술한다.

핸드 드라이

1. 모류의 방향을 잡아주면서 모발을 드라이어로 말린다.
2. 핸드드라이어로 모류의 방향을 잡는다.
3. 두상이 튀어나온 뒷머리를 뒤쪽으로 보내면서 헤어스타일을 잡는다.
4. 전체적으로 핸드드라이어로 모류의 방향을 잡아준다.
5. 앞머리를 모류가 흐르는 반대방향으로 모발의 흐름을 잡으면서 헤어스타일을 잡아준다.
6. 사선으로 방향을 잡아주면서 앞머리의 헤어스타일을 만든다.
7. 앞머리의 뿌리의 볼륨도 핸드드라이어로 잡는다.
8. 옆선의 흐름을 핸드드라이어로 잡는다.
9. 뒷선의 흐름까지 핸드드라이로 헤어스타일을 잡아준다.
10. 전체적인 앞머리 옆머리를 핸드드라이어로 모발을 말리면서 헤어스타일을 잡아준다.

롤브러쉬

1. 핸드드라이어로 부족한 부분은 롤브러쉬로 잡아준다.
2, 3. 뿌리에 모발을 살려주기 위해 롤브러쉬를 사선으로 하고 드라이어와 동일하게 댄 후 롤브러쉬를 C컬을 만들면서 시술한다.
4, 5. 다음도 롤브러쉬를 사선으로 대고 롤브러쉬를 따라서 시술한다.
6, 7. C컬을 만들어 주면서 롤브러쉬와 드라이어를 움직인다.
8. 부족한 부분은 다시 한 번 시술한다.
9, 10. 반대편도 동일한 방법으로 시술한다.

핸드마무리

1. 드라이어로 잡아 놓은 모발을 핸드드라이어로 다시 한 번 잡아 준다.
2. 두 번째로 C컬을 연결할 부분에 다시 한 번 모발을 잡아서 웨이브를 만들어 준다.
3. 그 다음도 또 다시 잡아준면서 모발의 웨이브를 연결한다.
4. 다음 모발도 동일한 방법으로 연결하여 시술한다.
5. 점점 모발이 C컬로 연결될 수 있게 손으로 웨이브를 만들면서 시술한다.
6. 혹여 빠진 부분을 다시 한 번 수정하고 시술한다.
7. 반대쪽도 동일한 방법으로 시술한다.
8. 다음 판넬도 C컬을 연결하면서 시술한다.
9. 구렛나루 모발은 들뜨지 않도록 다시 한 번 잡아 준다.
10. 반대편 구렛나로 모발도 다시 한 번 들뜨지 않도록 잡아 준다.

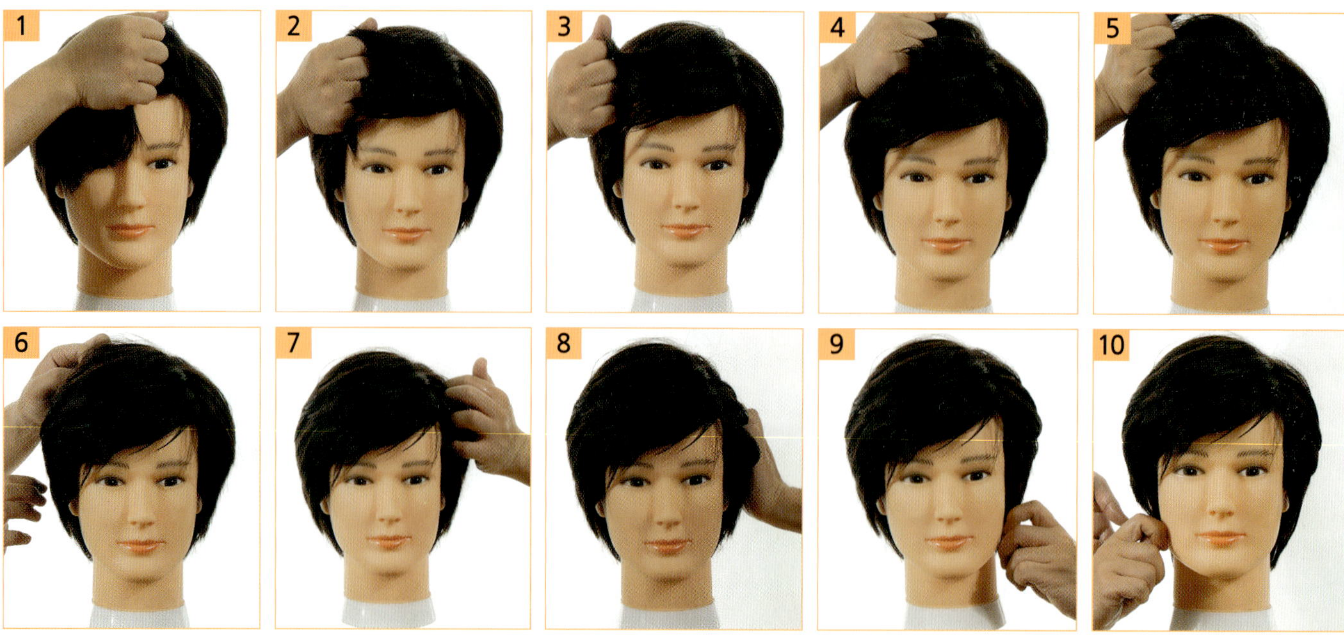

07 유니폼레이어 2. 길이의 변화

7~8cm의 모발의 길이로 유니폼레이어 변형과 시술방법이 동일하지만 보여지는 헤어스타일이 달라지는 모습

실습날짜	요점정리

1. 시술방법

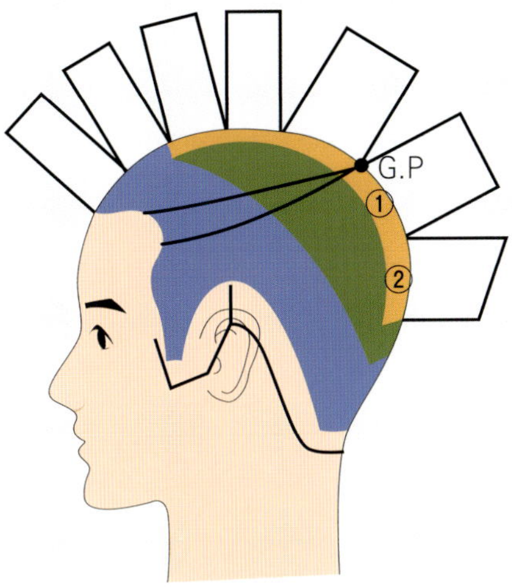

도해도

1) 오버섹션(전두부, 후상부)

길이가이드 : C.T.M.P에서 7, 8cm
슬라이스 : 가로, 사선
베이스 : 온더베이스, 사이드베이스
시술각 : 일반시술각 90˚

2) 미들섹션

① 길이가이드 : G.P
슬라이스 : ①② 세로, ③④⑤ 사선, ⑥⑦ 사선
베이스 : 온더베이스
시술각 : 일반시술각 90˚

② 길이가이드 : G.B.M.P
슬라이스 : ①② 세로, ③④ 사선
베이스 : 온더베이스
시술각 : 자연시술각 90˚

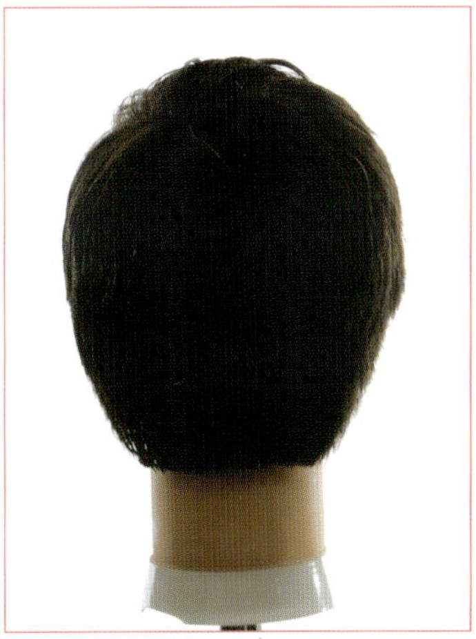

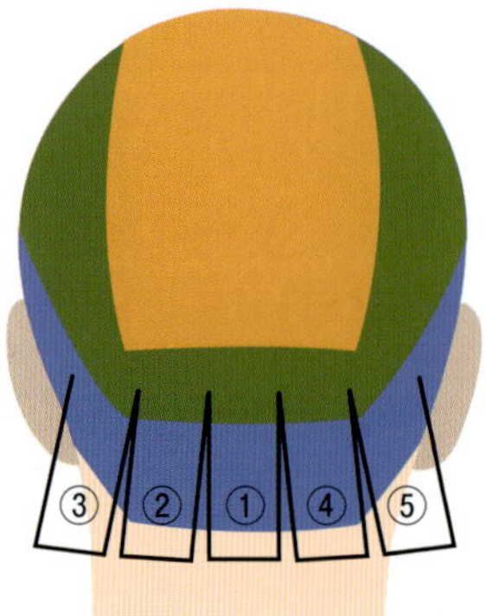

3) 뒷선의 형태선 만들기

① 손가락의 길이보다 짧은 모발은 빗으로 5번에 나누어서 U라인의 형태선을 만든다.

② 형태선과 미들섹션에서 혹시 연결되지 않은 모발을 연결한다.

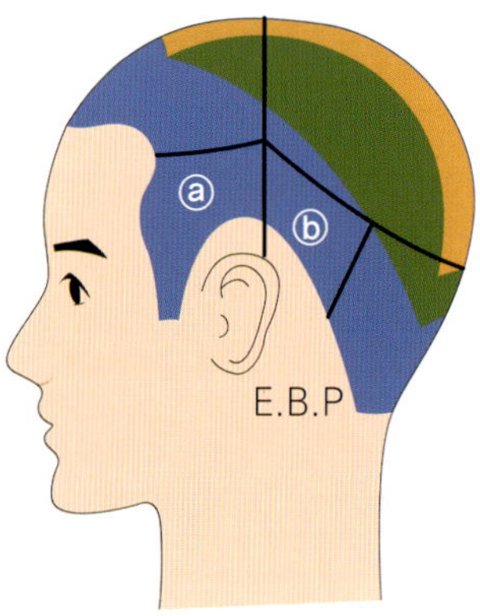

4) 옆선만들기

① 앞과 뒤를 나눈다.

② 영역을 설정한다.

③ E.B.P에서 가이드로 옆선의 길이를 결정한다.

④ 시술각을 빗으로 조절한다.

⑤ 윗모발과 연결한다.

옆선과 앞머리를 연결하면서 전체적인 이미지를 다시 한 번 확인한다.

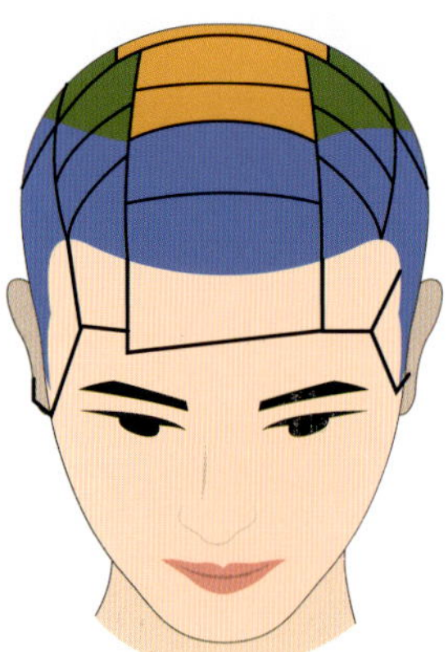

오버섹션

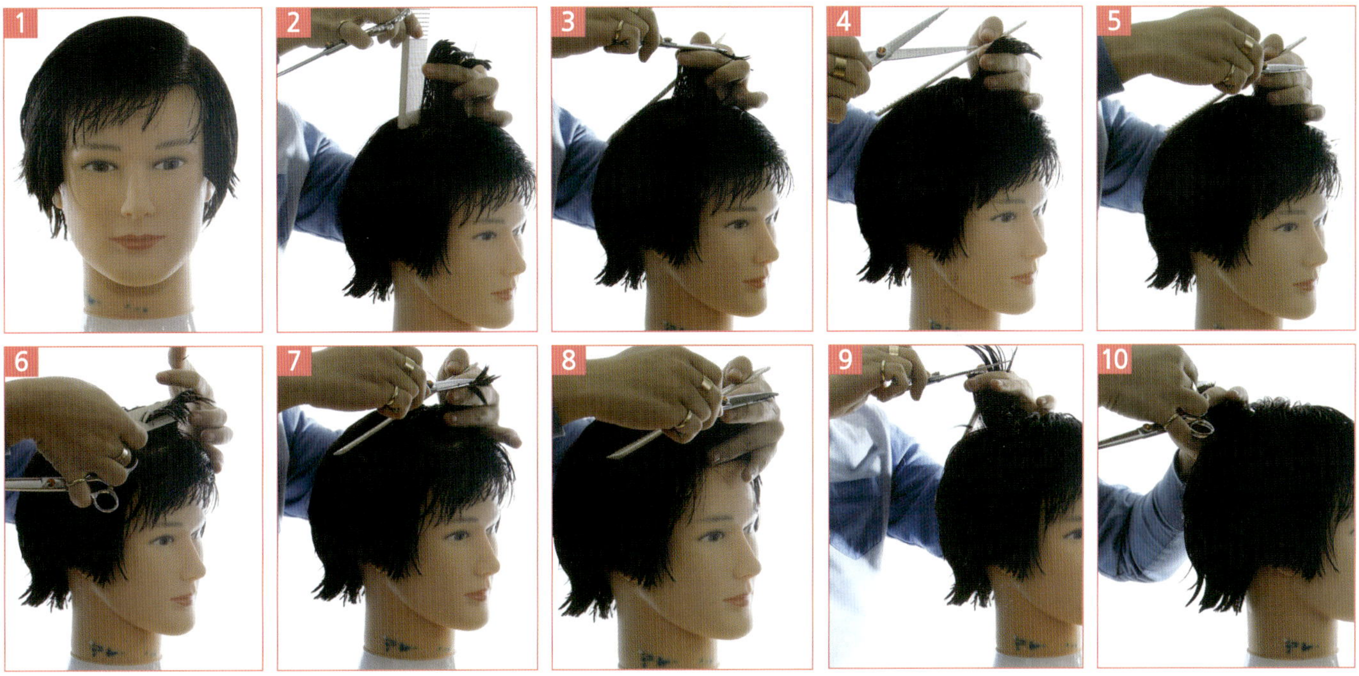

1. 시술 전의 모습
2. 모발이 떨어지기 시작한 곳에서 빗으로 8cm의 길이를 설정한다.
3. 설정한 길이가이드를 가로슬라이스, 온더베이스로 판넬을 시술한다.
4. 가로슬라이스한 후 앞으로 판넬을 이동하여 온더베이스로 시술한다.
5. 앞으로 판넬을 이동하여 뒷모발과 동일한 길이로 시술한다.

6, 7, 8. 앞으로 이동하여 두상이 함몰된 대로 가로로 판넬을 잡고 일반시술각 90˚로 시술한다.

9, 10. 뒷부분도 곡면이 함몰된 대로 판넬을 가로로 잡고 일반시술각 90˚로 시술한다.

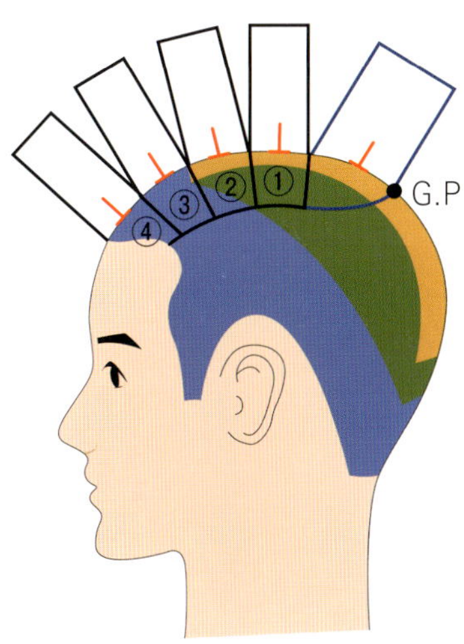

11, 12, 13, 14. 중심축에서 가이드를 가져와서 일반시술각 90˚로 시술한다.

15. 이곳은 모발이 없기 때문에 없는 만큼 베이스를 당겨서 시술한다.

16. 반대쪽도 중심부에서 가이드를 가져와서 일반시술각 90˚로 시술한다.

17, 18, 19 중심축에서 가이드를 가져와서 모발이 떨어지는 대로 사선으로 판넬을 잡고 일반시술각 90˚로 시술한다.

20. 오버섹션 시술이 종료된 상태이다.

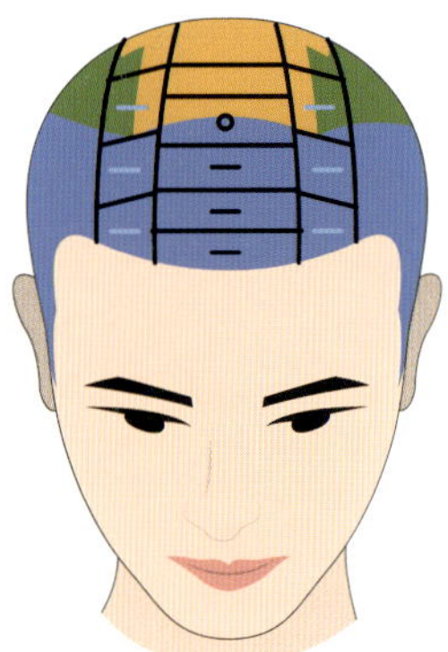

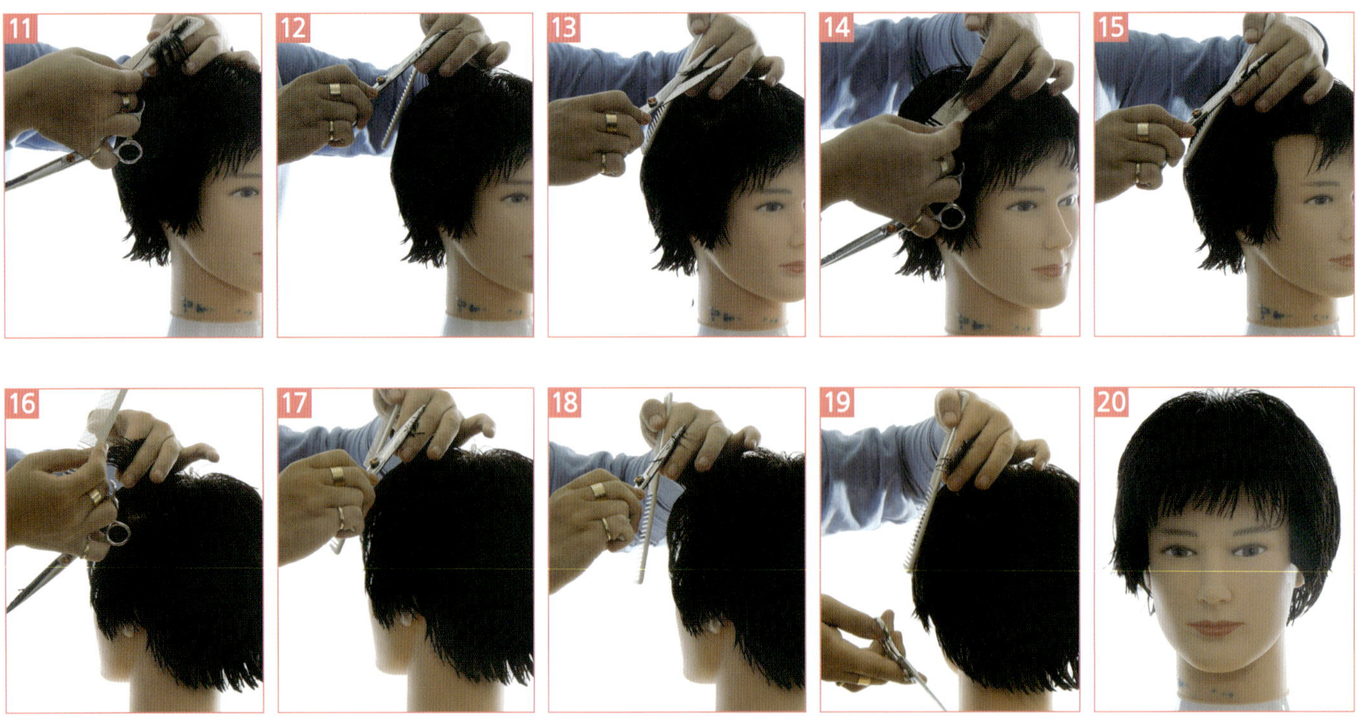

미들섹션

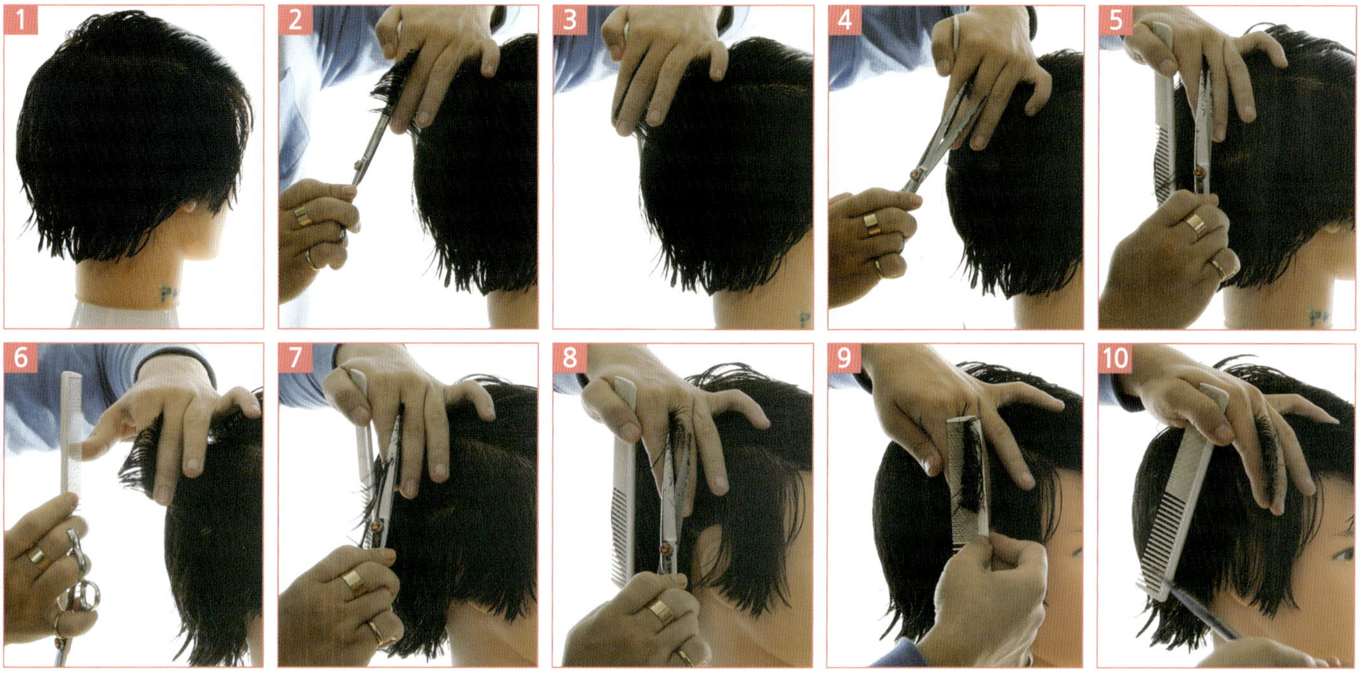

1. 시술 전의 모습
2. 중심축에는 세로슬라이스로 판넬을 뜨고 온더베이스로 일반시술각 90˚로 시술한다.
3. 두 번째 판넬도 세로로 슬라이스를 뜨고 온더베이스로 일반시술각 90˚로 시술한다.
4. 세 번째 판넬부터는 두상의 곡선을 표현하기 위해서 사선슬라이스로 온더베이스 일반시술각 90˚로 시술한다.
5. 네 번째 판넬도 사선슬라이스로 온더베이스 일반시술각 90˚로 시술한다.

6, 7, 8. 다섯 번째 판넬까지를 옆선에 오기 전까지의 마무리 판넬로 활용하고 사선슬라이스로 온더베이스 일반시술각 90˚로 시술한다.

9, 10. 옆선도 사선으로 슬라이스를 떠서 온더베이스 일반시술각 90˚로 시술한다.

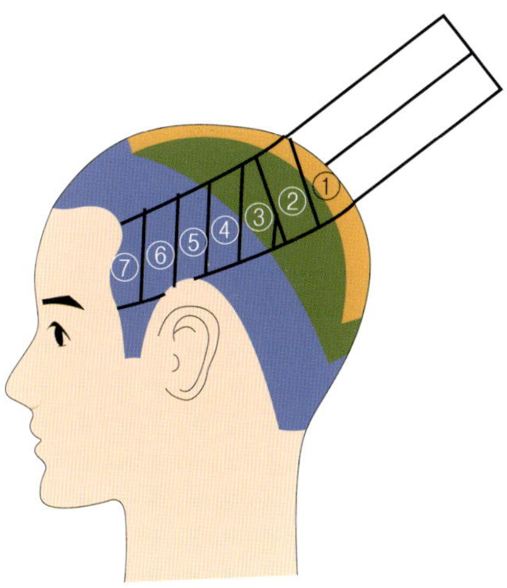

11. 시술 전의 모습

12, 13. 반대편도 중심축은 세로슬라이스로 온더베이스 일반시술각 90˚로 시술한다.

14. 두상이 함몰되기 시작한 곳부터는 사선으로 슬라이스로 온더베이스 일반시술각 90˚로 시술한다.

15. 사선슬라이스, 온더베이스 일반시술각 90˚로 시술한다.

16-20. 반대편과 동일하게 모발이 흐르는대로 사선슬라이스를 떠서 온더베이스 일반시술각 90˚로 시술한다.

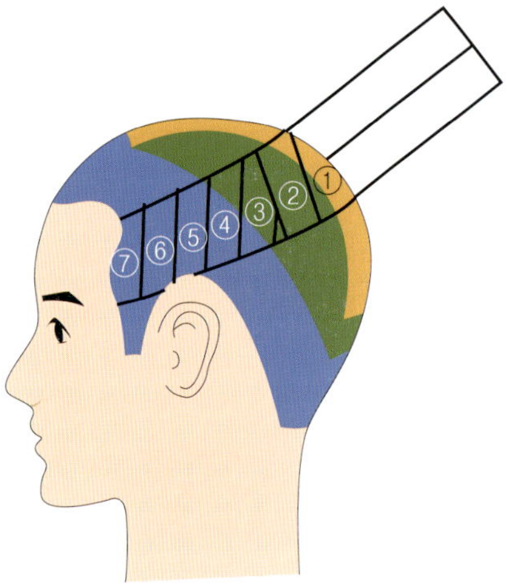

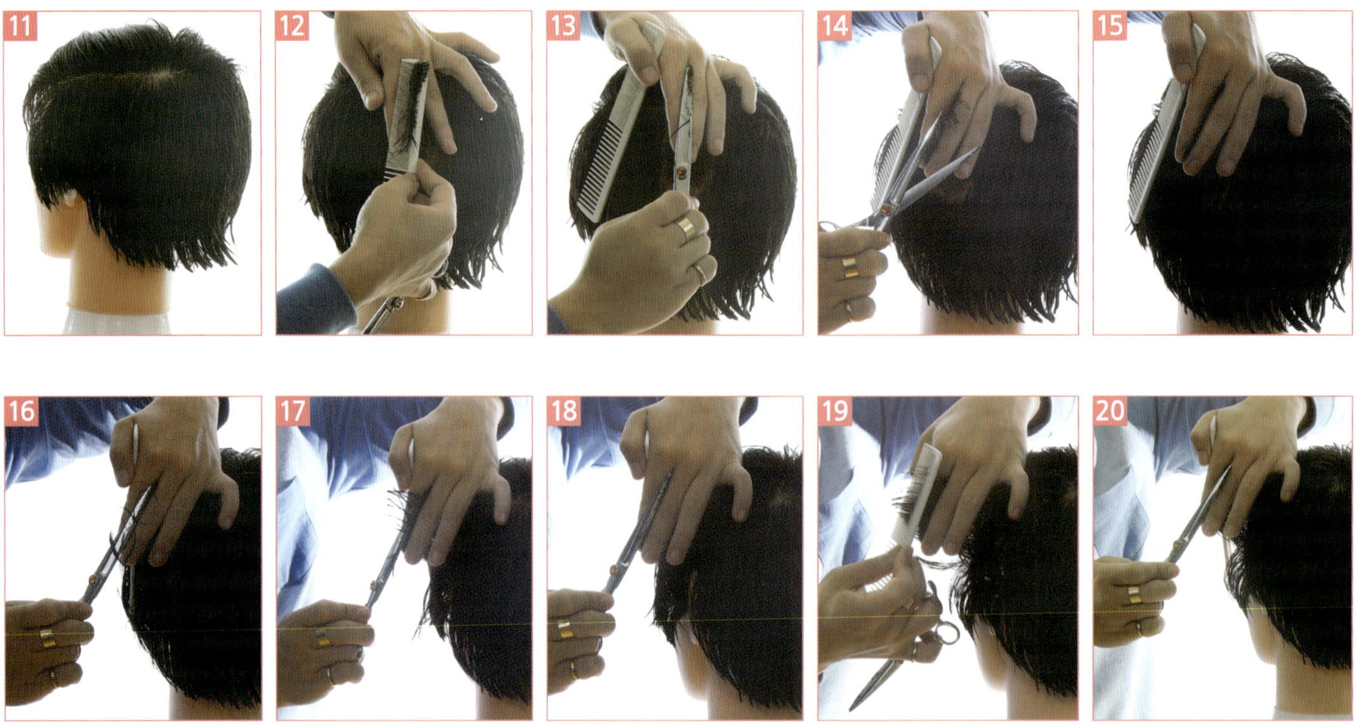

형태선 만들기

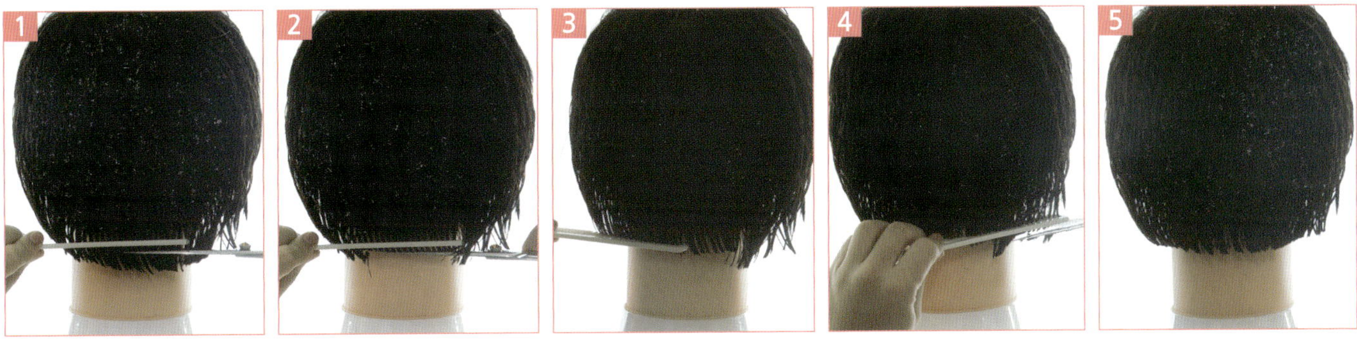

1. 손가락의 길이보다 짧은 모발은 빗으로 형태선을 시술한다.
2. 중심축에서 4cm만 일직선으로 시술한다.
3. 다음 판넬은 몸을 움직여서 일직선으로 시술하면 곡선이 생긴다.
4. 반대쪽도 몸을 판넬의 중심으로 움직여서 시술한다.
5. 형태선을 시술해 놓은 상태이다.

6, 7. 길이가이드를 사선으로 잡고 무거운 모발을 제거한다.

8. 두상이 함몰되어 있기 때문에 위에서 아래로 판넬을 잡는다.

9-15. 사선으로 두상곡면과 동일하게 시술한다. 무겁게 시술된 모발을 다듬는다.

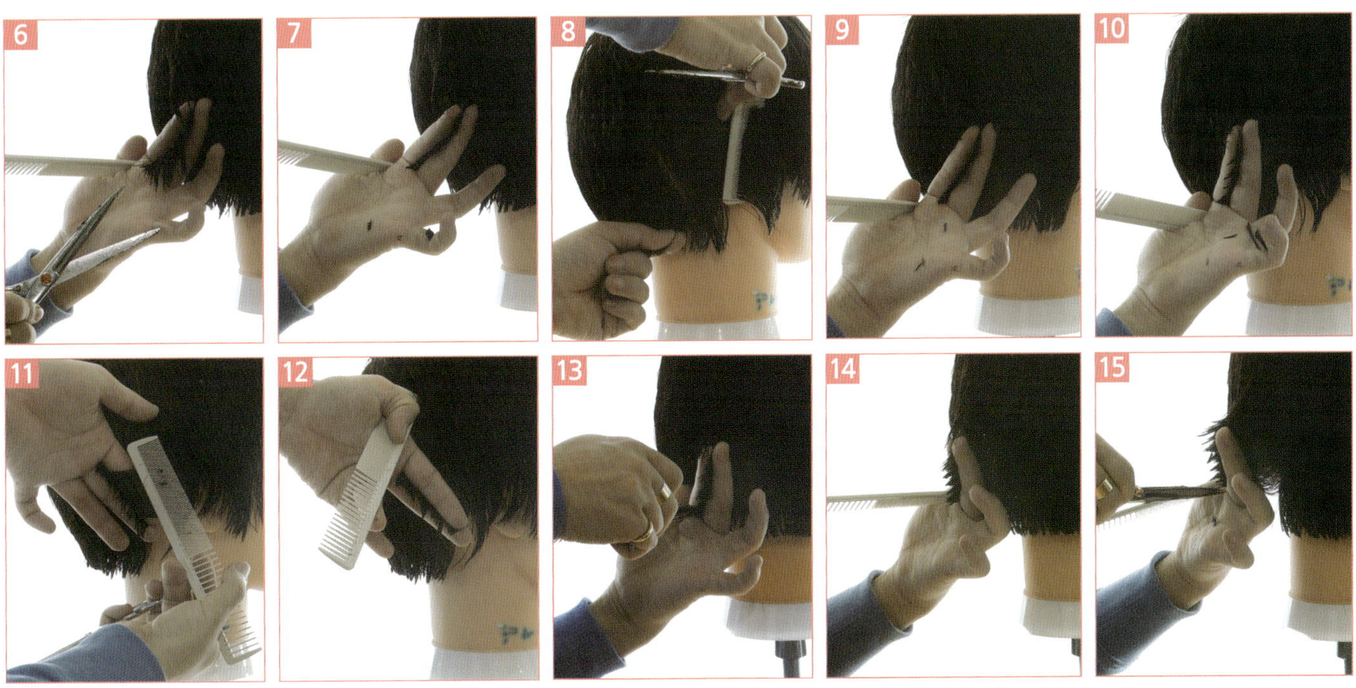

옆선 만들기

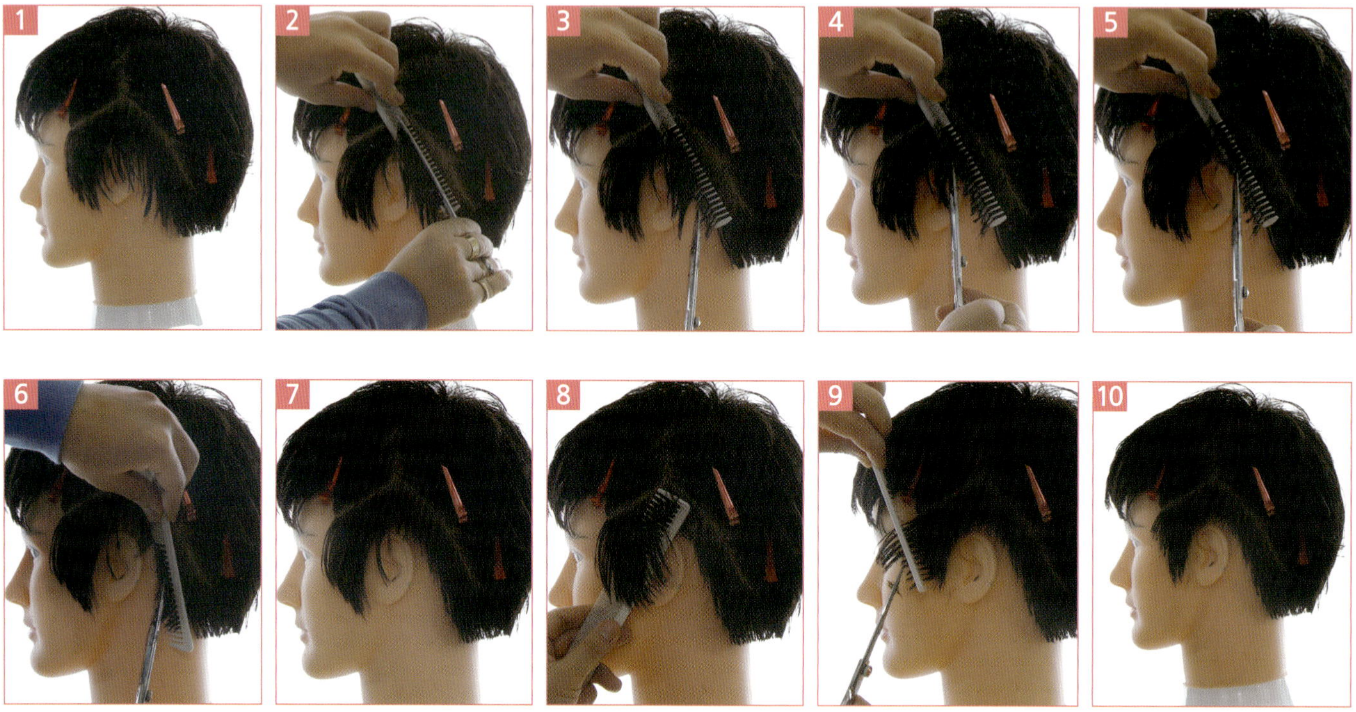

1. 앞머리와 뒷머리를 나누고 영역을 결정한다.
2. 이곳의 모발이 강모이고 모류가 강하기 때문에 틴닝으로 먼저 시술한다.
3. 빗을 손가락이라고 생각하고 시술각을 먼저 결정한다.
4. 옆선의 형태를 틴닝으로 시술한다.
5. 길이를 정리한다.
6. 라인을 다듬는다.
7. 뒷선을 마무리 해 놓은 상태이다.
8. 옆선을 틴닝으로 시술한다.
9. 옆라인을 앞에서 다시 한 번 다듬는다.
10. 옆선을 시술해 놓은 상태이다.

11. 첫선을 시술해 놓은 상태이다.
12. 두 번째 연결선을 나누어 놓은 상태이다.
13. 윗모발을 밑모발에 빗질하여 낫칭으로 시술한다.
14. 옆선에 해당하는 모발도 연결한다.
15. 다시 한 번 빠진 부분을 연결한다.

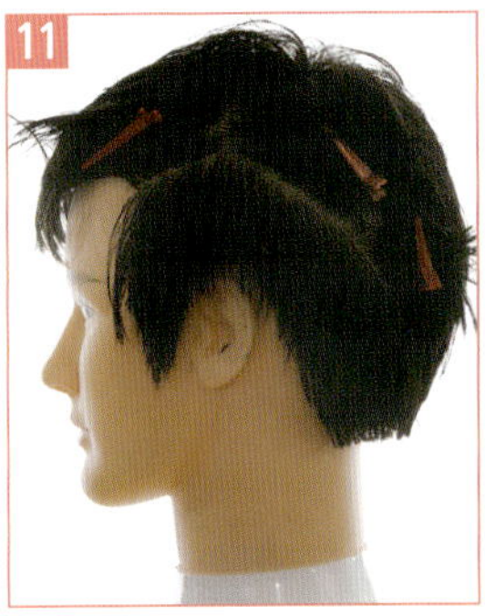
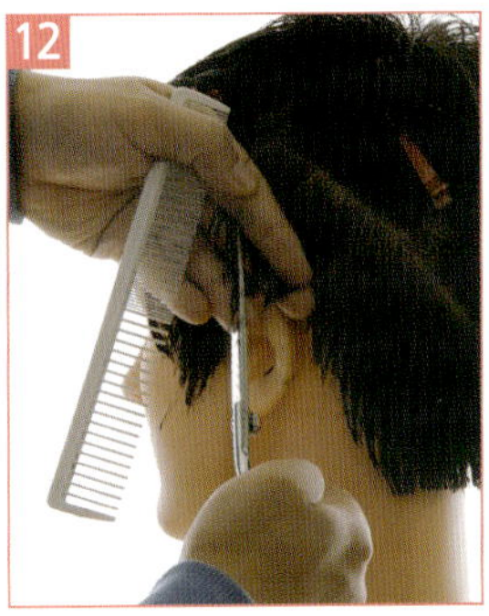
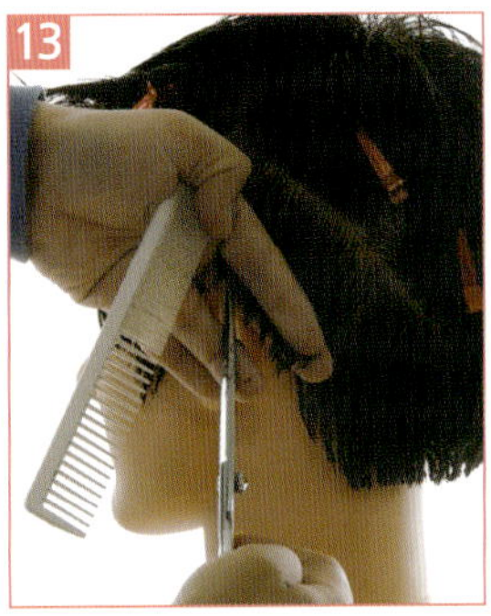

반대옆선 만들기

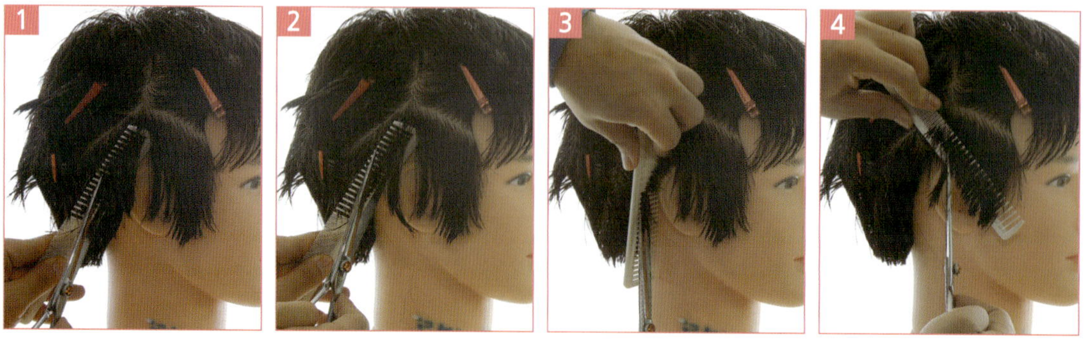

1. 먼저 영역을 결정한다.
2. 모류가 강하고 모질이 두껍기 때문에 모발의 성질을 없애기 위해서 틴닝으로 먼저 시술한다.
3. 뒷선을 먼저 시술하고 옆선을 시술할 준비를 한다.
4. 먼저 틴닝으로 시술한다.
5. 모발을 앞쪽으로 당겨서 틴닝으로 형태를 시술한다.
6. 빗으로 선을 만들고 튀오나온 모발을 제거한다.
7. 라인을 깔끔하게 정리한다.
8. 두 번째 연결하기 위해 두 번째 판넬을 내려놓은 상태이다.
9. 밑모발의 가이드에 맞추어 모발을 내려서 시술한다.
10. 다른 판넬도 모발을 내려서 아랫모발의 길이에 맞추어서 시술한다.

11, 12. 윗모발과 아랫모발을 연결한다.

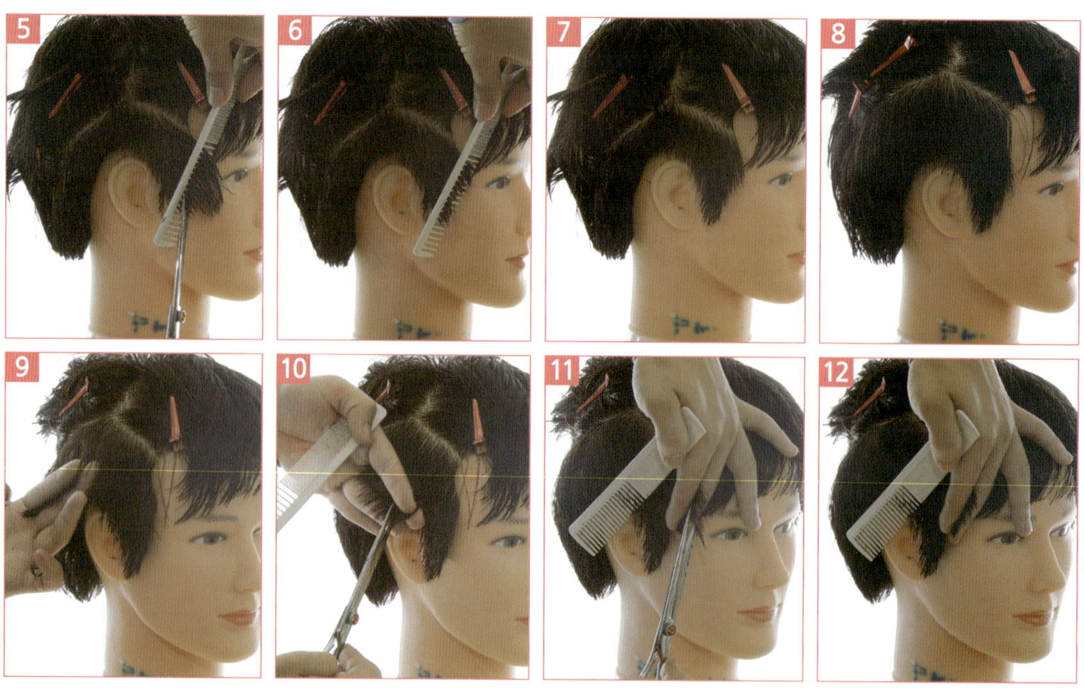

시술 마무리

시술이 종료된 모습이다.

① 앞모습

② 옆모습

③ 옆옆모습

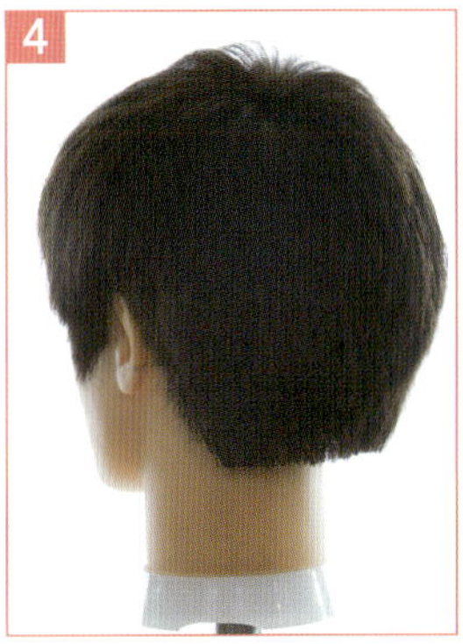

④ 뒷모습

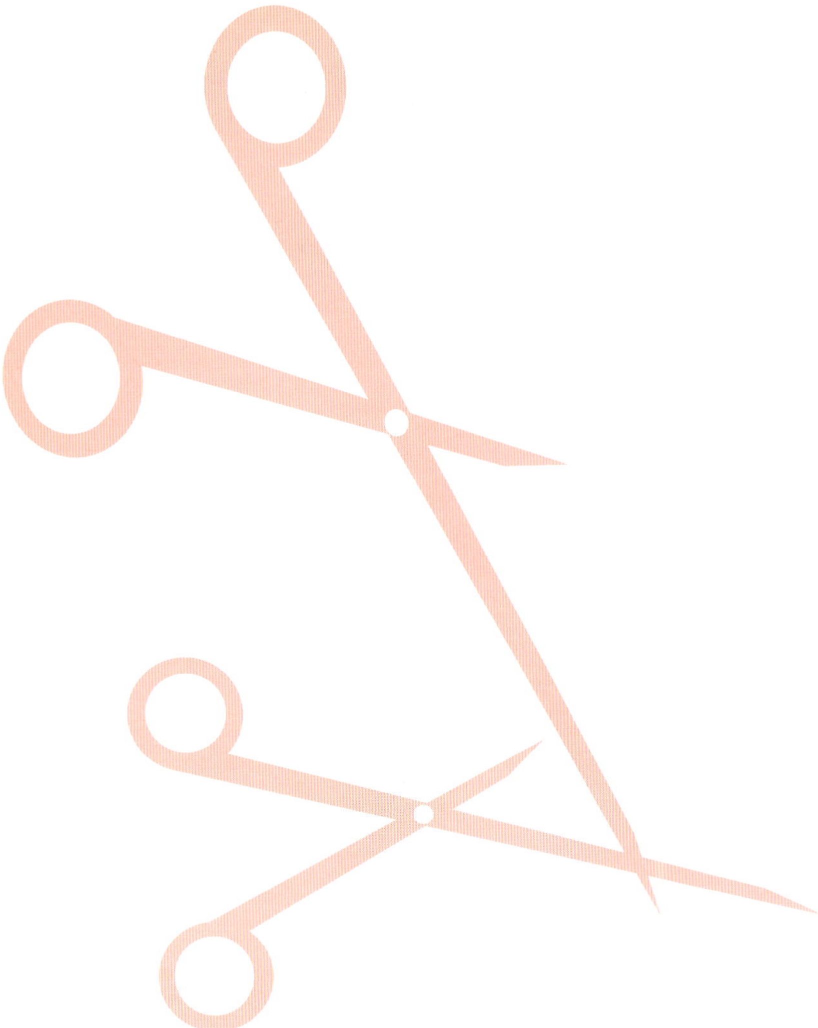

8. 리젠트 헤어스타일

▶ 꼭 알아야 할 사항

1. 쳐내기에 대한 방법을 알아야 한다.
2. 루트틴닝 방법을 알아야 한다.
3. 이너틴닝을 하기 위한 방법을 알아야 한다.
4. 머리카락 표정 만들기를 위한 틴닝방법을 알아야 한다.
5. 양감조절과 질감조절의 방법을 알아야 한다.

▶ 테스트

0점 [잘 모른다] 5점 [애매하다] 10점 [정확히 알고있다]

항목	점수
쳐내기의 방법을 이해할 수 있는가?	
모류보정을 하기 위한 루트틴닝 방법을 알 수 있는가?	
골격보정을 하기 위한 이너틴닝 방법을 알 수 있는가?	
이너그라데이션 틴닝방법과 이너레이어 틴닝방법을 알고 있는가?	
머리카락 표정 만들기를 위한 틴닝방법을 알고 있는가?	

결과	

1.2.3.4. 쳐내기에 대한 방법

→ 드라이한 것처럼 뒷 손질이 편하게 모량을 제거하는 방법

① 루트틴닝(모류보정)

모류가 흐르는 반대쪽으로 모발을 당겨서 처음 시작이 0.5cm 이하에서 점점 길어지게 시술

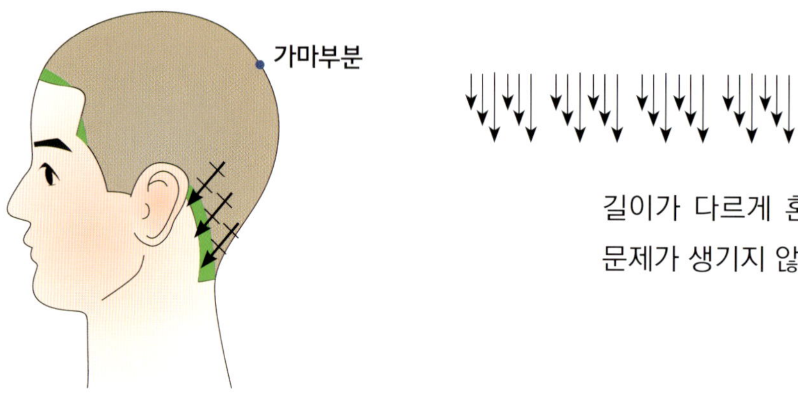

길이가 다르게 혼합해야 모발이 자라났을 때 문제가 생기지 않는다.

② 이너틴닝(골격보정)

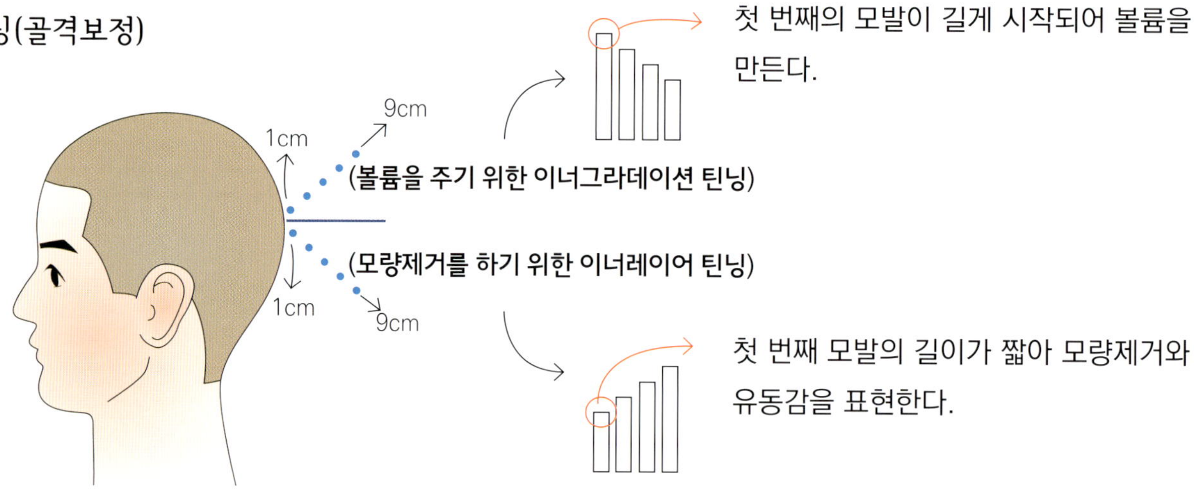

③ 라인틴닝(머리카락 표정 만들기)

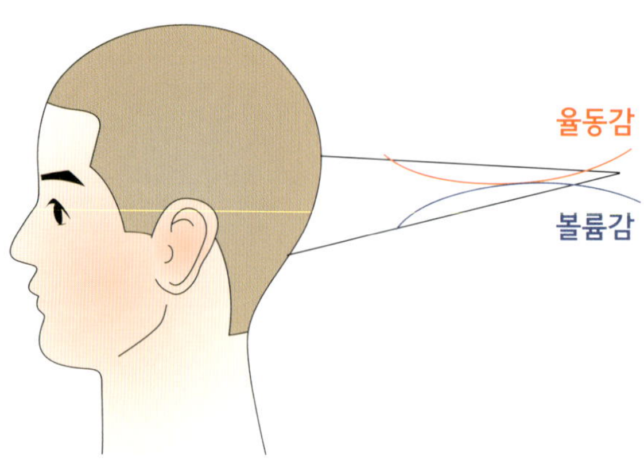

양감조절(이너틴닝영역) ⇒ 양이 있는 느낌

모량을 줄여서 포름에 볼륨을 줄이거나 늘려 강약을 조절하는 것

질감조절(라인틴닝 영역) ⇒ 재질에서 받는 느낌

모발 끝에서 모량을 줄이거나, 장단을 주어 모발에 공기감이나 모속감을 모발끝에서 방향성을 주는 것

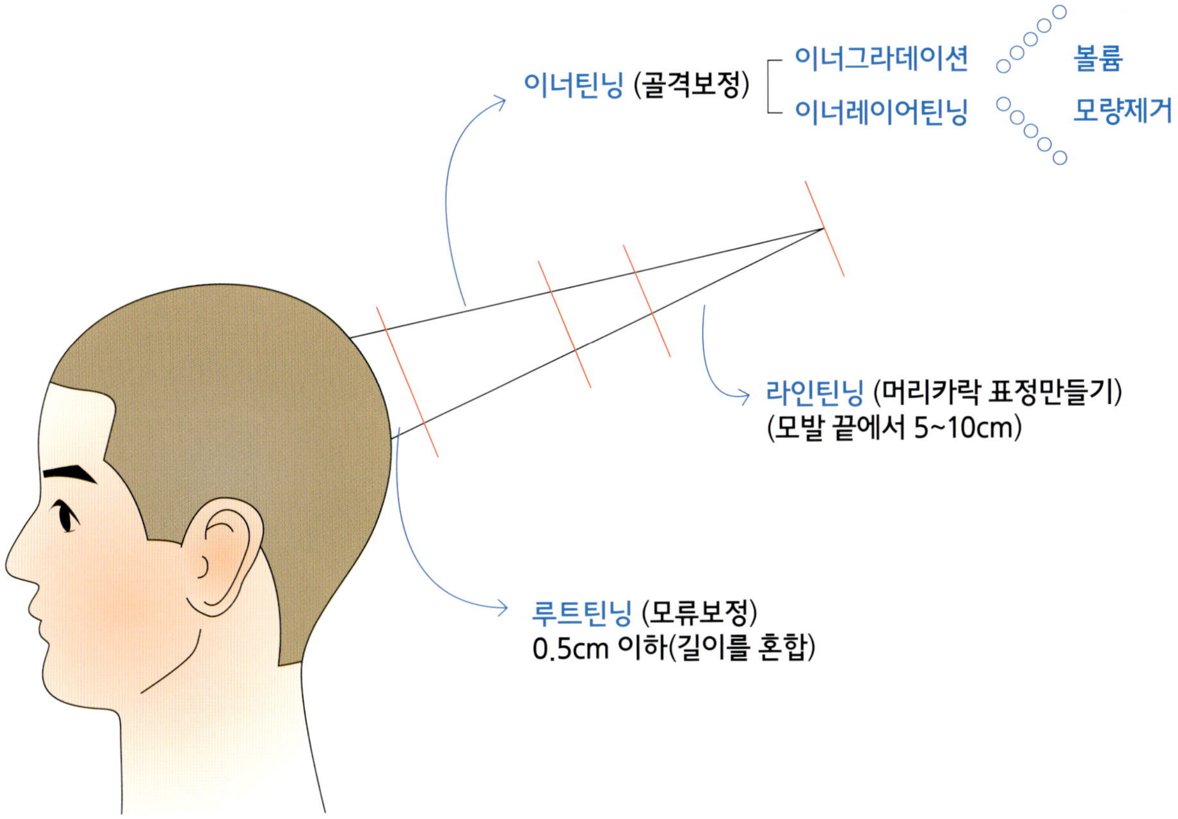

드라이 한 것처럼 뒷손질이 편하게 하려면 모발 길이가 적당하게 혼합되어 있어야 모발의 본래의 성질대로 움직인다.

08 리젠트 헤어스타일

두상이 멋지게 표현되는 길이를 설정하여 시술한 후 U라인을 영역을 모발이 떨어지는 T.G.M.P에 모발을 모아서 마무리한 기본스타일이다.

실습날짜	요점정리

5. 시술방법

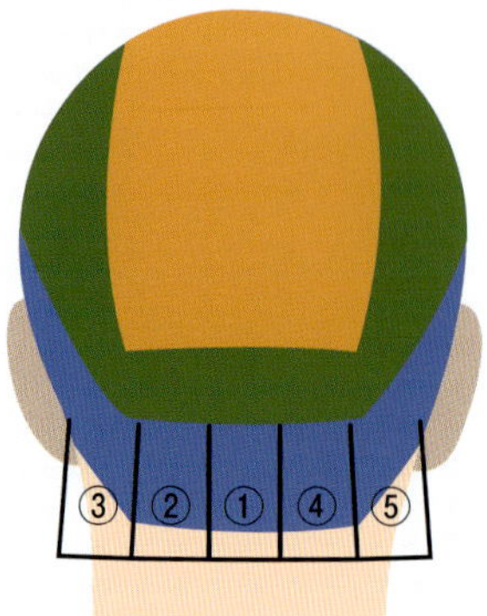

1) U라인 형태선 만들기

손가락 길이보다 짧은 모발은 모류보정을 한 후 빗을 이용하여 5번에 나누어 U라인 형태선을 만든다.

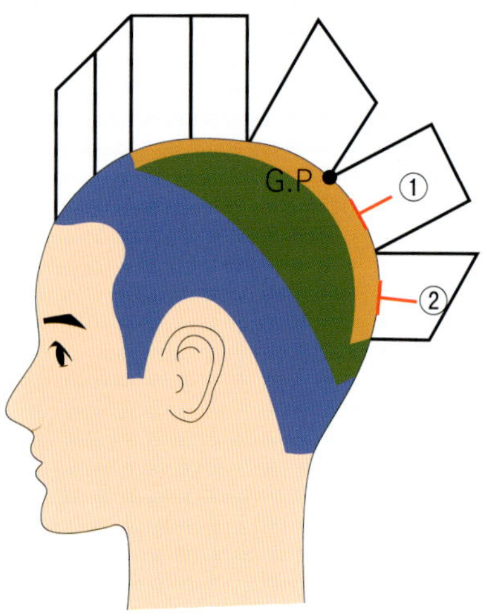

2) 오버섹션(전두부, 후상부)

길이가이드 : C.T.M.P 10cm
슬라이스 : 가로, 사선
베이스 : 온더, 사이드
시술각 : 일반시술각 90°, 베이스를 이동해서 일반시술각 90°

3) 미들섹션(후중부, 측두부)

① 길이가이드 : G.P
슬라이스 : ①② 세로, ③④⑤ 사선, ⑥⑦ 옆선(사선)
베이스 : 온더베이스
시술각 : 일반시술각 90°

② 길이가이드 : G.B.M.P
슬라이스 : ①② 세로, ③④ 사선
베이스 : 온더베이스
시술각 : 자연시술각 90°

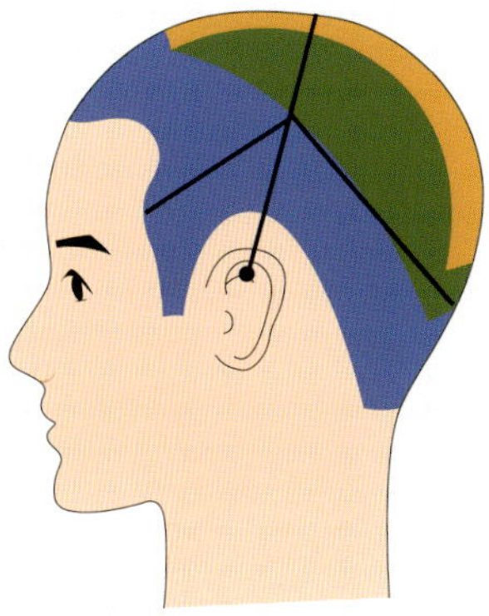

4) 옆선만들기

① 앞, 뒤 나누기를 한다.
② 영역을 결정한다.
③ E.P에서 길이결정을 한다.
④ E.B.P의 길이와 E.P의 길이를 연결한다.
⑤ 시술각을 결정한다.
⑥ 윗모발과 연결한다.

5) 뒷선 만들기

형태선을 만들어 놓은 것을 시술각을 들어서 자르고 윗모발과 연결한다.

6) 쳐내기 방법

① 앞머리 표정만들기
이너레이어틴닝
② 옆선만들기
윗모발이 짧게 사이드틴닝
③-1 중심축 잡기
이너그라데이션틴닝
③-2 형태선 확인
모량을 조절하기 위한 모량제거, 이너레이어 틴닝
④ 방향성제시
루트틴닝, 이너레이어 틴닝

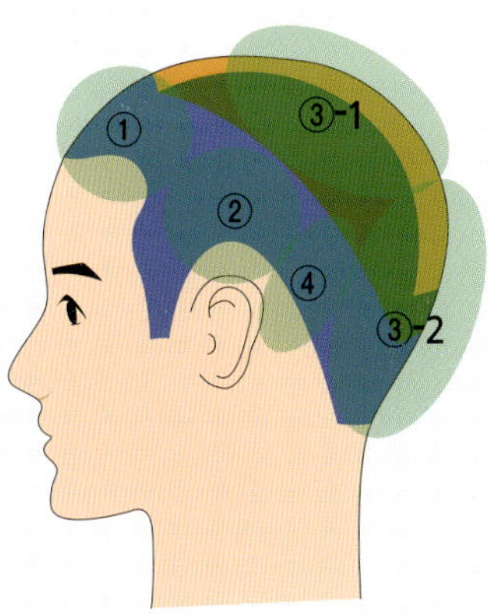

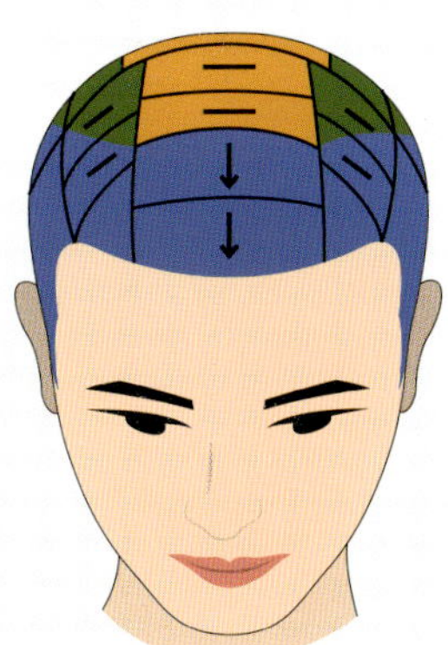

오버섹션

1. 밑길이에서 U라인의 형태선 만들기는 손가락의 길이보다 짧기 때문에 빗으로 시술한다.
2. 모발이 떨어지기 시작한 곳에서 9cm 길이가이드를 설정하여 가로슬라이스 온더베이스로 시술한다.
3. 두상이 함몰된 앞머리 영역에서는 베이스를 앞쪽으로 밀어서 시술한다.
4. 뒷부분에 두상이 함몰되기 시작한 U라인의 영역에서도 베이스를 뒤쪽으로 밀어서 뒤의 길이가 짧게 시술한다.
5. 윗모발이 길고 아랫모발의 길이가 짧게 시술한다.
6. 모발이 흐르는대로 세로로 판넬을 떠서 밑모발의 길이가 짧게 시술한다.
7. 세로슬라이스로 온더베이스 밑모발의 길이가이드에 자연시술각 90°가 되게 시술한다.
8. 반대편도 사선슬라이스로 온더베이스 밑모발의 길이가이드에 자연시술각 90°가 되게 시술한다.

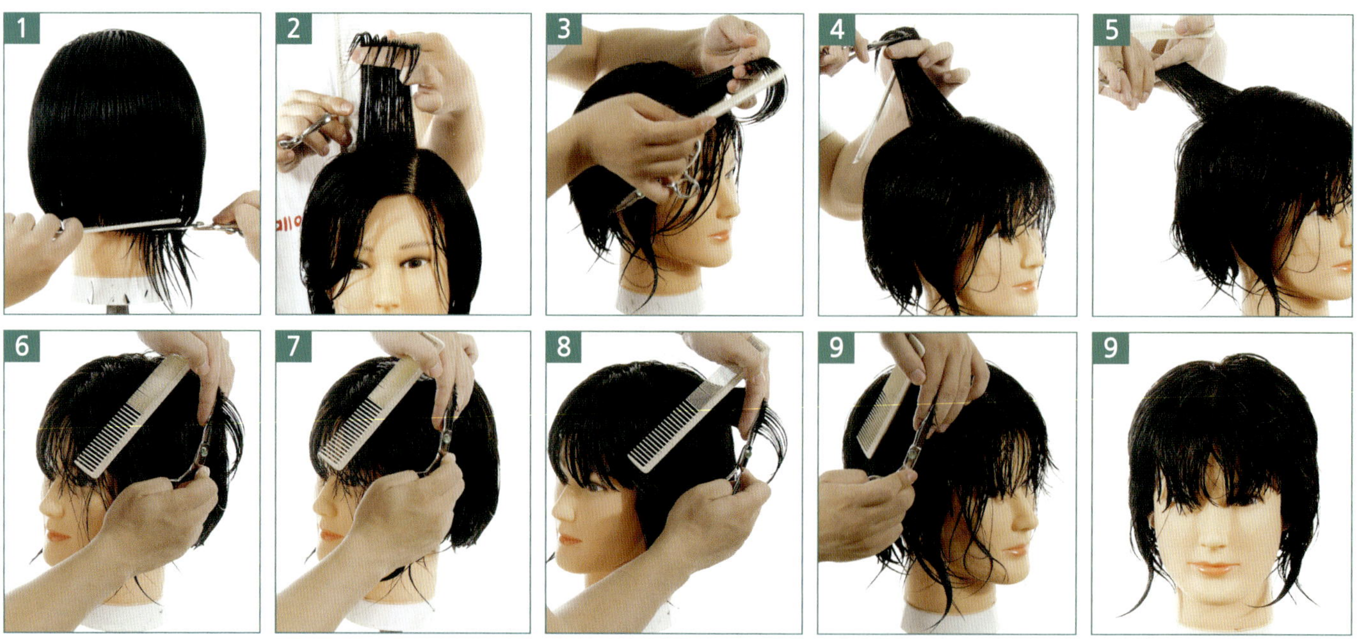

미들섹션

1. 중심축에서 세로로 슬라이스를 뜨고 온더베이스 일반시술각 90˚로 시술한다.
2. 시술할 때 판넬을 잡은 그대로 시술하는 것이 빠르고 쉽게 할 수 있는 방법이다.
3. 3번째 판넬은 사선으로 슬라이스를 뜰 준비를 해야 하므로 2번 판넬에서 사선으로 슬라이스를 온더베이스 일반시술각 90˚로 시술한다.
4. 4번째 판넬도 사선슬라이스 온더베이스 일반시술각 90˚로 시술한다.
5. 옆선에 해당하는 모발은 두상이 함몰되어 있기 때문에 사선으로 슬라이스를 떠야 모발이 떨어지는 대로 순서가 결정되기 때문에 뒷손질이 편한 헤어스타일이 된다.
6. 반대편의 중심축도 세로슬라이스 온더베이스 일반시술각 90˚로 시술한다.

7, 8. 3번째 판넬부터는 사선슬라이스 온더베이스 일반시술각 90˚로 시술한다.

9. 옆선에 해당하는 부분도 사선슬라이스 온더베이스 일반시술각 90˚로 시술한다.
10. 두상이 함몰된 옆선은 사선으로 슬라이스를 떠서 옆선의 이미지를 결정한다.

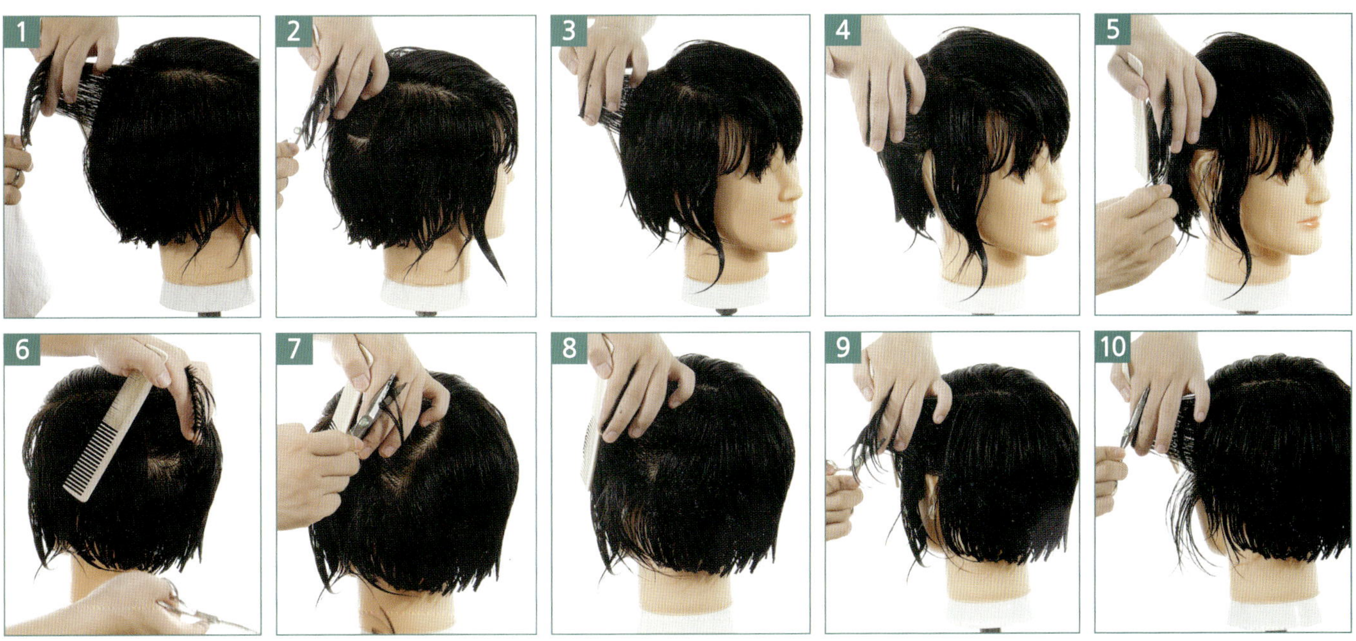

옆선

1. 뒤로 떨어질 모발과 앞으로 떨어질 모발을 영역을 나눈 후 E.P에서 길이가이드를 결정한다.
2. 뒷선에서 길이가이드를 먼저 시술한다.
3. 슬라이스와 평행하게 뒷선의 길이가이드를 결정한다.
4. 옆선에 대한 길이가이드를 결정한다.
5. 길이가이드를 결정한 후 다시 한 번 다듬는다.
6. 전체적으로 길이가이드를 결정한 형태이다.
7. 옆선에 모발을 앞쪽으로 당겨서 윗모발이 자연스럽게 떨어지게 코너를 제거한다.
8. 뒷선에 해당하는 무거운 부분도 슬라이스와 평행하게 시술각을 손가락으로 조절한다.
9. 반대편의 길이가이드를 먼저 설정한다.
10. 시술각을 손가락으로 조절하여 다시 한 번 시술한다.

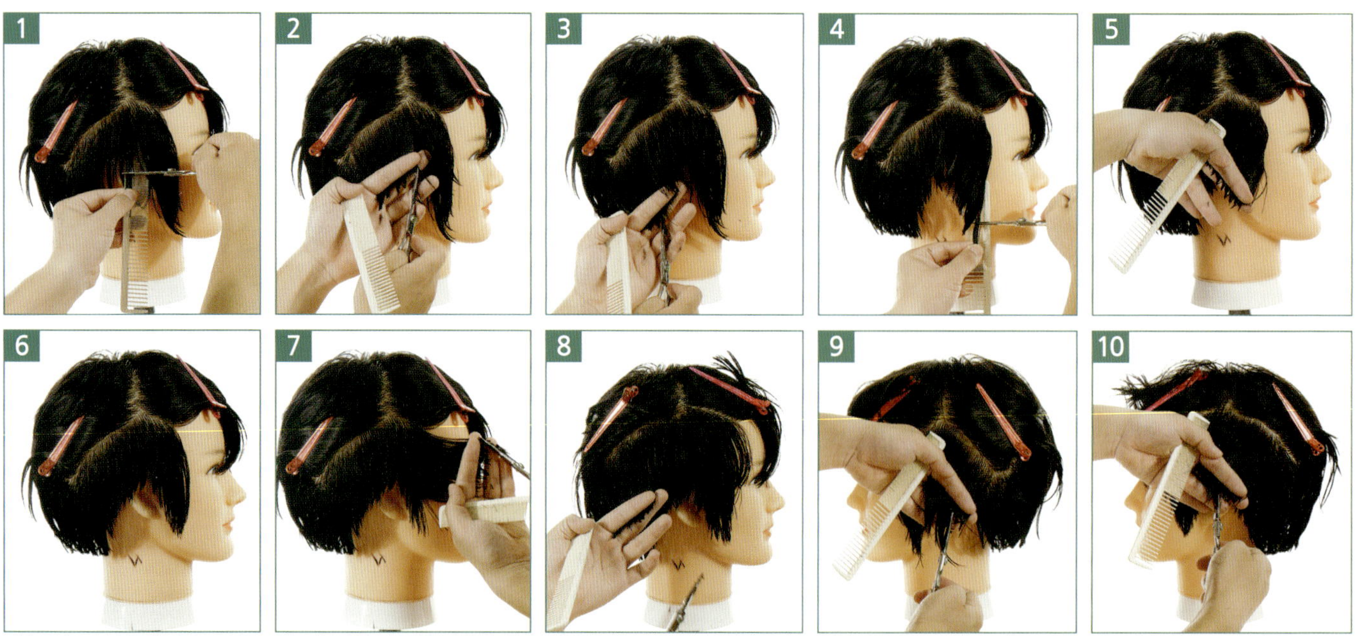

뒷선

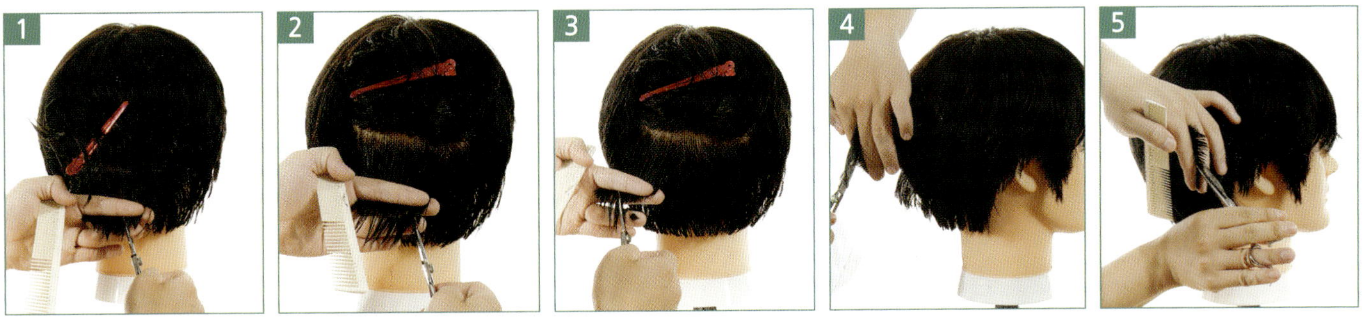

1. 손가락으로 시술각을 조절한다.
2. 이곳은 모류가 강하고 모질이 두껍기 때문에 낫칭으로 시술한다.
3. 중심축에서 먼저 결정하고 먼저 시술해 놓은 옆선과 연결한다.
4. 오르막길에 윗모발과 아랫모발의 형태선을 시술해 놓은 모발을 연결한다.
5. 중심축을 제외한 부분은 사선으로 연결한다.

앞머리

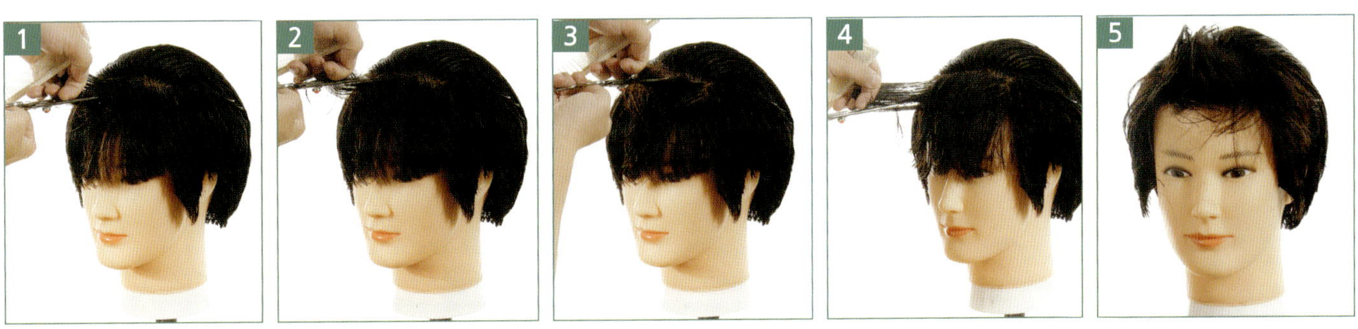

1. 틴닝으로 윗모발의 길이가 짧아지고 아랫모발의 길이가 길어지게 이너레이어 틴닝을 넣는다.
2. 중심부에 있는 모발을 시술한다.
3. 다음 판넬도 이너레이어 틴닝을 넣는다.
4. 모발 끝에 무거움이 있어 다시 한 번 동일한 방법으로 시술한다.
5. 전체적으로 틴닝을 넣는다.

옆선

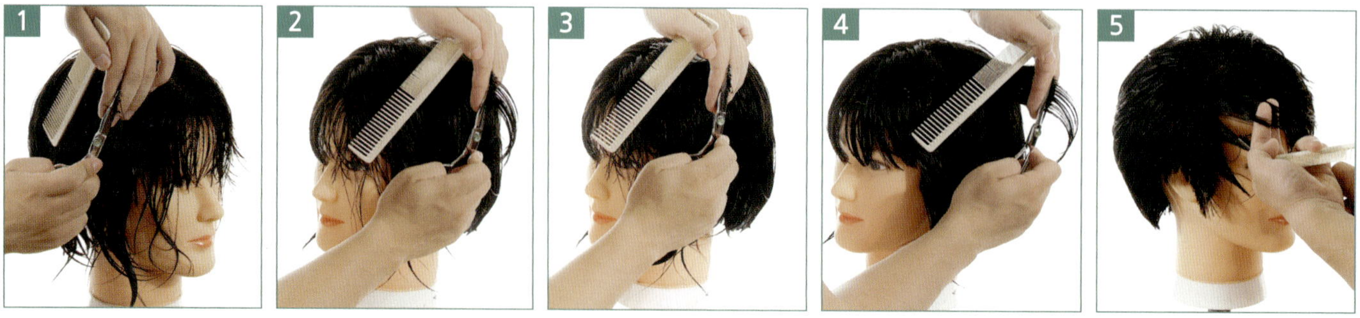

1. 윗모발의 길이가 짧아지게 사선으로 틴닝을 넣는다.
2, 3. 순서대로 밑에서부터 위를 향해 시술한다.
4. 반대편도 윗모발의 길이가 짧아지게 시술한다.
5. 틴닝을 할 때 위에서 아래로 모발이 떨어져야 자연스럽게 표현된다.

중심축 잡기

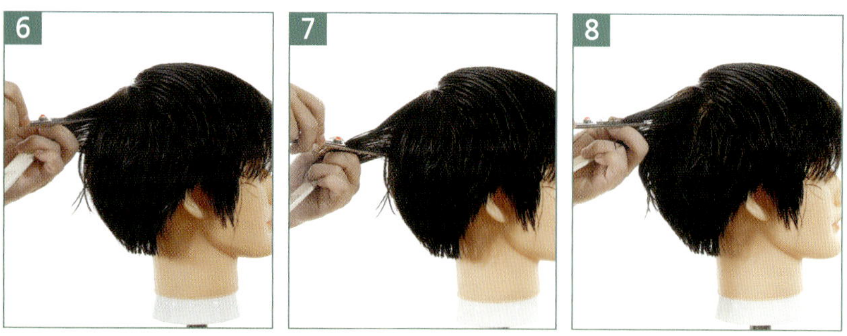

6. 중심축에서는 이너그라데이션 틴닝을 넣는다.
7. 틴닝을 위가 길고 아래가 짧게 하여 사선으로 넣어야 볼륨을 표현할 수 있다.
8. 모량을 보아가면서 넣는다. 이때 밑길이는 1cm, 윗길이는 9cm가 되게 시술해야 자연스럽게 볼륨이 표현된다.

방향성 제시

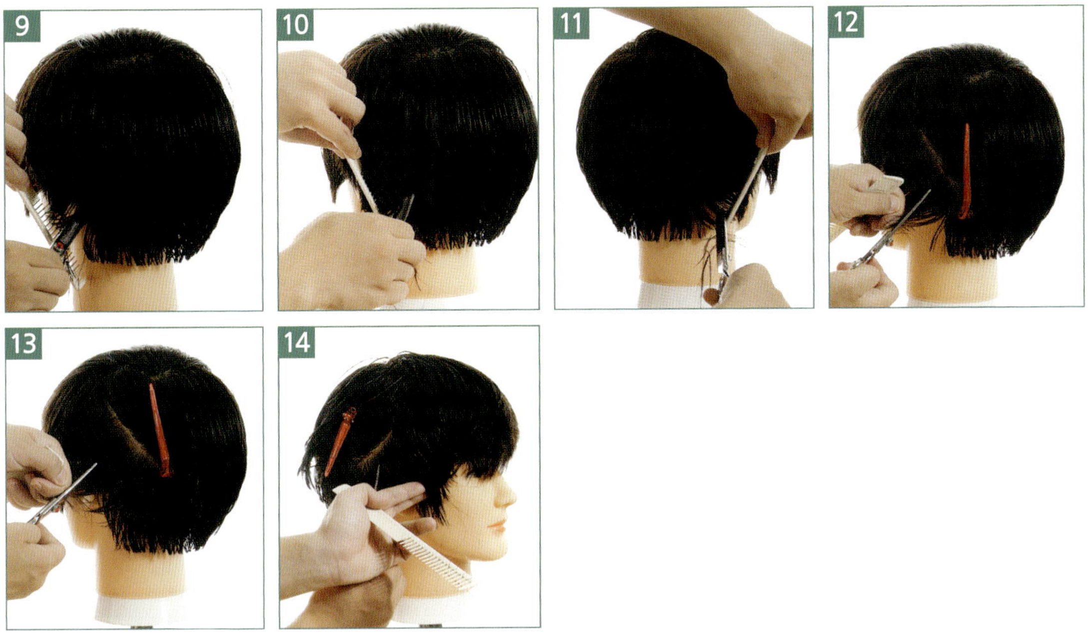

9. 중심축의 모발을 제외하고 틴닝으로 앞모발의 길이가 짧고 뒷길이가 길어지게 모발을 앞쪽으로 당겨서 시술한다.

10, 11. 반대쪽도 앞모발이 짧고 뒷모발이 길어지게 시술한다.

12, 13. 모량이 많으면 그 위의 모발도 한 번 더 시술한다.

14. 반대쪽도 앞모발이 짧고 뒷모발이 길어지게 시술한다.

모류잡기

1. 구렛나루의 모발은 들뜨지 않게 드라이어를 위에서 아래로 모류의 방향을 아래로 흐르게 잡는다.
2. 앞머리에 해당하는 함몰된 부분은 열과 손을 이용하여 밑에서 위를 향해 모류의 방향을 잡는다.
3. 반대쪽도 중심을 향해 모류의 방향을 잡는다.

4, 5. 두상 위에 모발이 떨어지는 U라인에 해당하는 모발은 중심축을 향해 모류가 흐르게 열과 손을 이용하여 잡아준다.

6. 드라이어의 열을 이용하여 다시 한 번 모류의 방향을 잡는다.

7, 8, 9. 모발이 흐르는 처음에 커트를 시작했던 곳으로 모발을 모은다.

10. U라인 아래에 모발은 최대한 모류가 들뜨지 않도록 잡아준다.

시술마무리

1. 핸드드라이어로 다시 한 번 뒤의 모발을 C컬로 잡아준다.
2. 빠진 부분은 다시 한 번 C컬로 잡아준다.
3. 모류를 세워서 핸드드라이어로 모류를 잡아준다.
4. 모류는 잡아주고 모발은 앞으로 빠지는 C컬을 만든다
5. 모발끝도 다시 한번 잡아준다.
6. 손으로 모발의 흐름을 자연스럽게 표현한다.
7. 공기감을 표현 할 수 있도록 손으로 골을 만든다.
8. 모발 끝부분까지도 섬세하게 표현한다.
9. 구렛나루의 모발은 손으로 다시 한 번 붙여준다.
10. 반대쪽의 구렛나루도 손으로 다시 한 번 붙여준다.

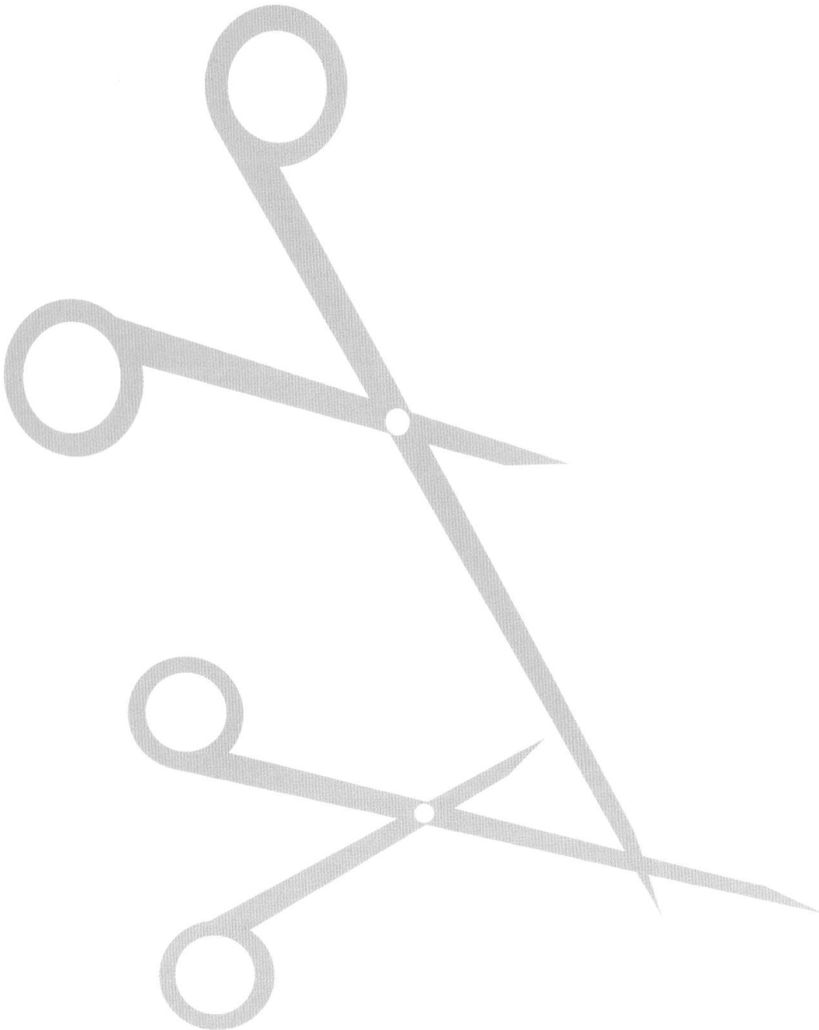

09 포마드 스타일

모발이 두상 위에 떨어지는 U라인 부분에서 이미지를 만들고, 나머지 모발은 깨끗하게 정리하고 선을 고객의 이미지에 맞추어 손질한다.

실습날짜	요점정리

1. 시술방법

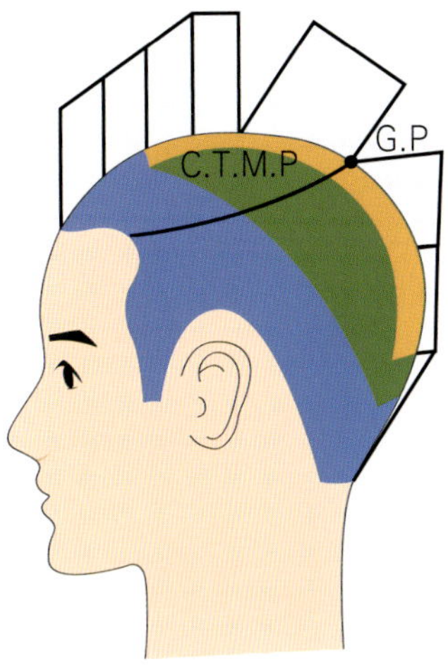

1) 이미지를 만들기 위한 두상나누기

- 원하는 디자인에 따라 크기를 결정한다.

2) U라인을 제외한 부분을 틴닝처리한다.

- 모발이 흐르는 세로존대로 시술한다.

3) 틴닝으로 길이가 혼합된 후 클리퍼로 짧게 자르고 형태선을 만든다(짧은길이 결정).

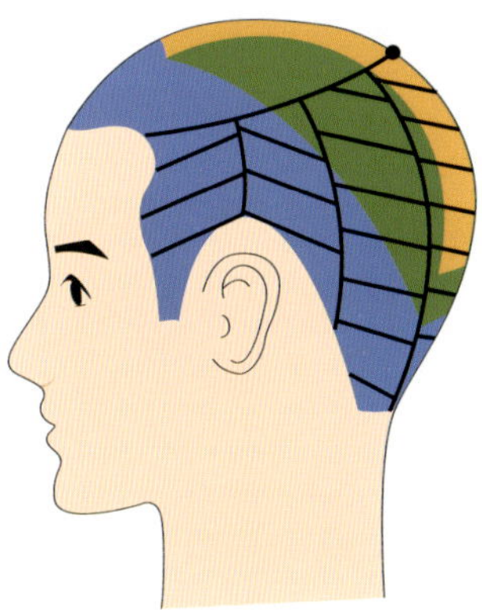

4) 가르마 만들기

- 길이가 짧기 때문에 클리퍼로 가르마를 만들어 준다.

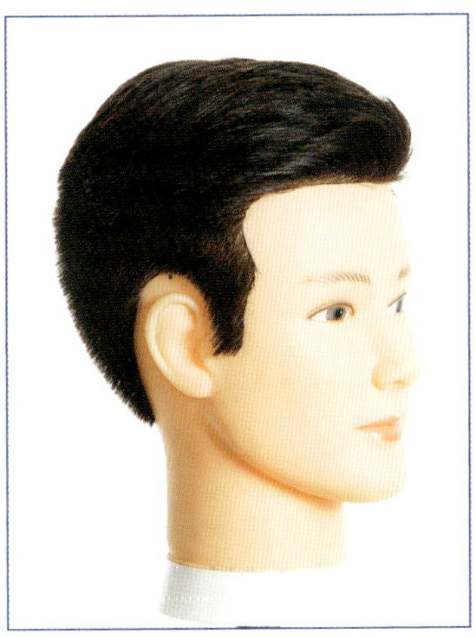
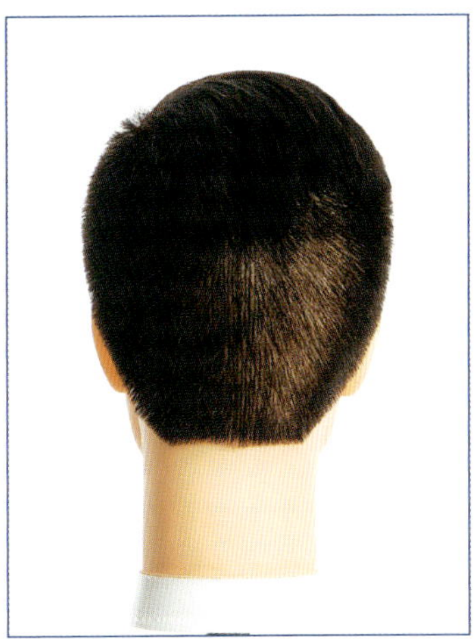

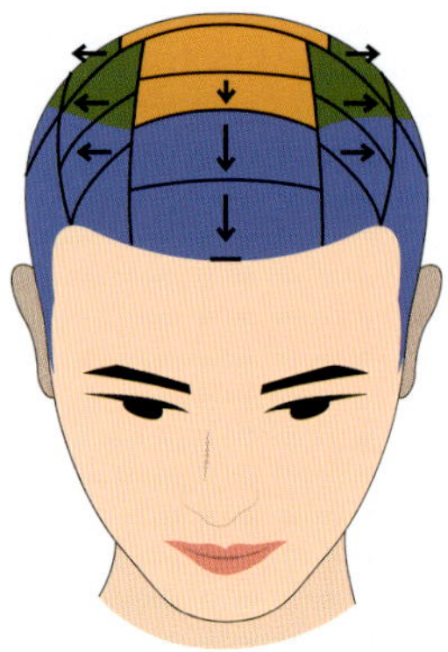

5) 오버섹션(긴길이)

길이설정 : T.G.M.P에서 8cm 설정

슬라이스 : 가로, 사선

베이스 : 온더베이스, 사이드베이스

시술각 : 베이스를 밀고난 후 일반시술각 90°

6) 긴길이, 짧은길이 결정

- 긴길이와 짧은길이를 낫칭으로 시술한다.

시술전, 영역나누기, 틴닝처리

1. U라인의 브록킹을 먼저 나눈다.
2. 원하는 만큼의 브록킹을 나눈 후 고정시킨다.
3, 4. 틴닝으로 길이를 혼합한다.
5. 모발이 떨어지는 세로존대로 빗등을 손가락의 자로 활용하여 시술한다.
6. 곡선의 선을 만들어주기 위해 사선으로 빗을 대고 모발이 흐르는 대로 틴닝을 시술한다.
7. 빗등이 손가락 역할을 하면서 시술각을 조절하여 시술한다.
8, 9, 10. 사선으로 빗을 대고 틴닝으로 시술한다.

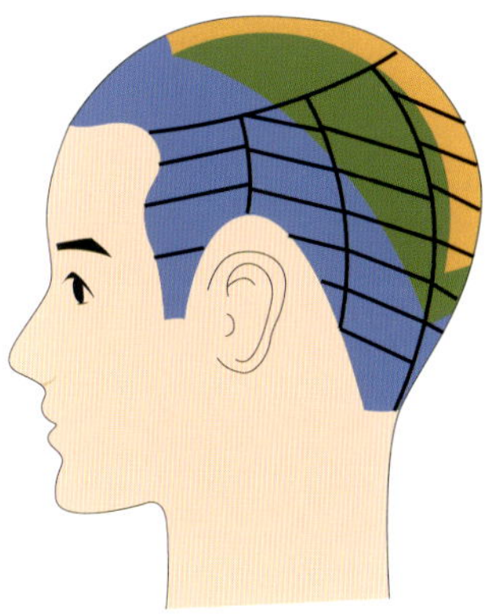

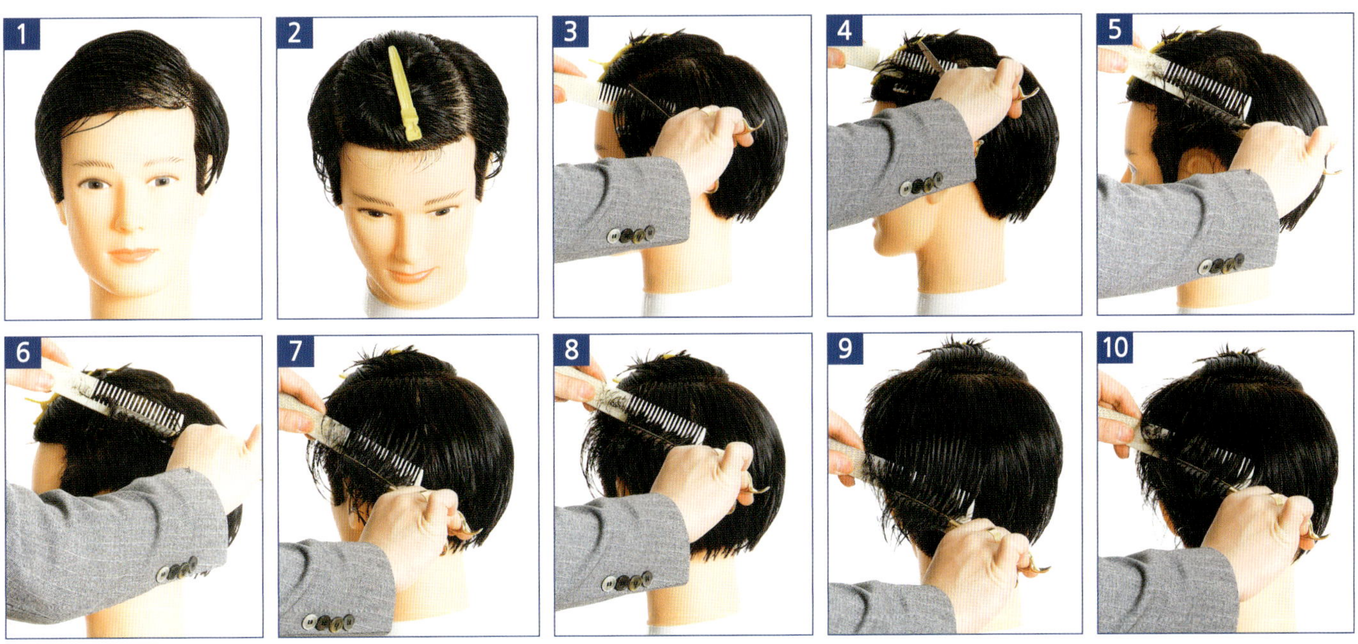

클리퍼

1. 빗을 자연시술각 90˚로 시술하면서 클리퍼를 사선으로 하여 커트한다.
2. 빗을 따라 클리퍼도 진행한다(빗의 각도 자연시술각 90˚).
3. 빗과 클리퍼가 원을 그리면서 시술한다.
4. 클리퍼를 댈 때는 사선으로 빗에 놓고 힘을 빼고 시술한다.
5. 밑에서 위를 향해 빗을 시술각을 조절하고 빗에서 나온 모발은 클리퍼로 도려낸다.
6. 모발이 떨어진 세로존대로 시술한다.
7. 빗은 사선으로 대고 밑에서 위를 향한다.
8. 오르막길의 두상은 빗의 시술각을 다시 잡는다.
9. 오르막길의 두상은 자연시술각 90˚로 빗을 대고 시술한다.
10. 세로존의 영역의 순서대로 시술한다.

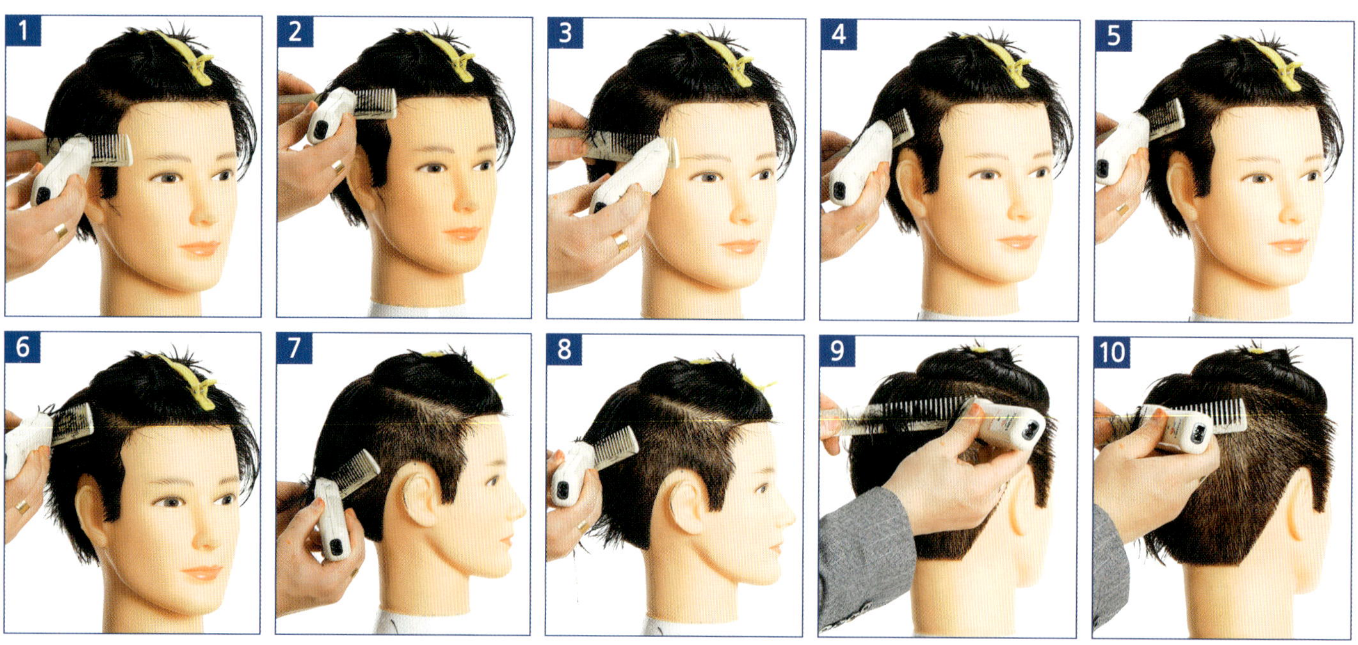

반대 클리퍼

1, 2. 반대쪽도 동일한 방법으로 위에서 아래를 향해 내려온다.
3. 뒷부분은 밑에서 위를 향해 빗을 사선으로 대고 빗으로 시술각을 조절하면서 시술한다.
4. 빗등을 자로 하고 밑에서 위를 향해 시술한다.
5. 두상오르막길은 자연시술각 90°로 빗을 대고 시술한다.

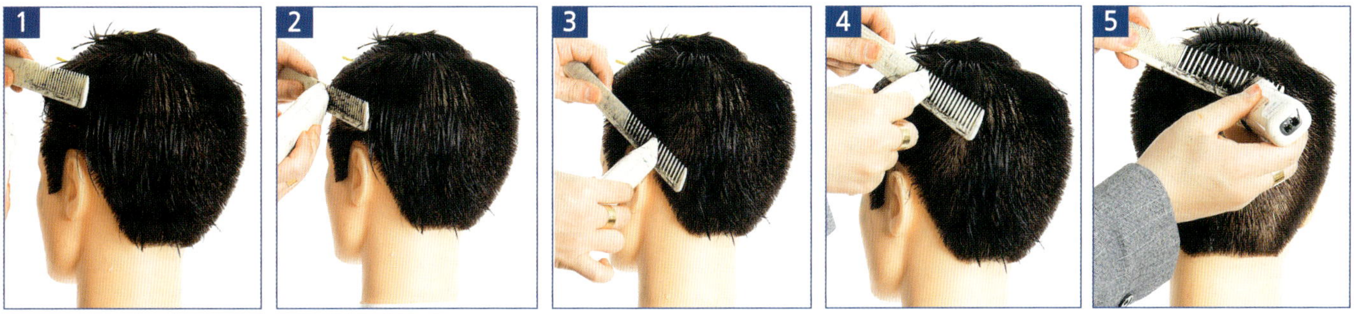

가르마 만들기

1. 짧은 모발은 모발에 무게가 없어 모류방향으로 모류가 흐르기 때문에 가르마가 표시가 나지 않는다.
2. 인위적으로 빗등으로 가르마를 탄 후 클리퍼로 모발을 자른다.
3, 4, 5, 6. 빗등 위에 클리퍼를 대고 가르마를 타기 위한 모발을 자른다.
7. 시술이 끝난 모습이다.
8. 선명하게 가르마가 표시되었다.

오버섹션

1. T.G.M.P에서 길이가이드 8cm를 설정한다.
2. 가로슬라이스, 온더베이스로 8cm 가이드를 헤어커트한다.
3. 베이스를 C.L쪽으로 앞으로 밀어 앞머리를 짧게 시술한다.
4. 가로슬라이스로 떠서 프리베이스로 시술한다.
5. 프리베이스의 상태에서 일반시술각 90˚로 시술한다.
6. 가로슬라이스, 온더베이스, 일반시술각 90˚로 시술한다.
7. 가로슬라이스, 일반시술각 90˚로 시술한다.
8. U라인 영역을 중심에서 가이드를 가져온 상태에서 그래쥬에이션으로 판넬을 잡는다.

9, 10. 사선슬라이스로 하고 앞쪽으로 밀면서 시술한다.

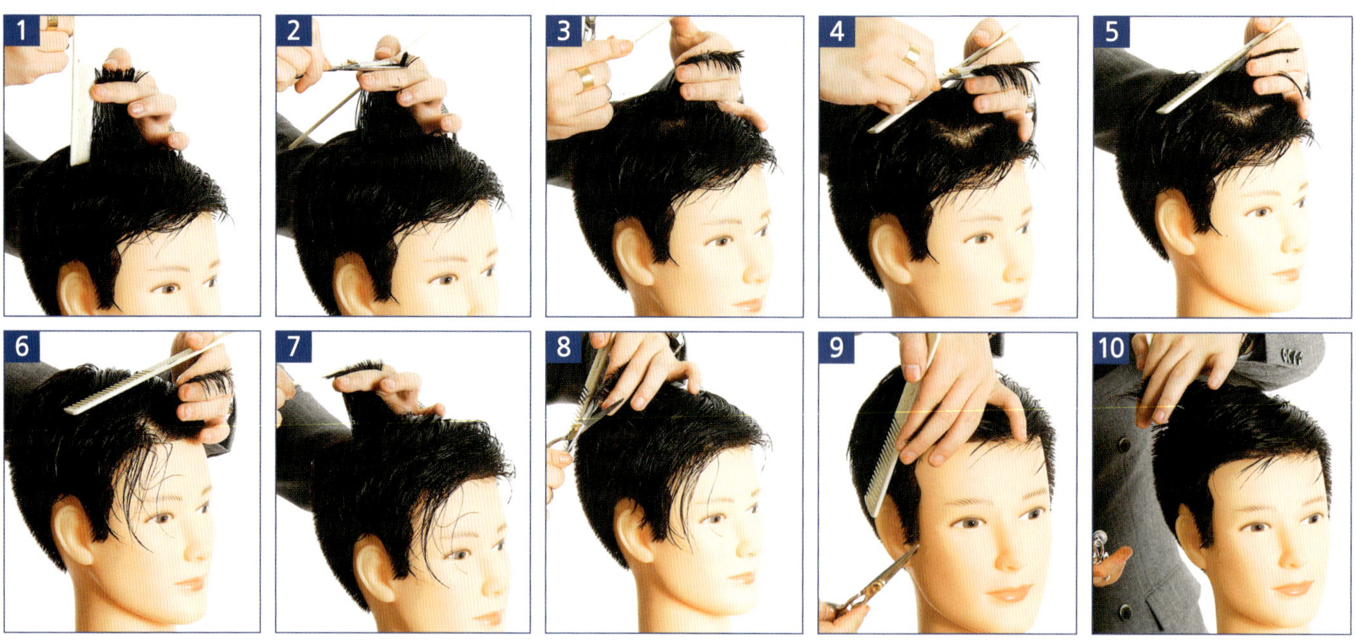

연결

1, 2, 3, 4. 긴길이와 짧은길이를 낫칭으로 시술한다.
5. 빗등을 자로 하고 밑에서부터 위를 향해 시술한다.
6. 좀 더 길게 잘려진 모발은 틴닝으로 한번 더 정리한다.
7, 8. 다음 판넬로 이동하면서 동일한 방법으로 시술한다.

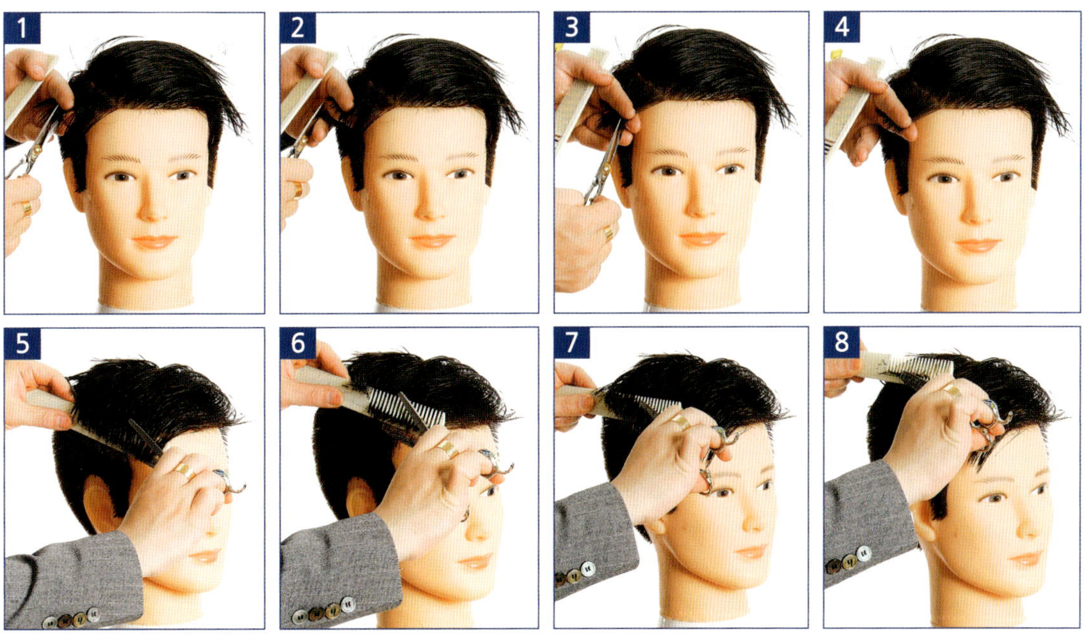

마무리

1. 빗을 가지고 모류를 잡으면서 뿌리작업을 드라이로 한다.
2. 빗을 따라 드라이어로 열을 주고, 빗이 원하는 대로 형태를 만들어 준다.
3. 가로와 사선을 빗으로 잡아가면서 뿌리의 형태를 잡는다.
4, 5. 빗을 따라 드라이어가 움직여준다.
6, 7. 가르마 부분에 모류를 확실하게 잡아주기 작업을 하면서 빗에 드라이어를 댄다.
8, 9, 10. 빗을 따라 드라이어가 움직이면서 헤어스타일을 만들어 준다.

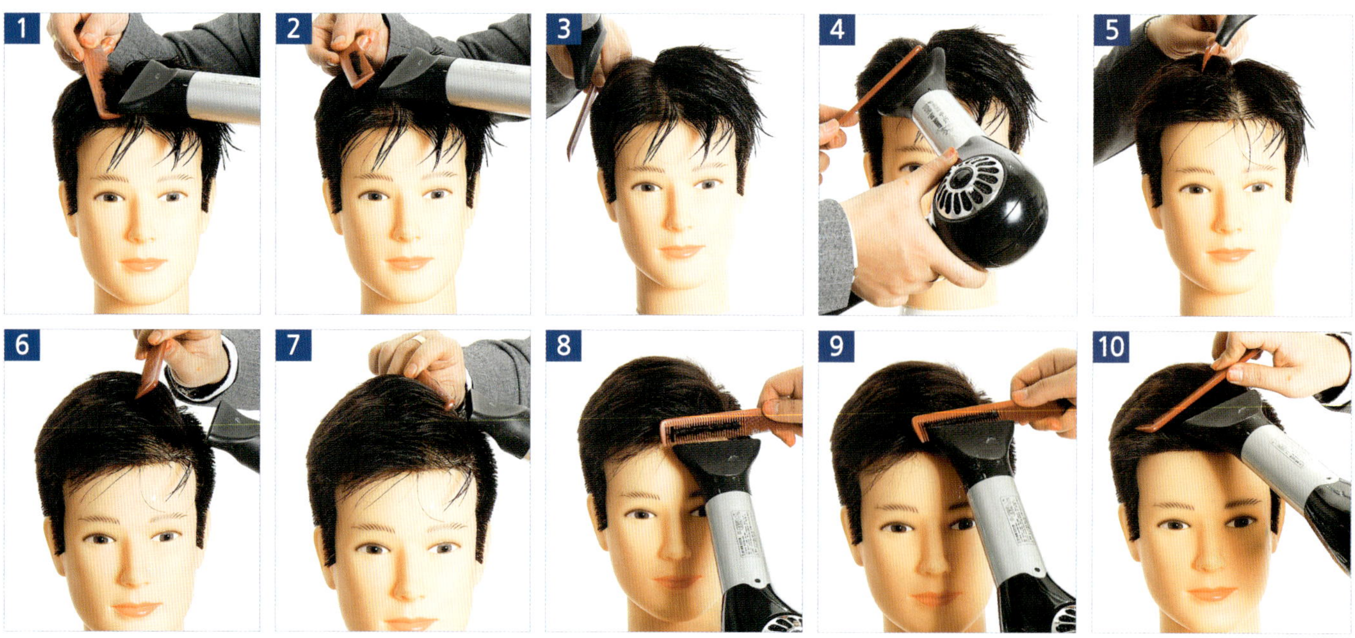

10 모히칸

1. 영역을 나누어서 뒷손질이 편한 멋진 남성스타일 만들기

모발을 가운데로 좁게 한줄만 남기고 나머지 모발을 정리하여 형태가 수탉벼슬처럼 보이게 만든 헤어스타일을 말한다.

실습날짜	요점정리

2. 시술방법

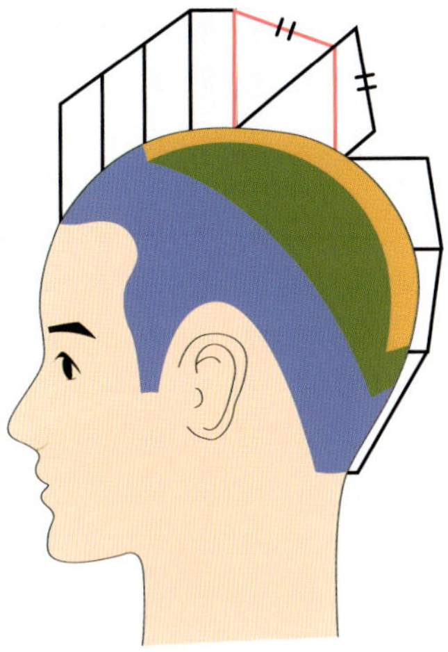

1) 오버섹션

길이가이드 : T.G.M.P에서 6,7cm
슬라이스 : 가로, 사선
베이스 : 온더베이스, 사이드베이스
시술각 : 베이스를 시술한 상태에서 일반시술각 90˚

2) 미들섹션

길이가이드 : G.P
슬라이스 : ①,② 세로, ③,④,⑤ 사선
베이스 : 온더베이스
시술각 : 일반시술각 90˚

3) 투블럭

① 영역을 결정한다.
② 빗의 시술각을 90˚로 하여 짧은길이를 설정한다.
③ 형태선을 깔끔하게 정리한다.

커트종료

마무리

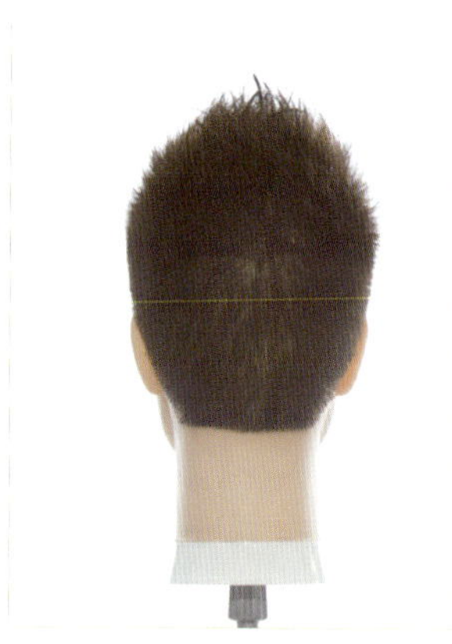

오버섹션

1. 모발이 떨어지기 시작한 곳에서 길이가이드를 설정한다.
2. 가로슬라이스, 온더베이스, 일반시술각 90°로 시술한다.
3. 모발이 C.L쪽(앞)으로 갈 수록 길이를 짧게 설정한다.
4. 앞쪽으로 이동하면서 2번과 동일한 방법으로 시술한다.
5. 베이스를 앞쪽으로 밀어서 시술한다.

6, 7, 8. 가로로 슬라이스를 뜨고 베이스를 앞쪽으로 밀면서 앞모발이 짧아지게 시술한다.

9, 10, 11. 후상부는 가로슬라이스를 뜨고 베이스를 뒤로 밀어서 뒷모발이 짧아지게 시술한다.

12, 13. 모발이 흐르는 대로 사선슬라이스를 떠서 밑모발이 짧아지게 시술한다.

14. 후상부의 모발도 베이스를 뒤로 당겨서 뒷모발이 짧아지게 시술한다.
15. 반대편도 모발이 흐르는 대로 사선슬라이스로 떠서 밑모발이 짧아지게 시술한다.

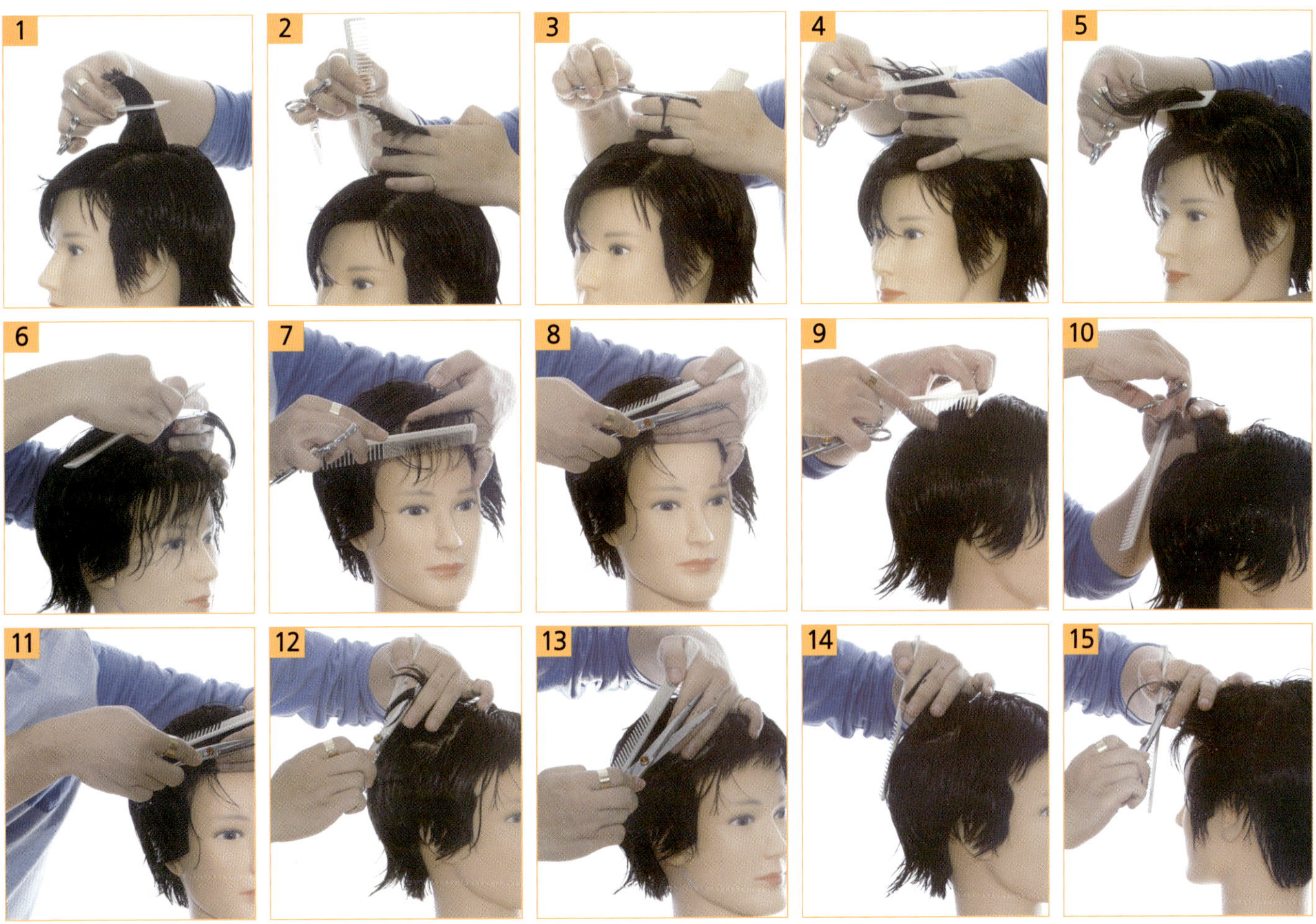

미들섹션

1. 중심축에 세로로 슬라이스를 뜨고 온더베이스, 일반시술각 90˚로 시술한다.
2. 2번째도 1번째와 동일한 방법으로 시술한다.
3. 반대쪽 중심축도 세로로 슬라이스를 뜨고 온더베이스, 일반시술각 90˚로 시술한다.

4, 5. 두상이 함몰된 부분은 사선슬라이스 온더베이스, 일반시술각 90˚로 시술한다.

6-10. 두상의 오르막길 부분은 사선슬라이스 온더베이스, 일반시술각 90˚로 시술한다.

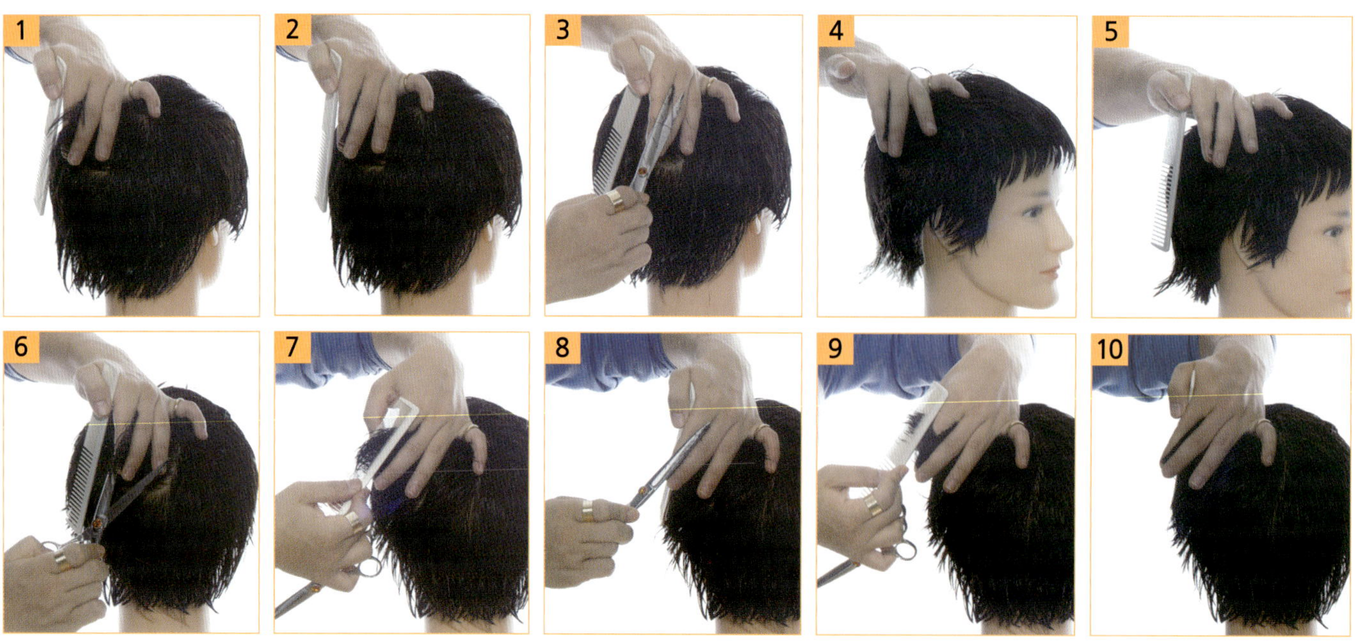

투블럭

1. 영역을 결정할 것을 나누어 놓는다.
2, 3, 4, 5. 빗의 시술각 90˚로 하고 모발을 클리퍼로 제거한다.
6-10. 영역을 나누어 놓은 부분은 제외하고 클리퍼로 모발을 제거한다.
11-15. 일반시술각 90˚로 빗의 시술각을 계산하고 모발을 제거한다.

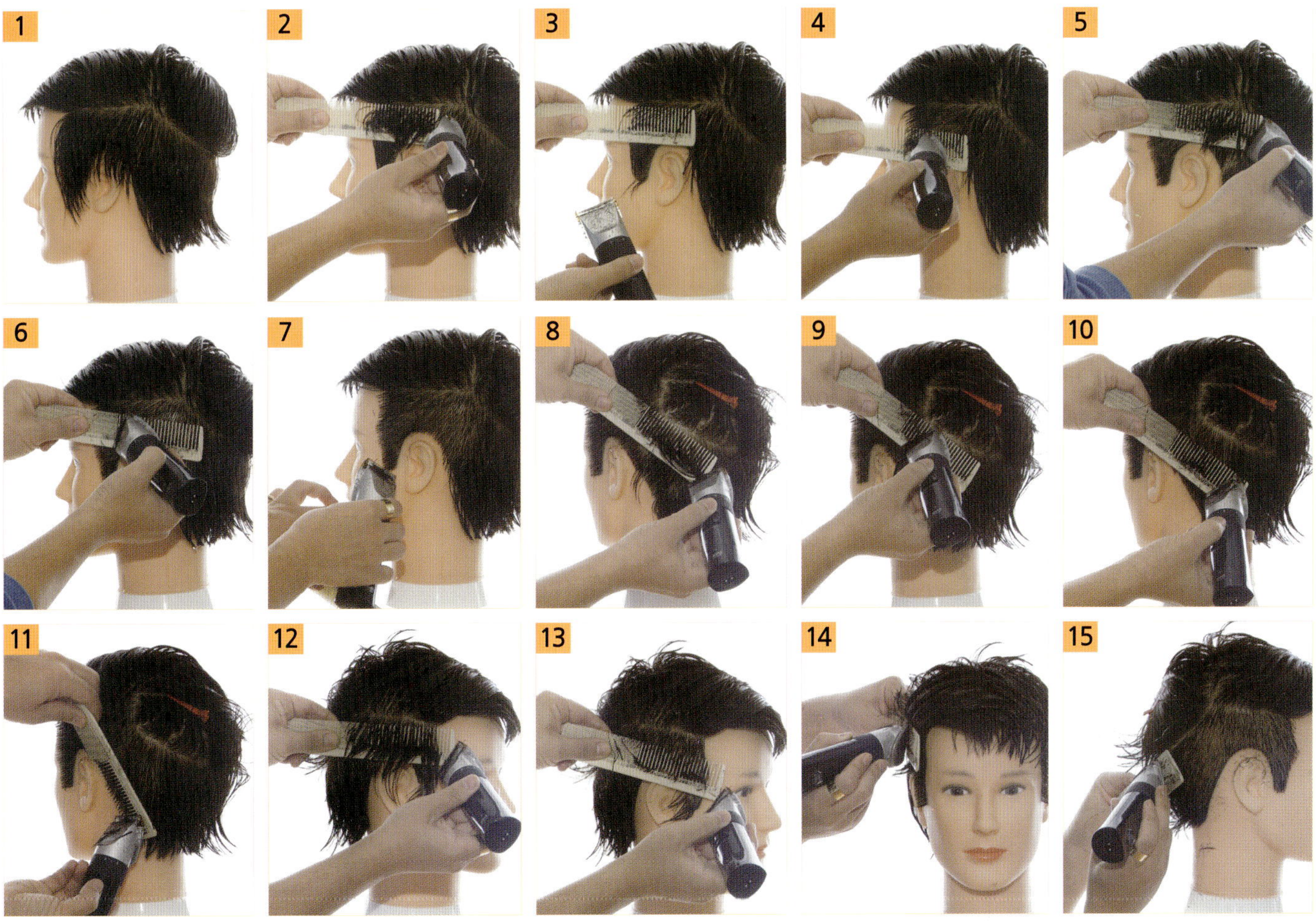

틴닝처리

1. 연결되지 않는 부분을 모발이 떨어지는 영역대로 틴닝을 시술한다.
2. 1번 영역을 먼저 빗의 시술각을 70°로 하고 틴닝을 시술한다.
3. 옆선의 무거운 부분은 다시 한 번 정리한다.
4. 2번, 3번, 4번 영역을 빗을 사선으로 연결하면서 틴닝처리 한다.
5. 반대편 1번도 2번과 동일한 방법으로 틴닝처리 한다.

6-10. 반대편 2번, 3번, 4번 영역을 빗을 사선으로 연결하면서 틴닝처리 한다.

11-15. 모발의 길이를 혼합하면서 전체적으로 틴닝처리를 한다.

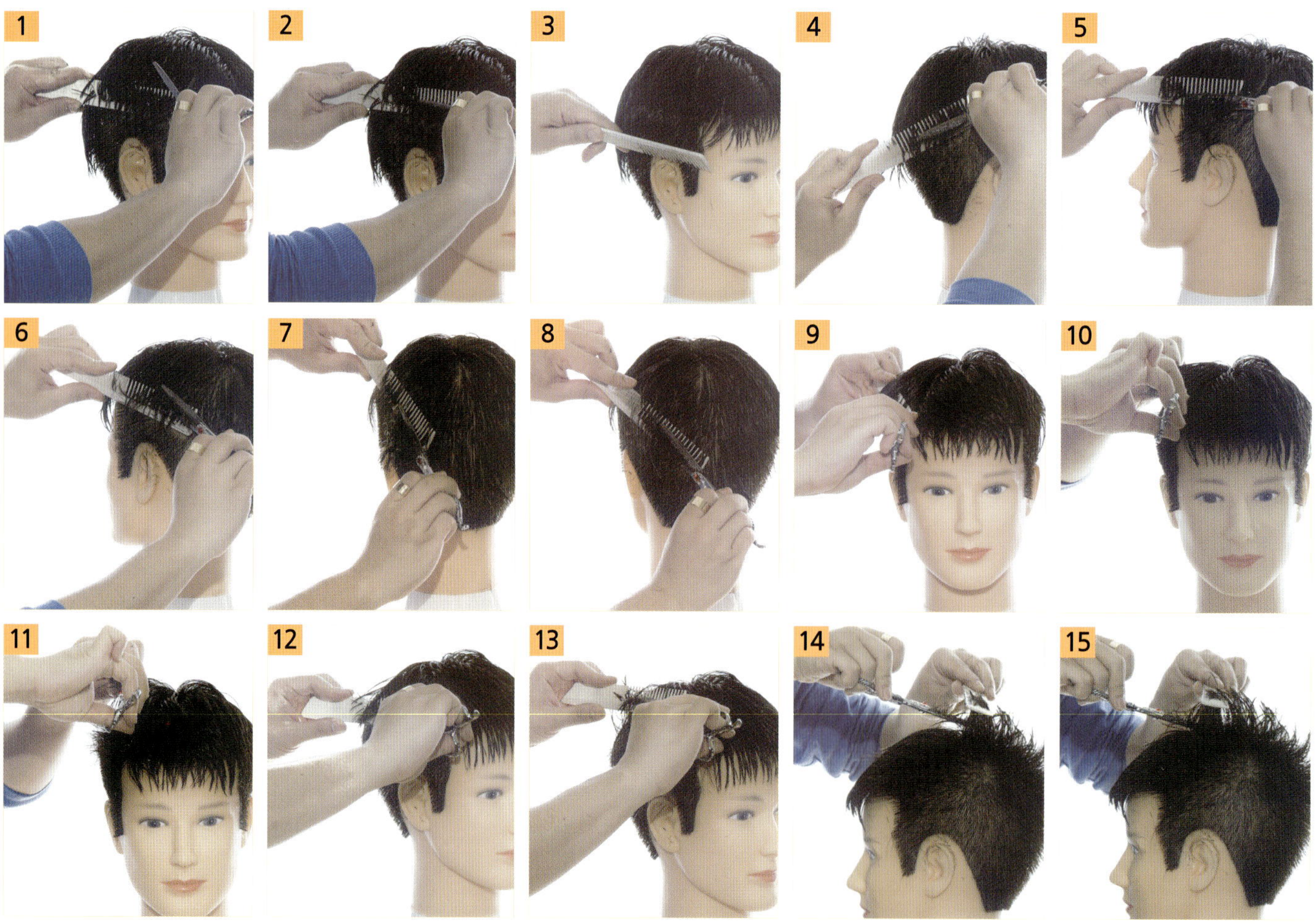

11. 상고(삼색조화로 상고선 만들기 테스트)

▶ 꼭 알아야 할 사항

1. 삼색조화로 중년신사의 상고스타일을 시술할 줄 알아야 한다.
2. 검정선을 만드는 방법(U라인)을 알아야 한다.
3. 그라데이션된 색깔을 만드는 방법을 알아야 한다.
4. 깔끔한 피부색을 만드는 방법을 알아야 한다.
5. 중년 남성스타일을 시술하기 위하여 틴닝하는 방법을 알아야 한다.

▶ 테스트

0점 [잘 모른다] 5점 [애매하다] 10점 [정확히 알고있다]

삼색조화를 충분히 활용할 수 있는가?	
검정선을 만드는 빗의 시술각과 기울기를 활용할 수 있는가?	
그라데이션된 색깔을 만들기 위한 방법을 활용할 수 있는가?	
깔끔한 피부색을 만드는 방법을 활용할 수 있는가?	
중년 남성스타일을 멋지게 표현하기 위한 틴닝 방법은 알고 있는가?	

결과	

1. 삼색조화

- 검정색
- 그라데이션된 색깔
- 피부색(하얀색)

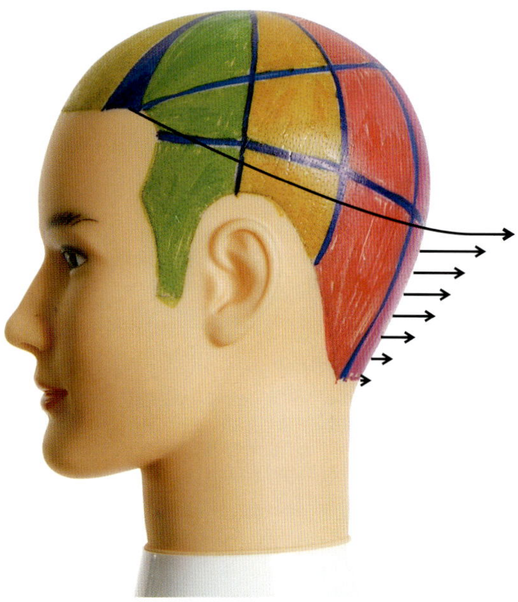

1) 검정선 – 기울기를 결정하고 모발의 무게를 결정한 후 원하는 U라인을 빗으로 시술한다.

상고 기본형 (모량이 기본인 경우, 두상각도 90°의 빗의 시술각과 빗의 기울기는 20-30°)
상고 (모량이 없는 경우, 자연시술각 70° 빗의 기울기 23~30°)
기울기가 많은 상고 (모량이 많은 경우, 빗의 기울기 23~30°)

2) 그라데이션된 색깔모량이 길어지게 표현하여 피부색과 검정색을 연결한다.

빗의 시술각도 45°, 빗의 기울기는 선을 만든 기울기와 동일하게 시술

3) 피부색(하얀색) – 모발이 보이지 않게 깔끔하게 정리한다.

빗을 사용해도 빗의 두께 만큼 잘리지 않기 때문에 클리퍼를 사용하여 쳐올리는 테크닉을 활용한다.

두상이 곡면체이기 때문에 모발이 떨어지는 대로 영역을 나누어서 시술해야 반복하지 않고 원하는 U라인의 검정선을 시술할 수 있다.

옆모습

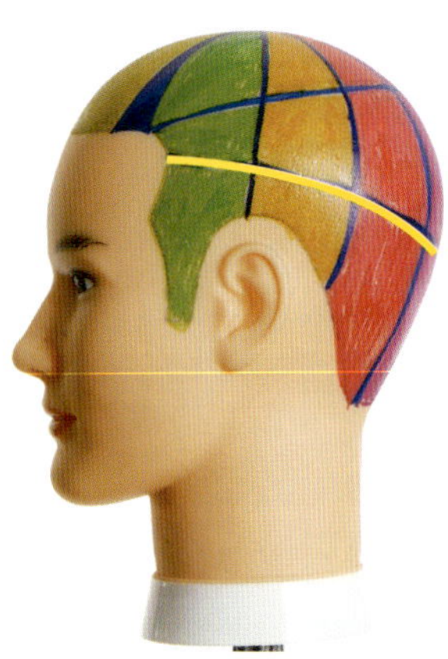

옆모습

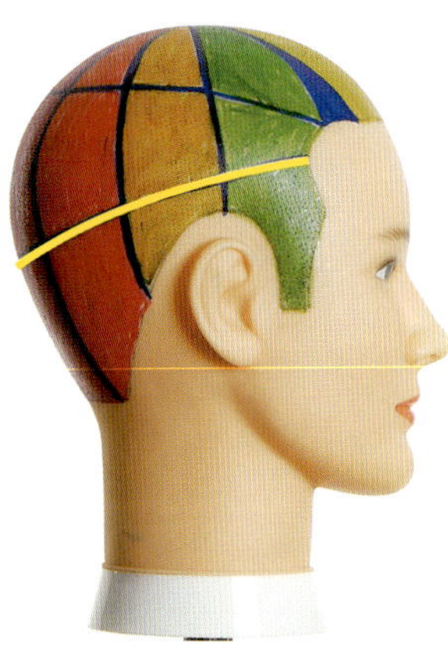

뒷모습

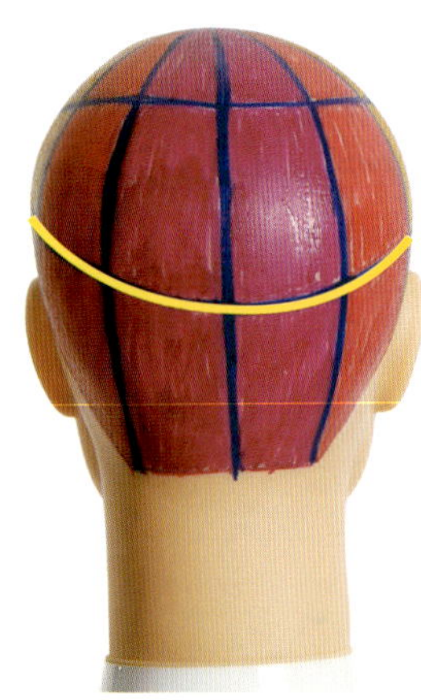

10cm이하의 짧은 모발은 시술하기 전에 질감처리를 하고난 후 시술해야 헤어스타일이 예쁘게 표현된다.

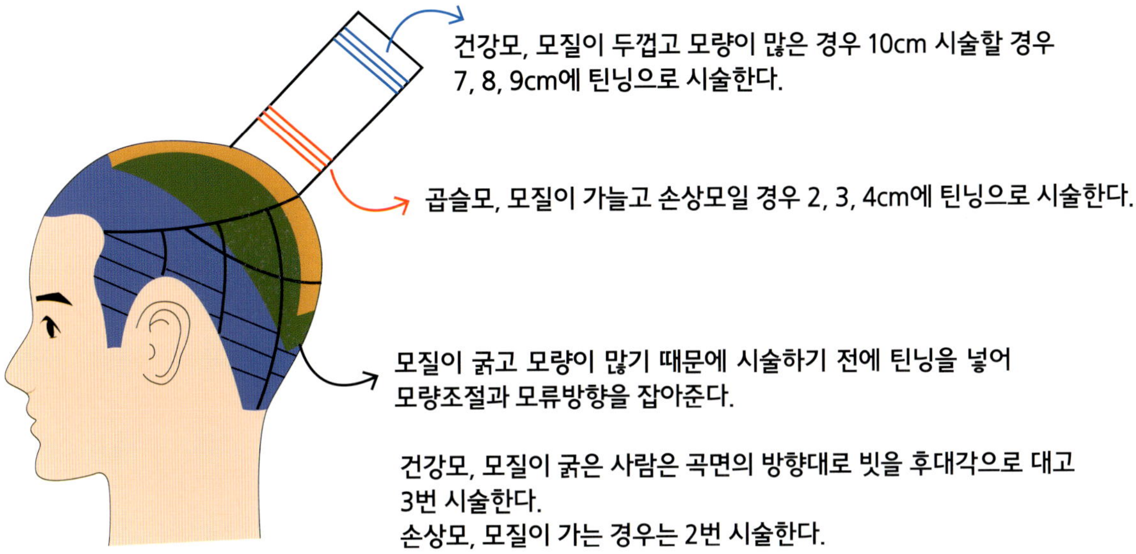

** 질감처리를 시술하기 전에 해야하는 이유

1) 디자이너가 헤어스타일을 만들기가 쉬워진다.
2) 모량을 조절하여 길이가 혼합이 되어서 커트시간이 빨라진다.
3) 시술 후에 길이가 짧아짐을 방지할 수 있다.

11 상고

고객의 이미지에 맞추어 검정선을 만들고 밑선을 깔끔하게 정리하여 모가 나지 않게 그라데이션 처리를 하면 중년남성들이 선호하는 멋진 남성스타일이 만들어진다.

실습날짜	요점정리

2. 시술방법

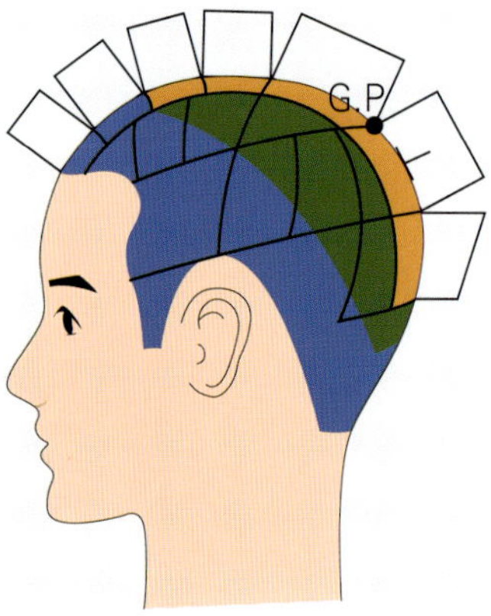

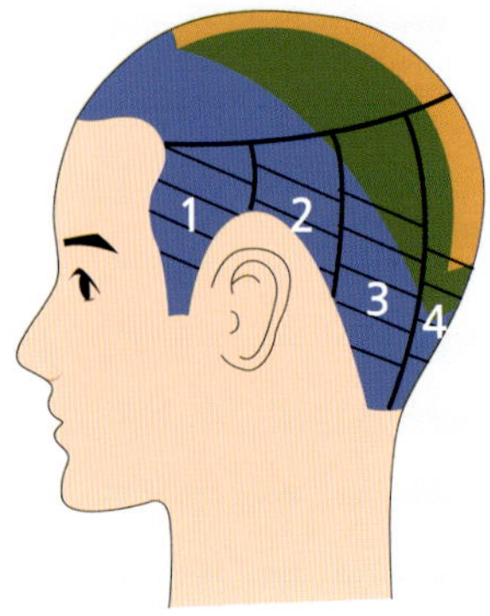

1) 질감처리

① 세로존의 영역에 맞추어 모발이 흐르는 대로 3번에 나누어서 틴닝으로 시술한다.

② 곡면이 함몰된 곳은 모질이 강하고, 모류가 강하기 때문에 시술한다.

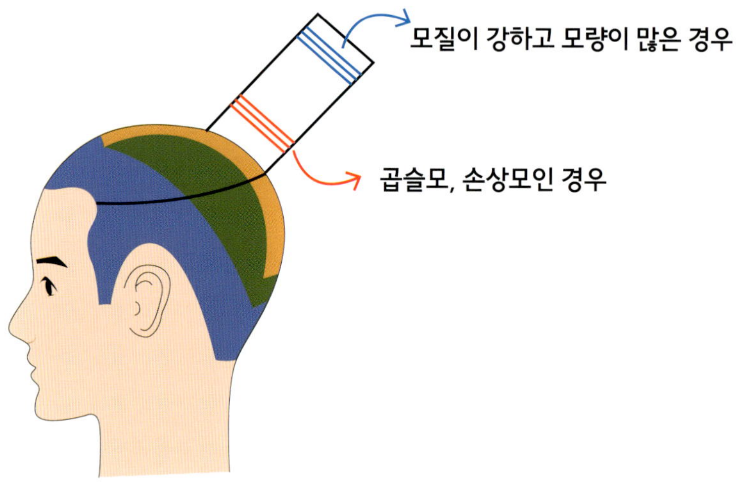

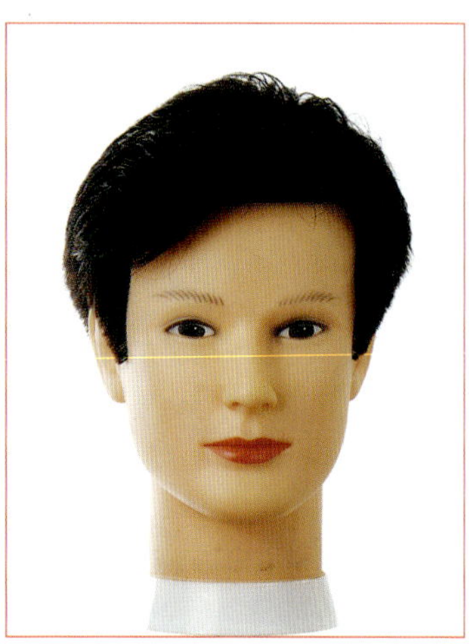

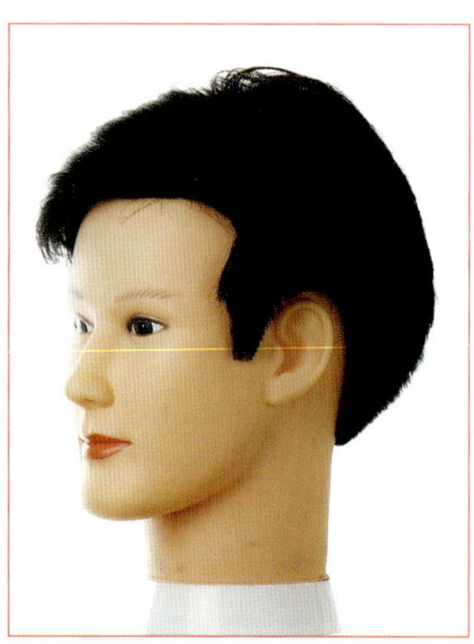

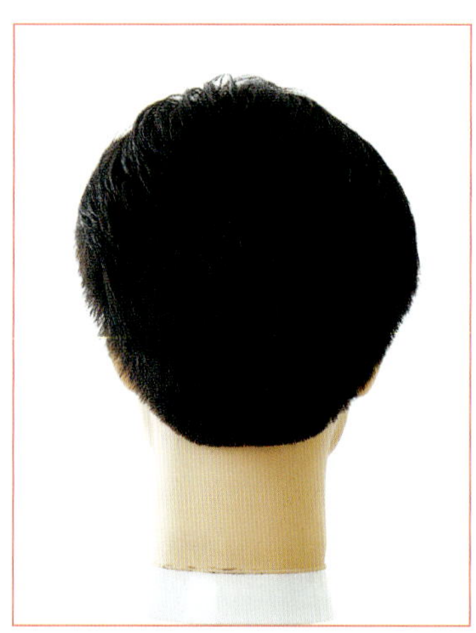

2) 오버섹션

길이가이드 : T.G.M.P
슬라이스 : 가로, 사선
베이스 : 온더베이스
시술각 : 일반시술각 90˚

3) 미들섹션

길이가이드 : G.P
슬라이스 : ①,② 세로, ③,④,⑤,⑥,⑦ 사선
베이스 : 온더베이스
시술각 : 일반시술각 90˚

4) 형태선만들기

삼색조화만들기
검정색 : 빗의 각도 90˚
그라데이션된 색깔 : 빗의 각도 45˚
피부색(하얀색) : 클리퍼로 쳐올리기

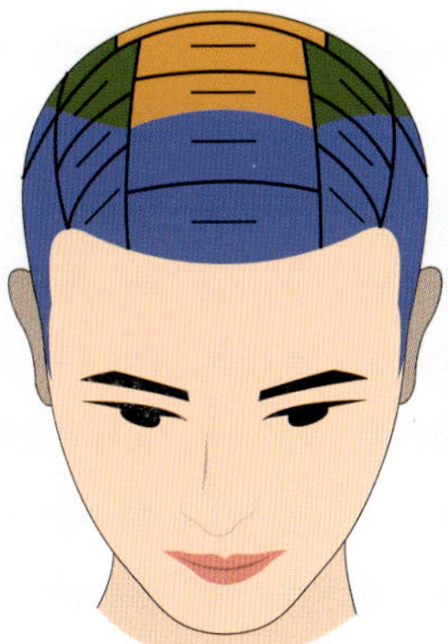

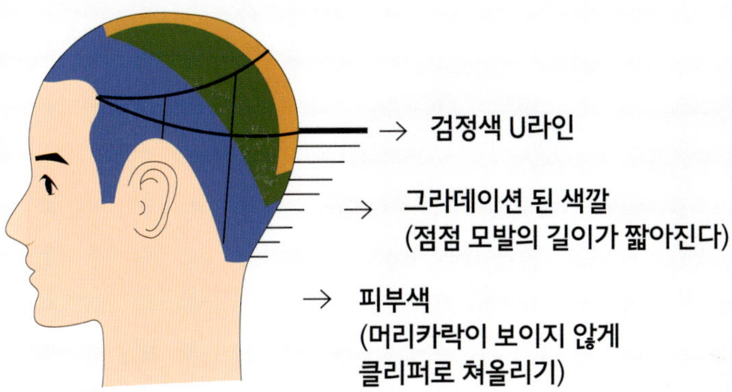

질감처리

1. 빗등에다 틴닝가위를 대고 길이를 혼합한다.(1cm, 2cm, 3cm를 3번에 나누어서 시술한다)
2. 다음 판넬도 1번과 동일한 방법으로 시술한다.
3. 빗등이 손가락이라고 생각하고 틴닝가위를 빗등에 대고 시술한다.
4. U라인 아랫부분까지 빗등에 대고 틴닝으로 모발이 떨어지는대로 질감처리한다.
5. 두상곡면 대로 일반시술각 90˚로 빗을 대고 틴닝으로 시술한다.
6. 모량이 많이 쌓이는 이곳은 커트의 자세를 낮추고 모량과 모질에 따라 틴닝을 조절한다.

7, 8, 9, 10. 반대쪽도 동일한 방법으로 모류가 흐르는 대로 빗질하여 틴닝가위로 시술하여 모량을 조절한다.

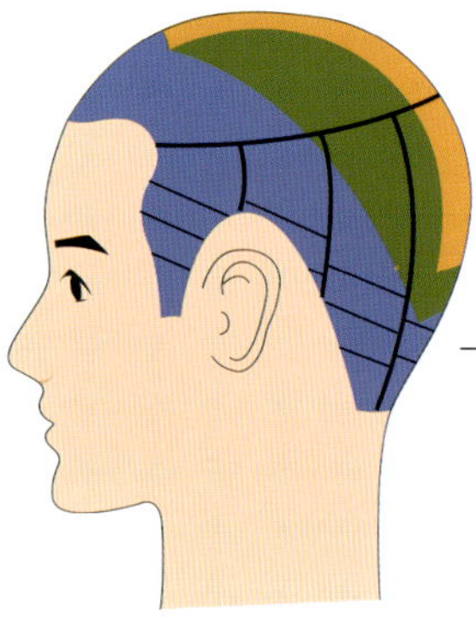

두상이 함몰된 아래부분은 모량은 많고 모류가 강하기 때문에 시술하기 전에 먼저 틴닝처리 한다.

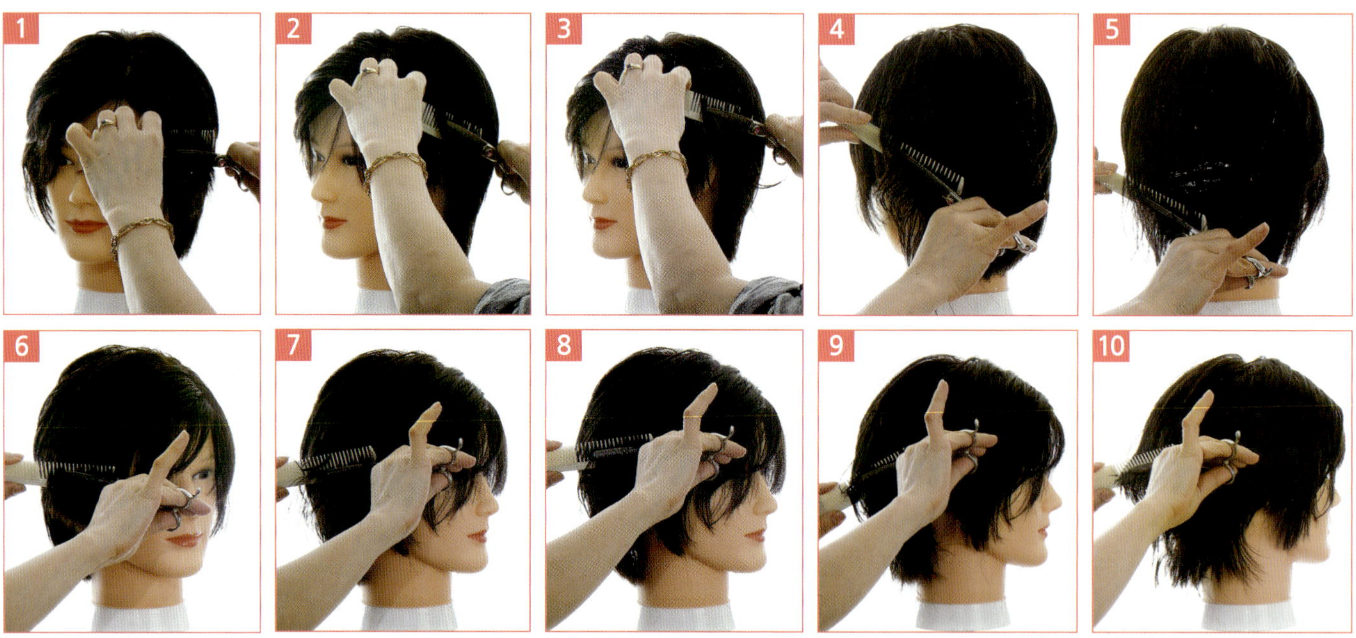

위 질감처리

1. 모발이 떨어지기 시작한 곳에서 길이가이드를 9cm를 결정한다.
2. 길이가이드를 설정한 모발을 시술한다.
3. 가로슬라이스로 판넬을 뜨고 온더베이스하여 일반시술각 90˚로 시술한다.
4. 두상이 한몰된 만큼 앞쪽으로 이동해서 일반시술각 90˚로 시술한다.
5. 후상부의 모발도 온더베이스하여 일반시술각 90˚로 시술한다.

오버섹션

1. 모발이 떨어지기 시작한 곳에서 길이가이드를 9cm로 결정한다.

2, 3. 자르고자 한 길이보다 짧은 1/2의 길이에서 틴닝을 3번에 나누어서 넣는다.

4, 5. 3번에 나누어서 틴닝을 사선으로 넣는다.

미들섹션

1. 중심축에 슬라이스는 세로로 떠서 온더베이스 일반시술각 90˚로 시술한다.
2. 중심축 2번째의 판넬도 세로로 떠서 온더베이스 일반시술각 90˚로 시술한다.
3, 4, 5, 6. 3번째, 4번째, 5번째, 6번째는 사선슬라이스로 온더베이스 일반시술각 90˚로 시술한다.
7. 반대편도 중심축은 세로로 떠서 온더베이스 일반시술각 90˚로 시술한다.
8, 9, 10. 중심축을 제외한 부분은 모발이 흐르는 대로 사선슬라이스, 온더베이스 일반시술각 90˚로 시술한다.

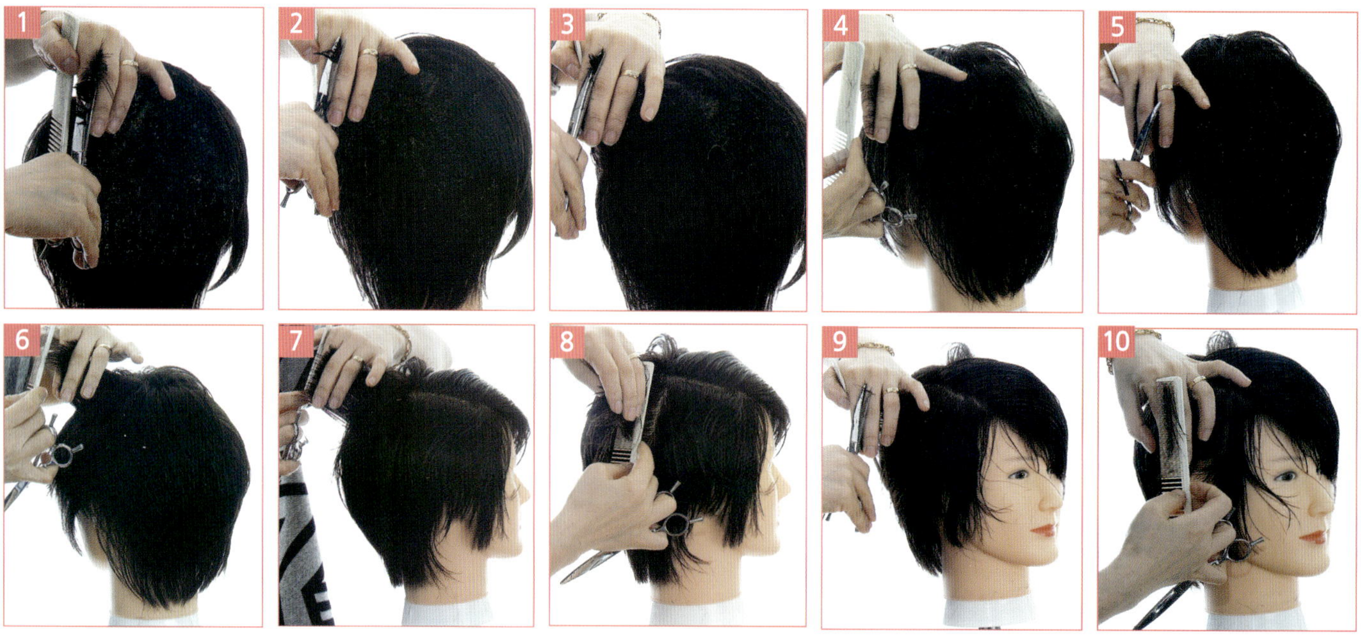

형태선 만들기

1, 2. 모발의 양이 적기 때문에 70˚로 빗을 시술각을 잡고 클리퍼로 모발을 자른다.

3, 4. 빗을 45˚로 시술각을 잡고 모발이 점점 짧아지게 시술한다.

5. 모발이 보이지 않게 깔끔하게 정리하기 위하여 클리퍼로 쳐올리기를 한다.

6. 아래서 위를 향해 다시 한번 클리퍼로 튀어나온 모발을 정리한다.

7. 얼굴선의 라인을 빗을 대고 다시 한 번 다듬는다.

8. 2선에 검정선을 만들기 위하여 빗의 시술각을 70˚로 하고 모발을 자른다.

9. 빗을 45˚로 시술각을 잡고 모발이 점점 짧아지게 시술한다.

10. 클리퍼를 사선으로 잡고 E,B,P에서부터 C커브를 그리면서 깔끔하게 모발을 정리한다.

11. E.P까지 뒷선에서 정리한다.

12. 3선에 검정선을 만들기 위하여 빗의 시술각을 70˚로 하고 모발을 자른다.

13. 빗의 시술각을 45˚로 잡고 모발이 점점 짧아지게 시술한다.

14. 아래에서 위를 향해 다시 한 번 클리퍼로 튀어나온 모발을 정리한다.

15. 반대쪽 1선의 검정선을 만들기 위하여 빗의 시술각을 70°로 하고 모발을 자른다.
16. 길이가 점점 짧아지게 빗을 그라데이션으로 대고 클리퍼로 시술한다.
17. 빗을 얼굴쪽으로 사선으로 대고 얼굴라인을 정리한다.
18. 검정선을 만든다.
19. 검정선을 시술한 후 점점 길이가 짧게 그라데이션으로 처리하고 클리퍼로 쳐올리기 하여 밑 모발을 깔끔하게 정리한다.
20. 라인을 깔끔하게 정리한다.

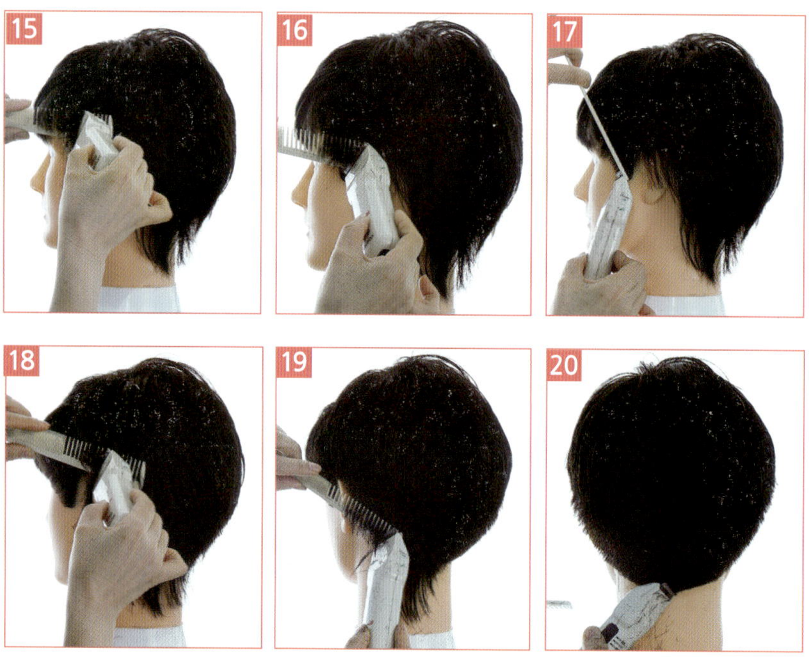

싱글링

1. 가위의 한쪽 날은 고정하고 다른 쪽 한쪽 날은 이동하면서 튀어나온 모발을 정리한다.
2. 가위가 이동하면서 튀어나온 모발을 정리한다.
3, 4, 5. 클리퍼로 시술했던 각도로 가위의 한쪽을 고정하고 다른 한쪽은 이동하면서 튀어나온 모발을 정리한다.

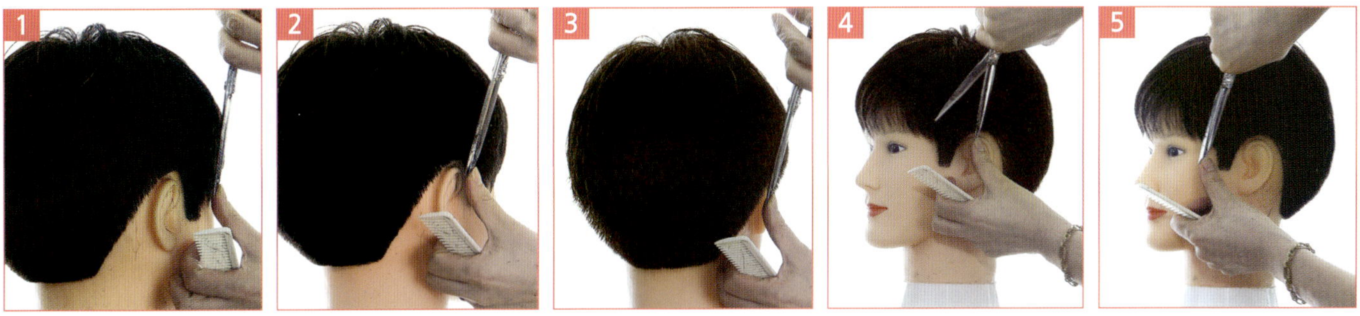

시술마무리

1, 2, 3. 먼저 모류를 잡는다.
4. 모가 난 모발을 틴닝으로 빗을 들어서 시술한다.
5. 스타일링 하고자 하는 방향대로 모류를 보내면서 원하는 형태를 잡아준다.

12 상고 변형

고객의 이미지에 맞추어 검정선을 만들고 밑선을 깔끔하게 정리하여 모가나지 않게 처리하면 중년 남성들이 선호하는 멋진 남성스타일이 만들어진다.

실습날짜	요점정리

1. 시술방법

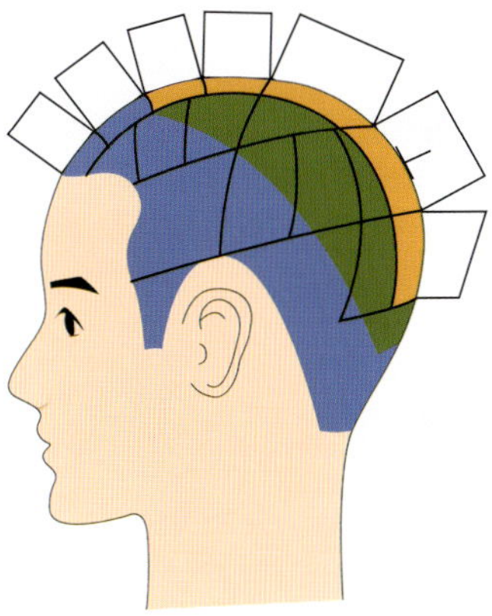

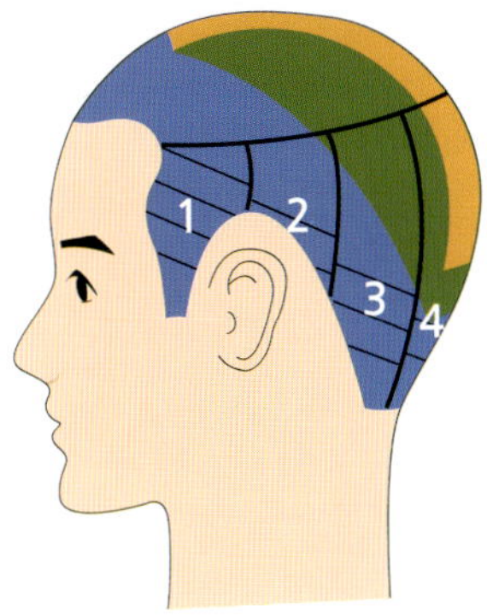

1) 질감처리

① 세로존의 영역에 맞추어 모발이 흐르는 대로 3번에 나누어서 틴닝으로 시술한다.

② 곡면이 함몰된 곳은 모질이 강하고, 모류가 강하기 때문에 시술한다.

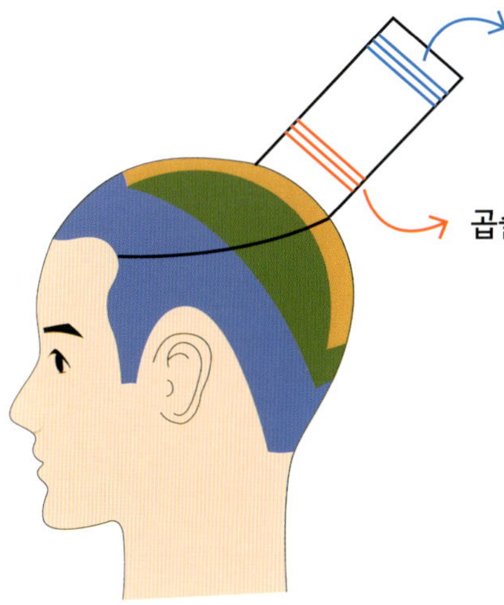

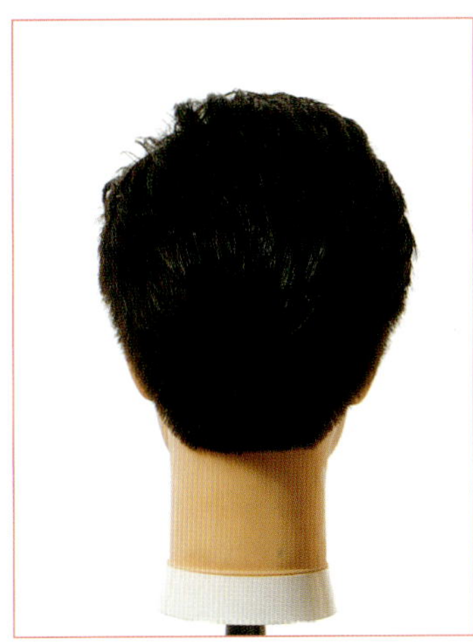

2) 오버섹션

길이가이드 : T.G.M.P

슬라이스 : 가로, 사선

베이스 : 온더베이스

시술각 : 일반시술각 90°

3) 미들섹션

길이가이드 L G.P

슬라이스 : ①,② 세로, ③,④,⑤,⑥,⑦ 사선

베이스 : 온더베이스

시술각 : 일반시술각 90°

4) 형태선만들기

삼색조화만들기

검정색 : 빗의 각도 90°

그라데이션된 색깔 : 빗의 각도 45°

피부색(하얀색) : 클리퍼로 쳐올리기

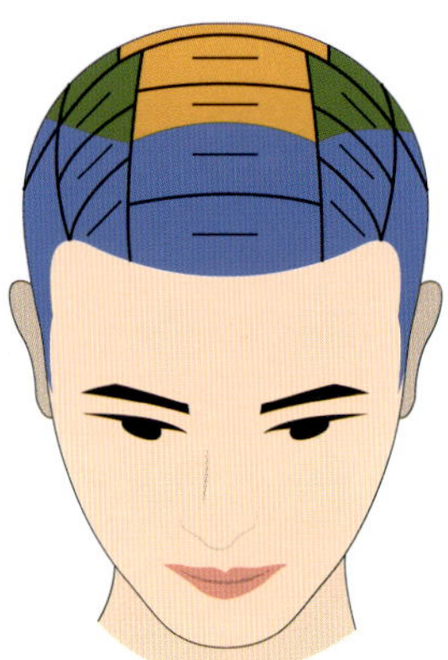

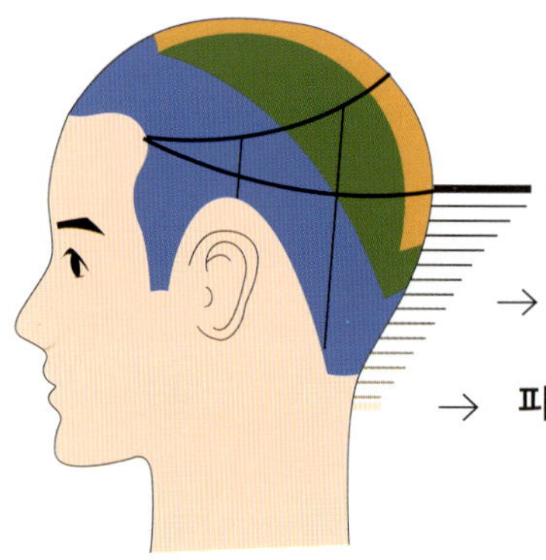

질감처리

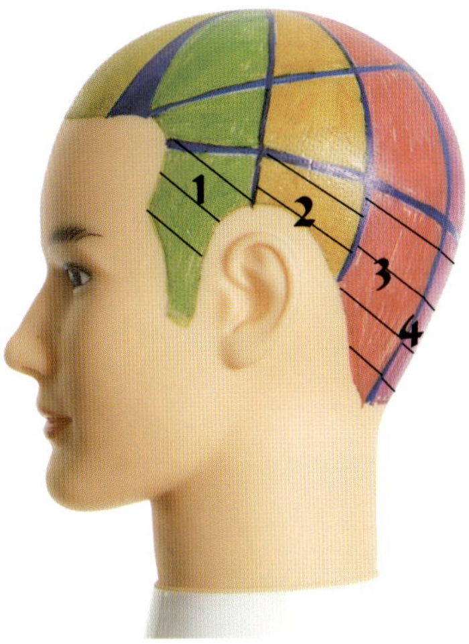

모류와 모질이 강하므로 모발이 떨어지는 대로 틴닝으로 질감처리를 하여 모량조절을 한다.

1. 빗등에다 틴닝가위를 대고 길이를 1cm, 2cm, 3cm로 3번에 나누어서 시술한다.
2. 다음 판넬도 2번과 동일한 방법으로 시술한다.
3. 빗등이 손가락이라 생각하고 틴닝가위를 빗등에 대고 시술한다.
4. U라인 아랫부분까지 빗등에 대고 틴닝으로 질감처리를 한다.
5. 두상곡면 대로 일반시술각 90˚로 빗을 대고 틴닝으로 시술한다.
6. 모량이 많이 쌓이는 이곳은 커트의 자세로 낮추고 모량에 따라 틴닝을 조절한다.

7, 8, 9, 10. 반대쪽도 동일한 방법으로 모류가 흐르는 대로 빗질하여 틴닝가위로 시술하여 모량을 조절한다.

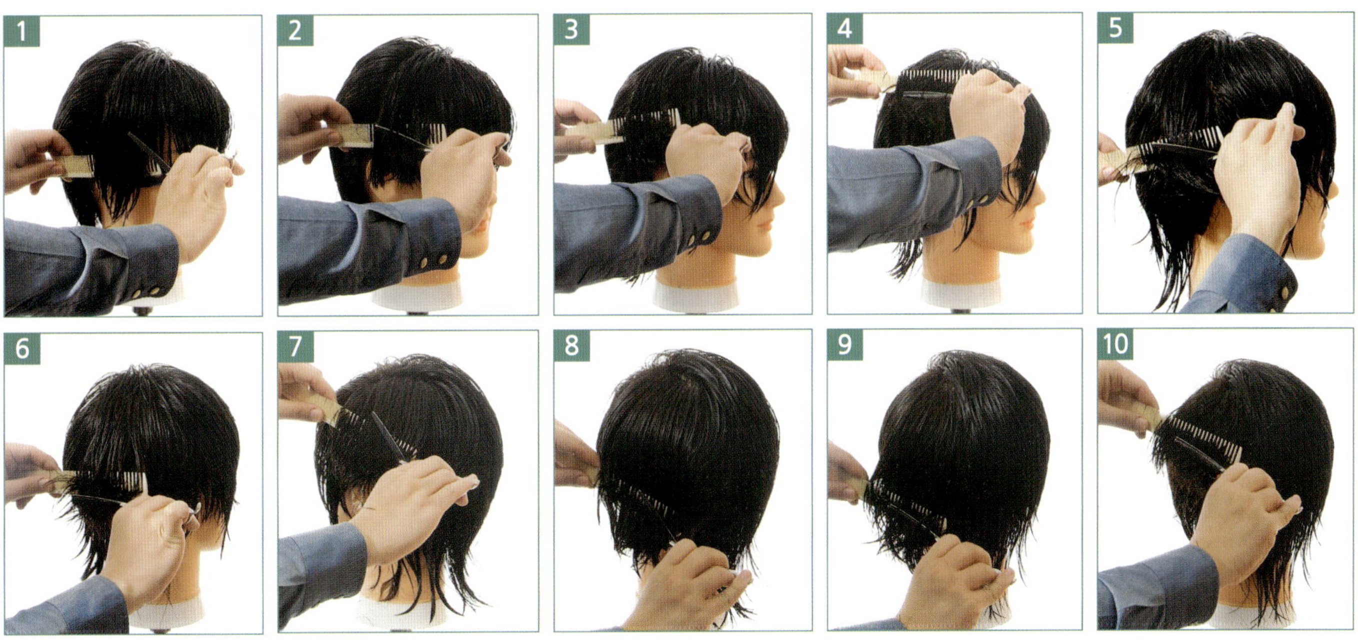

오버섹션 영역

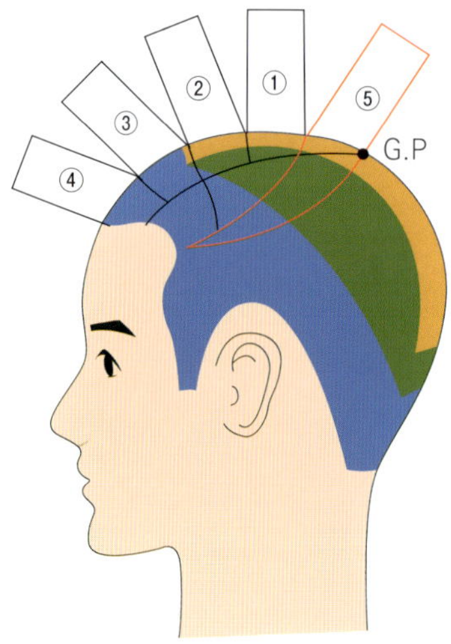

1. T.G.M.P에서 길이가이드 9cm를 설정한다.
2. 길이가이드를 설정한 모발을 시술한다.
3. 다음 판넬도 가로 슬라이스 온더베이스 일반시술각 90°로 시술한다.
4. 두상이 함몰된 만큼 앞쪽으로 이동해서 온더베이스 일반시술각 90°로 시술한다.

5, 6. 후상부에 모발로 온더베이스 일반시술각 90°로 시술한다.

7. 중심에서 온 가이드로 온더베이스 일반시술각 90°로 시술한다.
8. 베이스를 앞쪽으로 이동하여 온더베이스 일반시술각 90°로 시술한다.

9, 10. 반대쪽도 동일한 방법으로 온더베이스 일반시술각 90°로 시술한다.

미들섹션

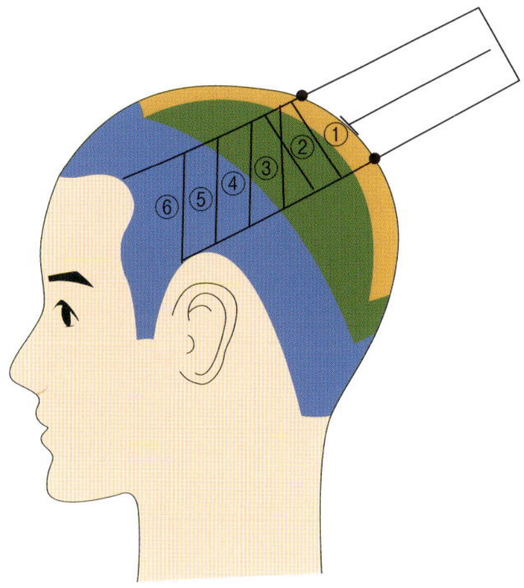

중심축

1. 슬라이스는 세로, 온더베이스, 일반시술각 90˚로 시술한다.
2. 중심축 2번째 슬라이스는 세로, 온더베이스, 일반시술각 90˚로 시술한다.
3. 3번째는 사선슬라이스, 온더베이스, 일반시술각 90˚로 시술한다.
4. 4번째는 사선슬라이스, 온더베이스, 일반시술각 90˚로 시술한다.
5. 5번째도 사선슬라이스, 온더베이스, 일반시술각 90˚로 시술한다.
6. 6번째도 슬라이스로 모발이 흐르는대로 사선슬라이스, 온더베이스, 일반시술각 90˚로 시술한다.
7. 반대편도 중심축은 세로슬라이스, 온더베이스, 일반시술각 90˚로 시술한다.

8, 9, 10. 중심축을 제외한 부분은 모발이 흐르는대로, U라인의 형태선을 연결하기 위하여 사선슬라이스, 온더베이스, 일반시술각 90˚로 시술한다.

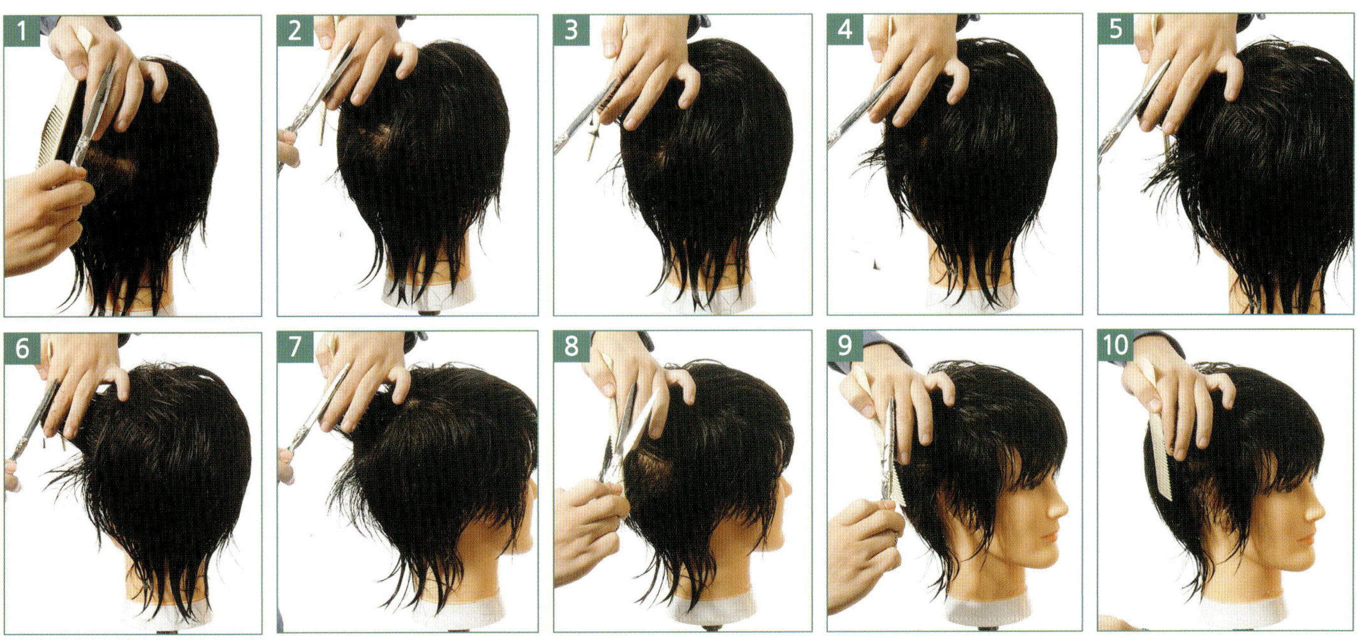

형태선 만들기

– 삼색조화 –

검정색 : 빗의 각도 90° U라인 형태선 만들기
그라데이션된 색깔 : 빗의 각도 45° 점점 길이가 짧아지게 시술
피부색(하얀색) : 클리퍼로 쳐올리기. 모발이 보이지 않게 깔끔하게 정리

1. 1번 영역까지만 시술하기 위한 구획나누기
2. 검정선을 시술한 후 빗의 45°로 하여 점점 길이가 짧게 내려온다.
3. 모발이 깔끔하게 정리되게 클리퍼로 쳐올리기
4. 다음 구획에서 검정선을 시술한 후 점점 길이가 짧게 내려온다.
5. 깔끔하게 모발을 정리하기 위하여 뒤에서부터 E.P쪽으로 향하여 모발을 정리한다.
6. 다음 영역을 검정선을 시술한 후 점점 길이가 짧게 내려온다.
7. 반대쪽도 검정선을 시술한 후 점점 길이가 짧게 내려온다.
8. E.B.P에서 E.P까지 커브를 그리면서 모발을 정리한다.
9. 다음 영역도 검정선을 시술한 후 점점 길이가 짧게 내려온다.
10. 밑모발은 클리퍼로 쳐올리기하여 모발을 깔끔하게 정리한다.

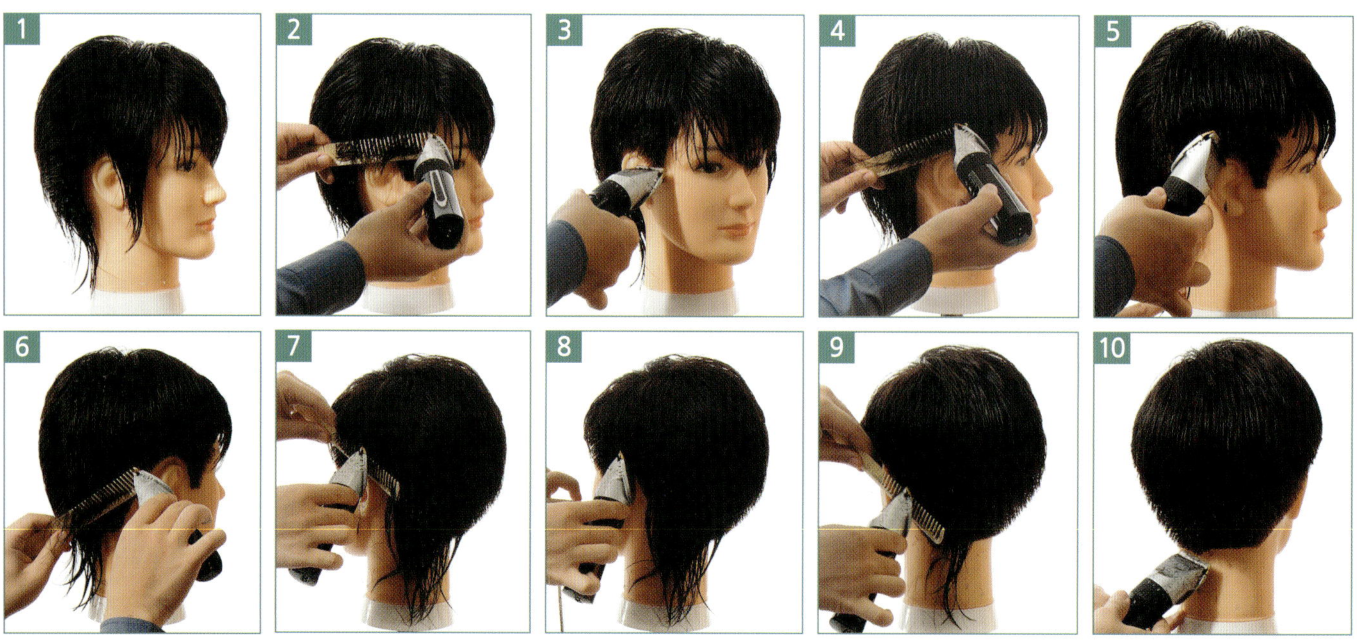

싱글링

1. 튀어나온 모발을 한쪽날은 고정하고 한쪽은 이동하면서 모발을 정리한다.
2. 점점 뒤쪽으로 향하여 튀어나온 모발을 정리한다.
3, 4, 5. 클리퍼를 시술했던 각도로 가위를 놓고 튀어나온 모발을 정리한다.

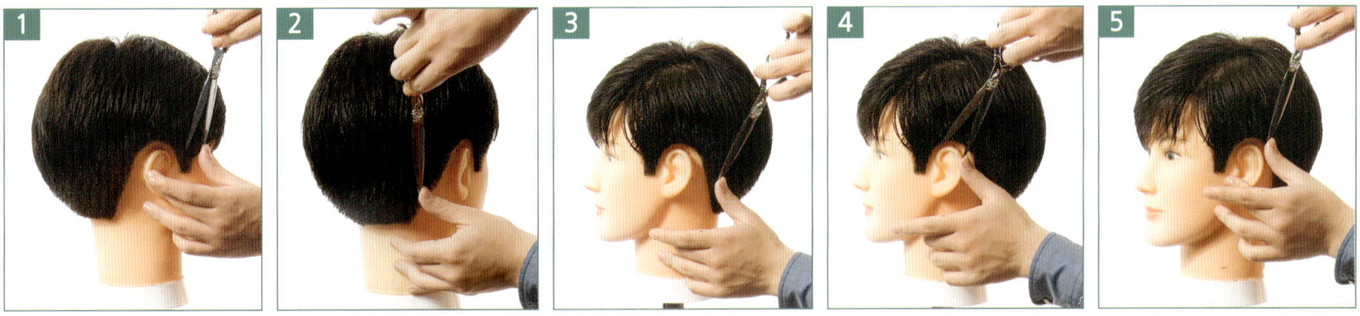

시술 마무리

1-10. 스타일링을 하고자 하는 방향대로 모류를 보내면서 모발의 방향을 잡는다.

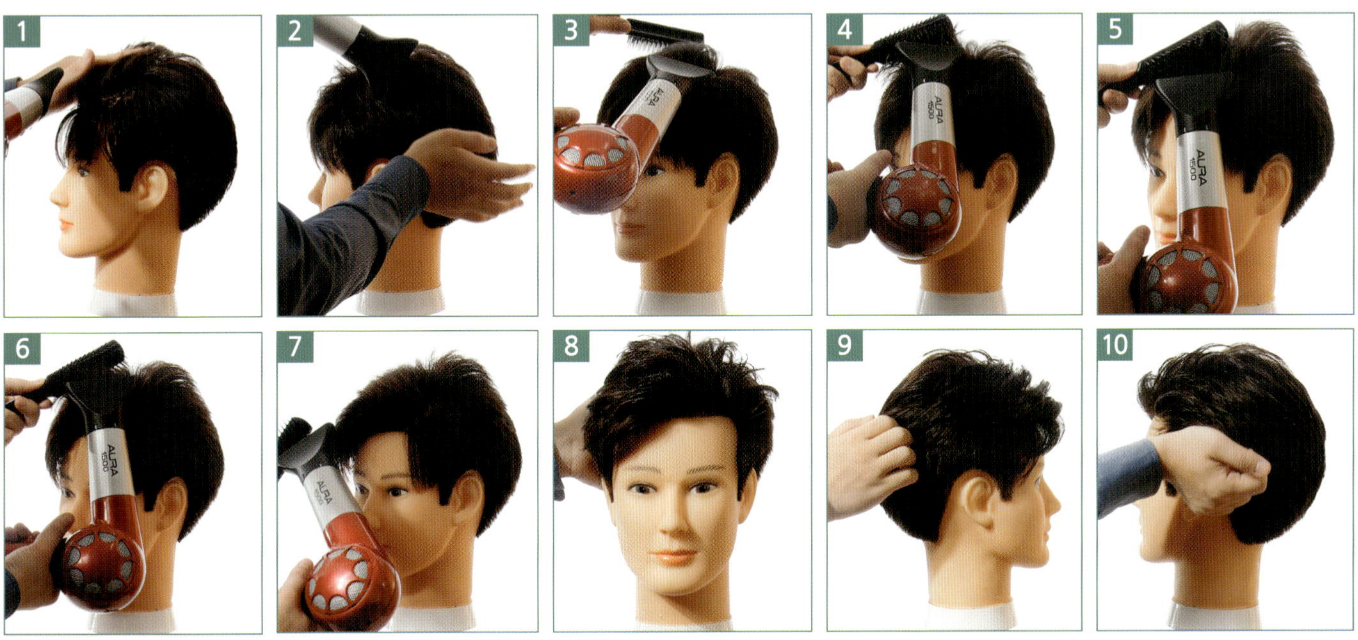

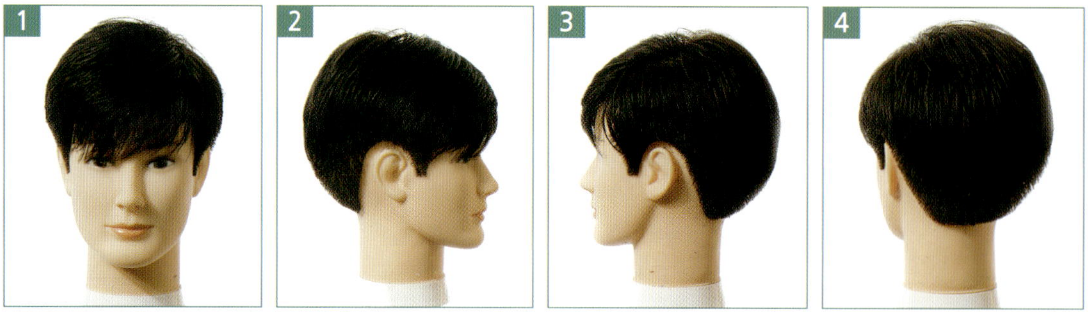
1
2
3
4

13 높은 상고

짧게 상고의 이미지가 살짝 들어간 남성스타일

실습날짜	요점정리

1. 시술방법

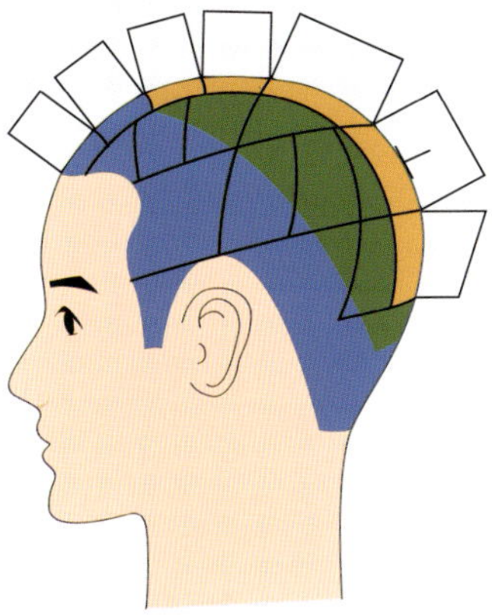

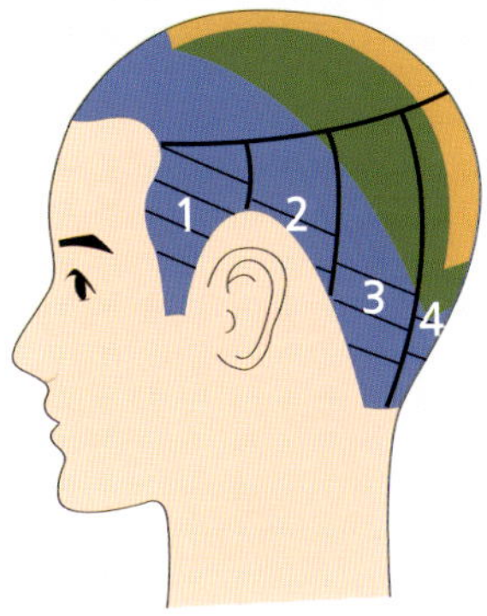

1) 질감처리

① 세로존의 영역에 맞추어 모발이 흐르는 대로 3번에 나누어서 틴닝으로 시술한다.

② 곡면이 함몰된 곳은 모질이 강하고, 모류가 강하기 때문에 시술한다.

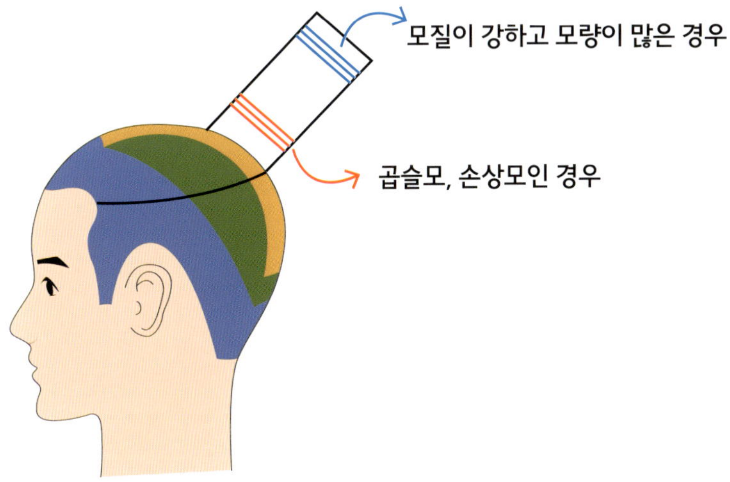

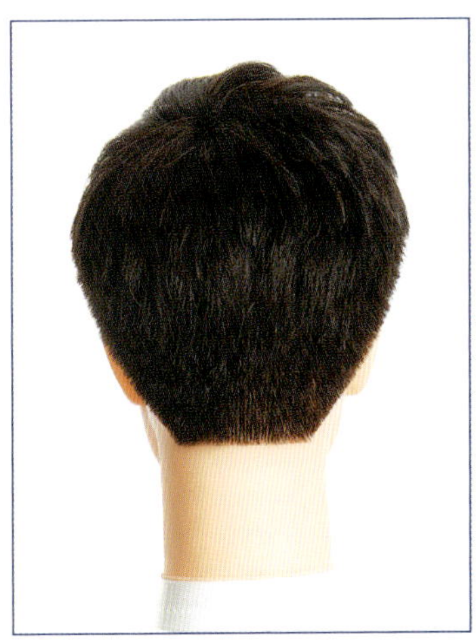

2) 오버섹션

길이가이드 : T.G.M.P
슬라이스 : 가로, 사선
베이스 : 온더베이스
시술각 : 일반시술각 90˚

3) 미들섹션

길이가이드 L G.P
슬라이스 : ①,② 세로, ③,④,⑤,⑥,⑦ 사선
베이스 : 온더베이스
시술각 : 일반시술각 90˚

4) 형태선만들기

삼색조화 만들기

검정색 : 빗의 각도 90˚
그라데이션된 색깔 : 빗의 각도 45˚
피부색(하얀색) : 클리퍼로 쳐올리기

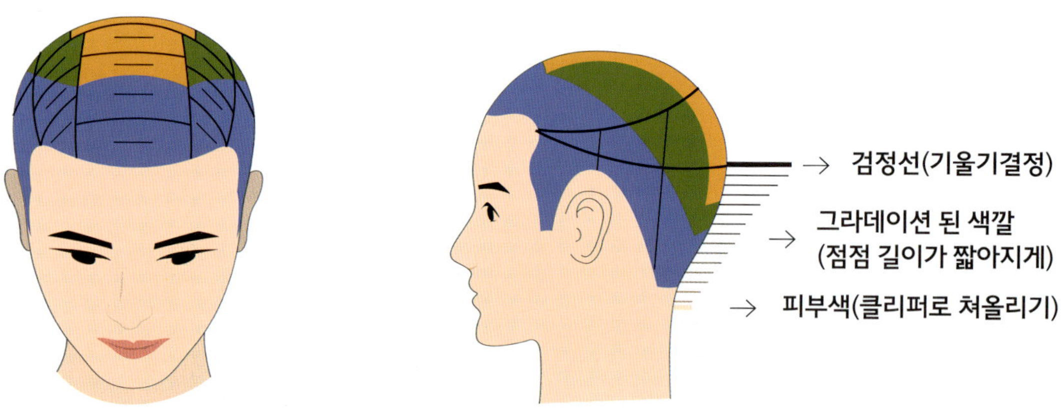

틴닝

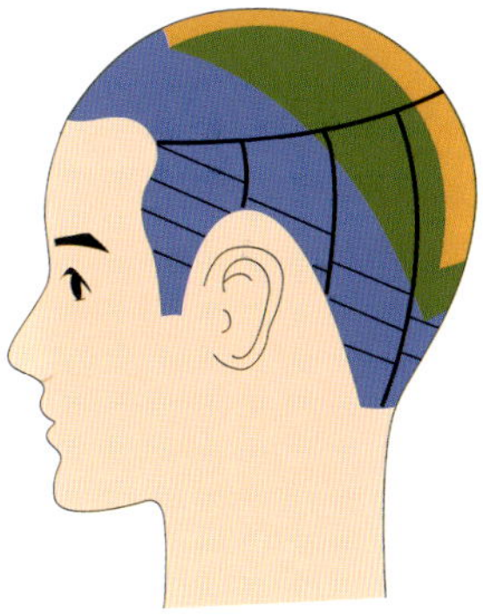

1. 시술전의 모발 모습

2-8. 두상의 아래의 내리막길은 모질도 두껍고 모류가 강하기 때문에 모발이 떨어지는 대로 영역을 나누어서 틴닝으로 3번에 나누어서 길이를 혼합하면서 모량을 조절한다.

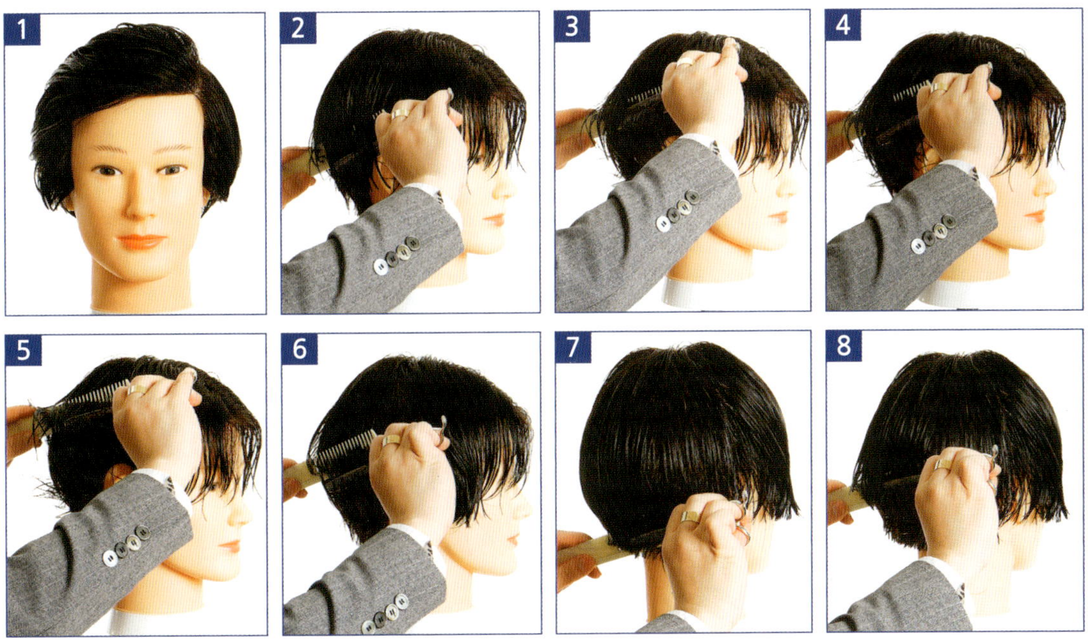

반대편 틴닝

1-5. 반대편도 모발이 흐르는 세로존의 영역을 나누어서 틴닝으로 길이를 혼합한다.

오버섹션 틴닝

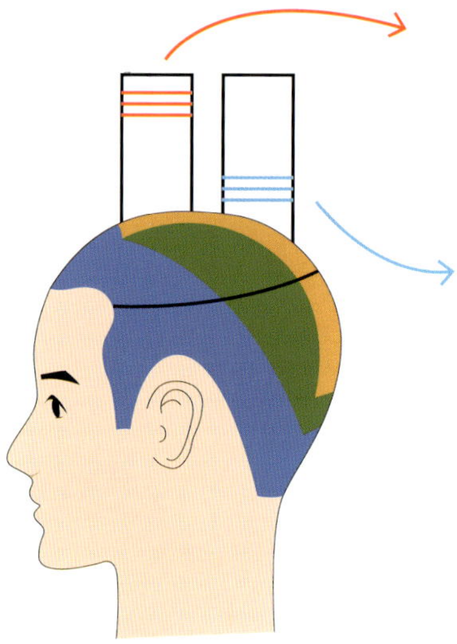

모질이 강모이고 건강모일때는 10cm를 형태를 만들고자 했을 때, 5, 6, 7, 3번에 나누어서 시술

곱슬모나 손상모, 모량이 적은 경우는 10cm를 시술하고자 했을 때, 2, 3, 4cm를 3번에 나누어서 시술

1. 일반시술각 90° 가로 슬라이스로 판넬을 떠서 시술하고자 하는 길이의 1/2에서 틴닝이 시작된다.

2, 3, 4. 1cm씩 증가하여 3번에 나누어서 시술한다.

오버섹션

1. T.G.M.P에 길이가이드 7cm를 설정한다.
2. 설정된 길이가이드를 손가락과 가위가 평행하게 시술한다.
3, 4. 가로슬라이스, 일반시술각 90˚로 시술한다.
5, 6. 중심부에는 세로슬라이스, 일반시술각 90˚로 시술한다.
7, 8, 9, 10. 모발이 떨어지는대로 사선 슬라이스로 뜨고 일반시술각 90˚로 시술한다.

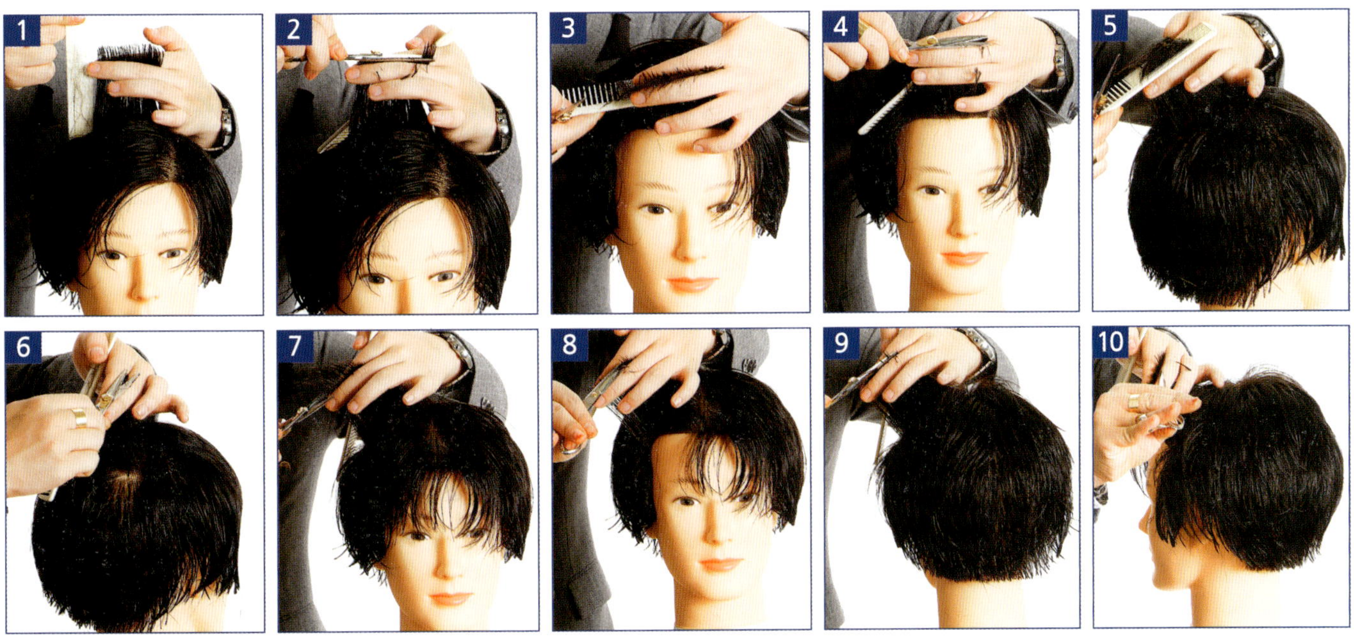

미들섹션

1. U라인의 시술했던 영역을 따로 놓는다.
2, 3. 세로슬라이스, 일반시술각 90˚로 시술한다.
4. 사선슬라이스, 일반시술각 90˚로 시술한다.
5, 6, 7. 모발이 흐르는대로 사선슬라이스로 뜨고 일반시술각 90˚로 시술한다.
8, 9, 10. 반대편도 동일한 방법으로 시술한다.

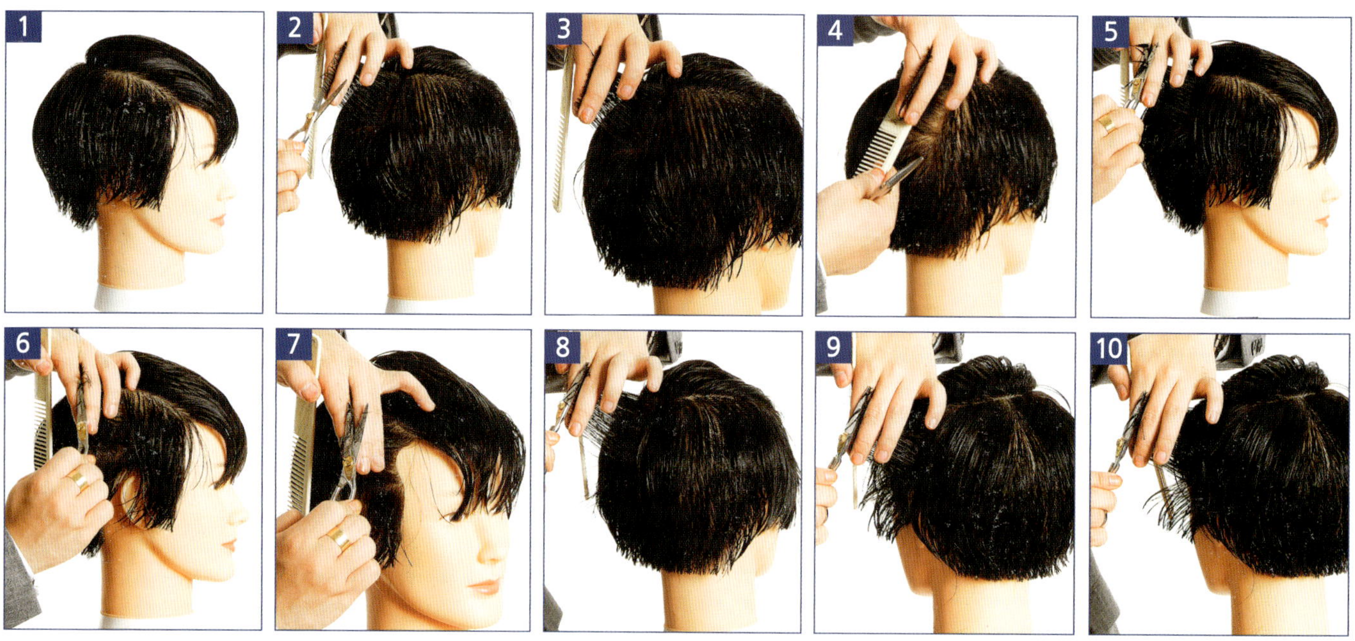

선 만들기

1. 검정선 만들기
2. 그라데이션 색깔만들기
3-13. 클리퍼 쳐올리기를 세로존 영역대로 ①②③④ 순서대로 시술한다.
14-20. 반대편도 클리퍼 쳐올리기를 세로존 영역대로 ①②③④ 순서대로 시술한다.

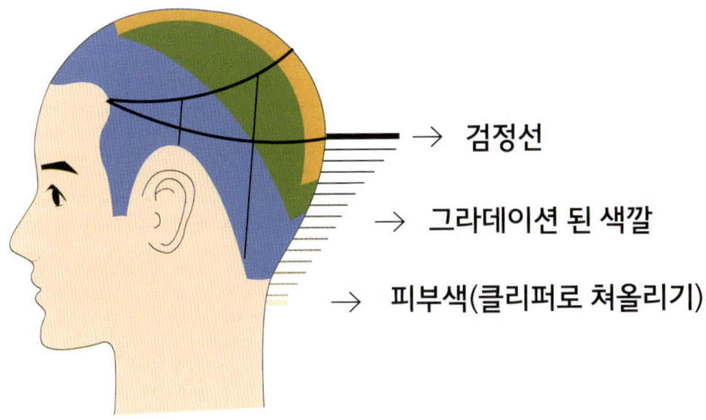

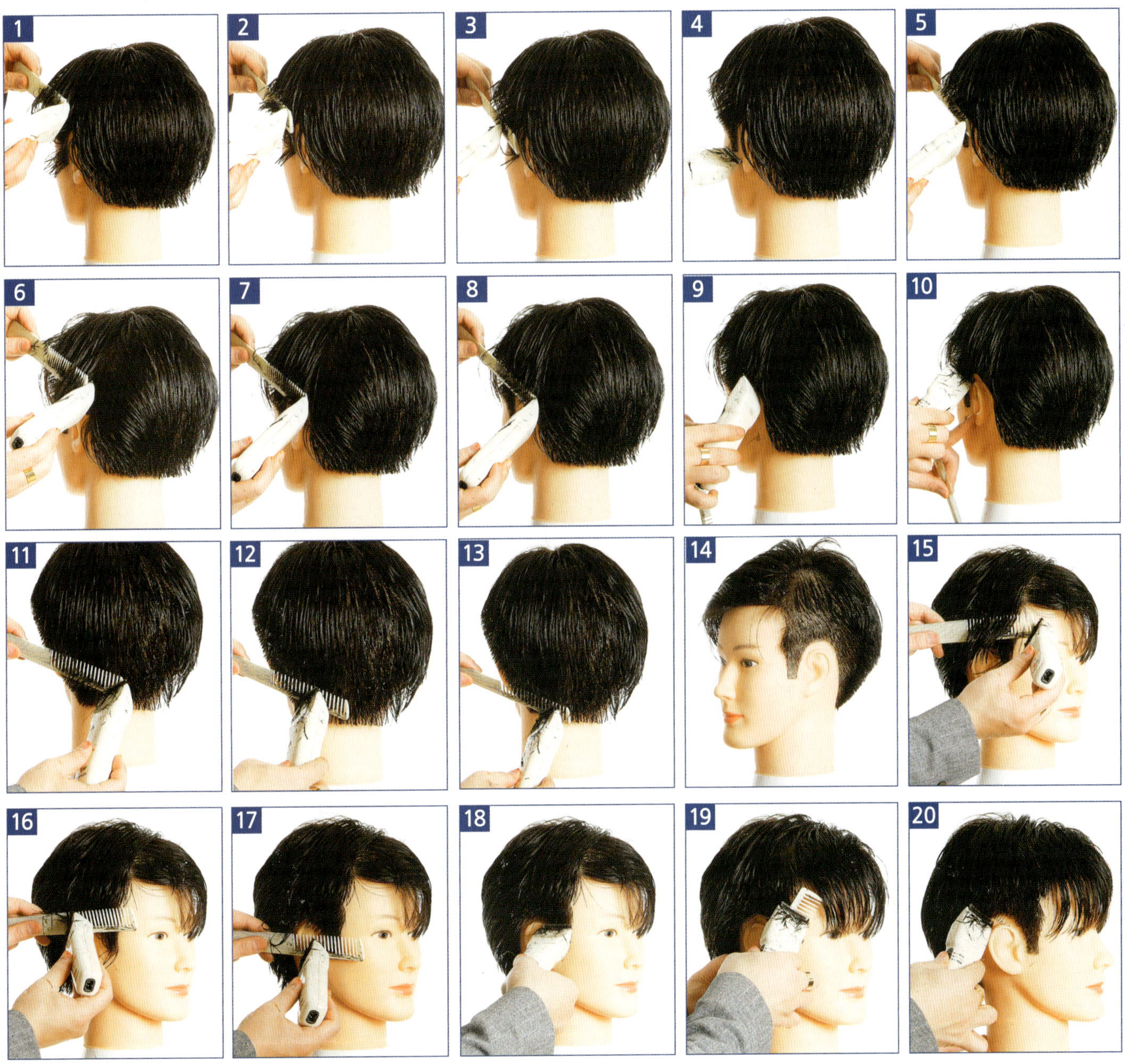

마무리

1-4. 튀어나온 모발을 틴닝으로 다시 한 번 정리한다.

5-8. 반대쪽도 튀어나온 검정색 모발을 틴닝으로 다시 한 번 정리한다.

14. 투블럭 골격보정 방법과 샤기표현 방법

▶ 꼭 알아야 할 사항

1. 골격보정 활용방법을 알아야 한다.
2. 튀어나온 두상을 보정하기 위한 투블럭 사용방법을 알아야 한다.
3. 샤기를 표현하기 위한 방법을 알아야 한다.
4. 샤기를 표현하기 위한 도구 사용방법을 알아야 한다.

▶ 테스트

0점 [잘 모른다]　5점 [애매하다]　10점 [정확히 알고있다]

골격보정 활용방법을 아는가?	
샤기를 표현하는 방법을 아는가?	
이븐 샤기와 언이븐 샤기를 구분하여 시술할 줄 아는가?	
두상에서 튀어나온 부분을 수정하기 위한 투블럭을 사용할 줄 아는가?	

결과	

1. 골격보정 활용방법

두상조건에 따른 쳐내기의 방법을 알고 뒷손질이 편한 헤어스타일 만들기

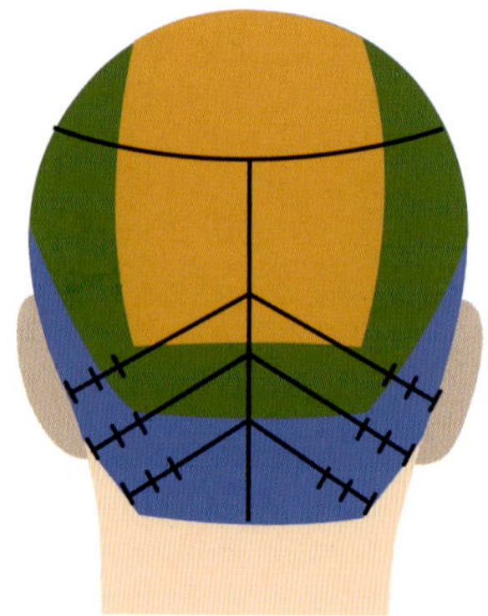

1) 모류를 보정하는 위한 루트틴닝

0.5cm이하로 시작하여 길이를 다르게 넣어야 한다.
모류가 흐르는 반대 방향으로 하여 틴닝으로 처리한다.

2) 골격을 보정하기 위한 틴닝

10cm이하의 모발 길이를 순서를 바꾸어 골격을 보정한다.
볼륨만들기 - 첫번째 시작점 길이가 길고 아래의 길이가 짧다(이너그라데이션 틴닝).
모량제거(두상함몰) - 첫 번째 시작점의 길이가 짧고 아래의 길이가 길다(이너레이어 틴닝).

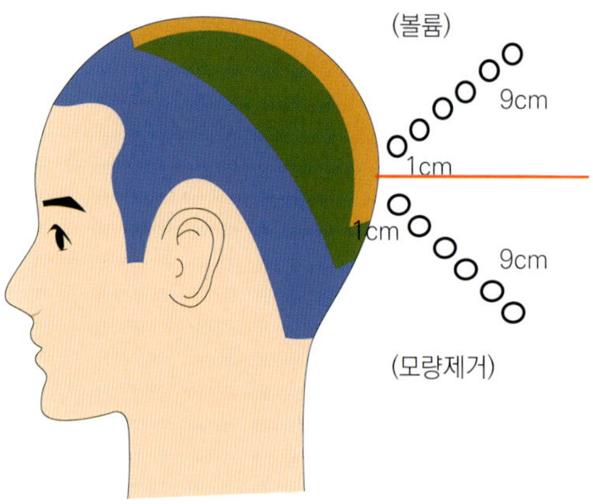

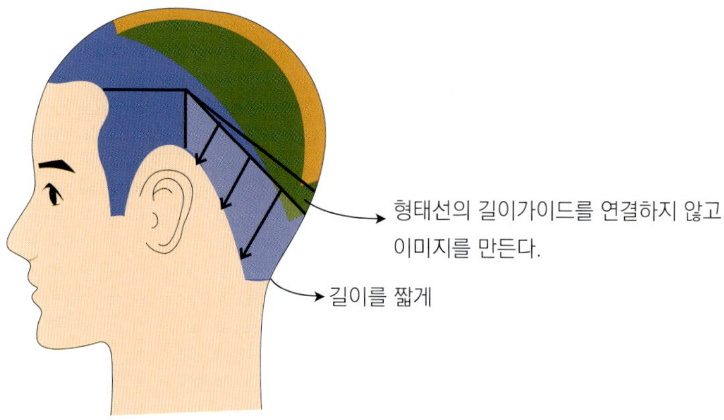

3) 튀어나온 두상을 보정하기 위한 투블럭 사용방법

형태선과 길이가이드를 연결하지 않고 디스커넥션을 이용하여 두상을 보정한다.

2. 샤기 표현 방법

1) 샤기의 뜻

불규칙적으로 커트된 상태, 깃털처럼 가볍고 솜처럼 부드럽다.

2) 샤기 표현에 사용되는 도구

스트록 가위, 레자, 틴닝
샤기 표현방법은 이븐샤기 + 언이븐샤기가 시술되어야 샤기표현이 가능하다.

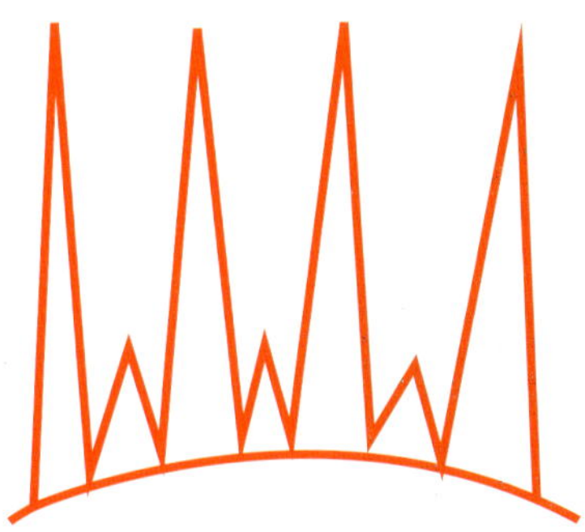

이븐샤기
끝 모발의 길이가 같다.
이븐샤기만 표현하면 공기감이 적다.
모발의 길이가 섞여지지 않기 때문에 무겁게 표현된다.
(모발 끝부분에서 많이 사용된다)

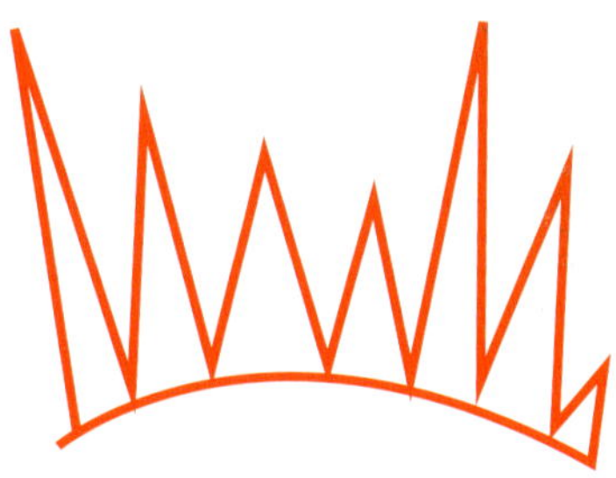

언이븐샤기
길이가 고르지 않은 상태 불균형한 샤기로 더 한층 공기감을 표현.
짧은 길이에 공기감이 많아진다.
(이너틴닝 영역 : 안쪽에서 많이 사용된다)

14 투블럭 디스커넥션

튀어나온 두상을 보정하기 위해서 디스커넥션으로 형태선을 연결하여 뒷손질이 편한 멋진 남성스타일 만들기

실습날짜	요점정리

1. 시술방법

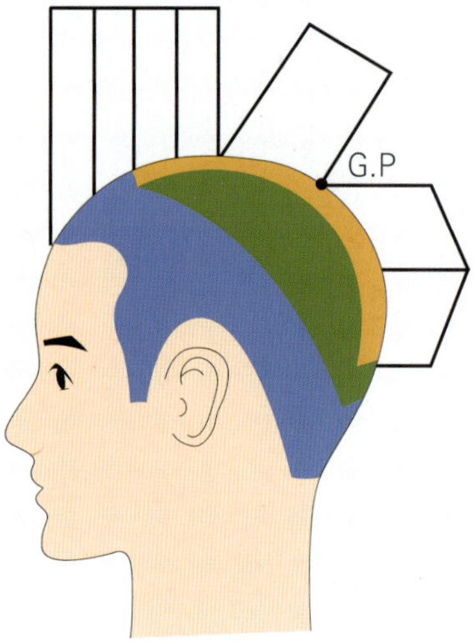

1) 오버섹션

길이가이드 : T.G.M.P에서 11cm 설정
슬라이스 : 가로
베이스 : 온더베이스, 사이드베이스
시술각 : 일반시술각 90˚, 자연시술각 90˚

2) 미들섹션

길이가이드 : G.P
슬라이스 ; ①② 세로, ③④⑤⑥⑦ 사선
베이스 : 온더베이스
시술각 : 일반시술각 90˚

3) 형태선 만들기

① 후하부에서 길이가이드를 설정하여 완만한 U라인의 형태선을 만든다.
② 옆선과 후하부를 영역나누기를 한다.
③ 시술각을 들어서 시술한다.
④ 앞머리를 결정한다.
⑤ 앞머리와 옆선을 연결한다.

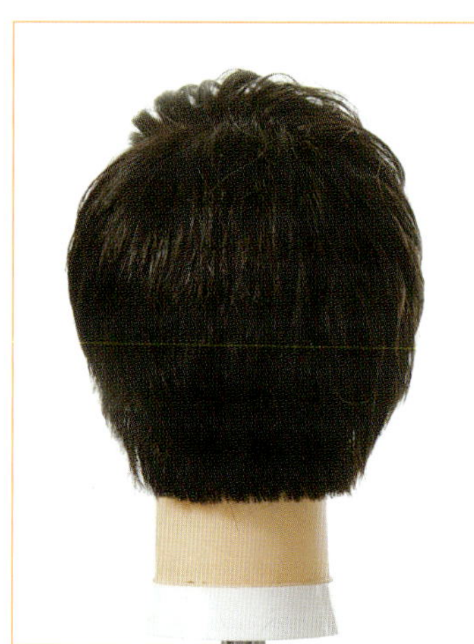

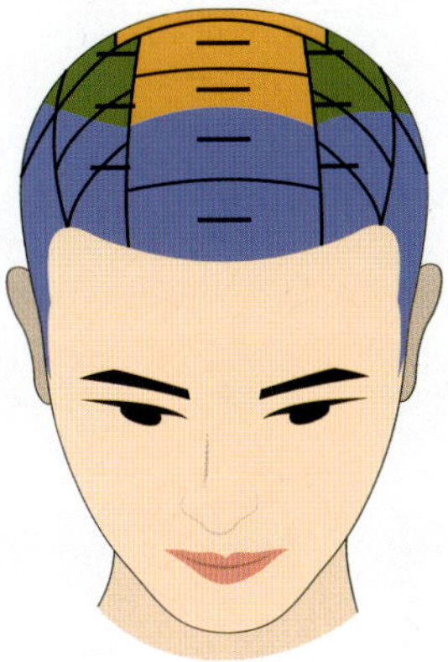

4) 질감처리

① 앞머리 표정만들기
라인틴닝으로 머리카락 표정만들기

② 옆선만들기
라인틴닝으로 모량을 제거한다.

③-1 중심축잡기, 볼륨
이너그라데이션 틴닝

③-2 형태선 확인, 모량조절
이너레이어 틴닝

④ 방향성 제시
루트틴닝, 이너레이어 틴닝

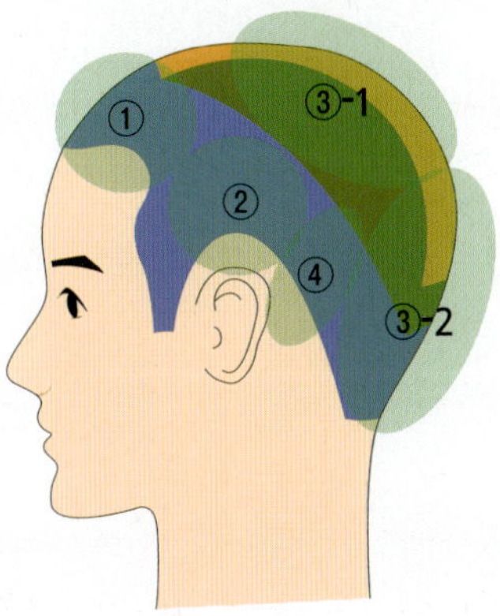

오버섹션

1. 모발이 떨어지기 시작한 곳 T.G.M.P에서 가로로 슬라이스 떠서 빗으로 11cm의 길이가이드를 설정한다.
2. 앞모발을 뒤쪽으로 당겨서 자연시술각 90°가 되게 시술한다.
3. 앞모발의 길이가 길어지게 베이스를 뒤쪽으로 당겨서 시술한다.
4. 후상부의 모발을 가로슬라이스를 떠서 베이스를 뒤쪽으로 당겨서 시술한다.
5. 여기에서는 가로로 슬라이스를 떠서 시술하지만 모류가 강할 경우에 세로로 판넬을 떠서 시술하면 좀 더 자연스럽게 떨어진다.
6. 떨어지는 모발의 길이가 길어지게 자연시술각 90°로 사선슬라이스로 시술한다.
7. 사선슬라이스로 판넬을 떠서 똑바로 들어올려서 시술한다.
8. 앞머리의 모발이 없기 때문에 이곳의 모발은 뒤쪽으로 당겨서 시술한다.
9. 반대쪽도 사선슬라이스로 판넬을 떠서 똑바로 들어올려서 시술한다.
10. 반대쪽도 앞머리의 모발이 없기 때문에 이곳의 모발은 뒤쪽으로 당겨서 시술한다.

미들섹션

1. 중심축은 세로로 슬라이스를 뜨고 온더베이스 일반시술각 90˚로 시술한다.
2. 2번째 판넬도 세로로 슬라이스를 뜨고 온더베이스 일반시술각 90˚로 시술한다.
3. 3,4,5, 판넬은 사선슬라이스로 온더베이스 일반시술각 90˚로 시술한다.
4. 반대쪽도 중심축은 세로로 슬라이스를 뜨고 온더베이스 일반시술각 90˚로 시술한다.
5. 반대쪽 2번째 판넬도 세로로 슬라이스를 뜨고 온더베이스 일반시술각 90˚로 시술한다.

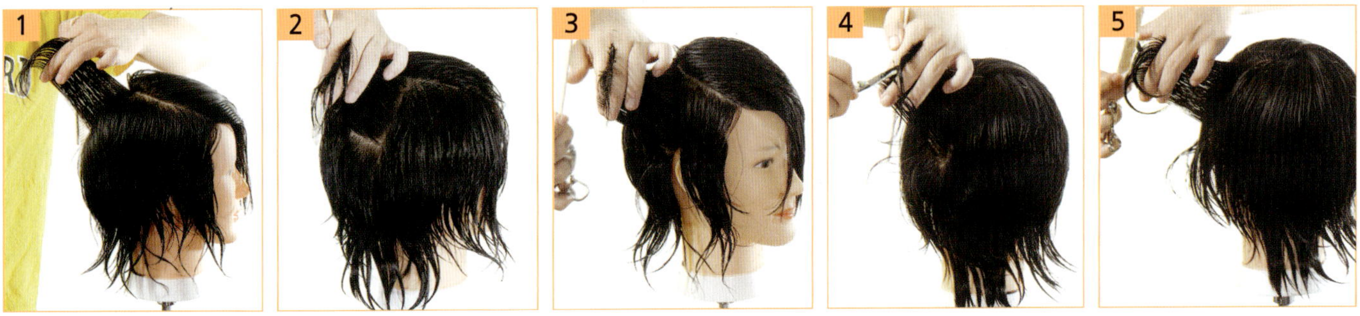

형태선

1. U라인의 형태선을 시술하기 위하여 중심축에서 일직선으로 시술한다.
2. 함몰된 대로 모발을 빗질하여 완만한 U라인으로 시술한다.
3. 반대쪽도 함몰된 대로 모발을 빗질하여 완만한 U라인으로 시술한다.
4. 나머지 부분까지도 좌우를 맞추어 가면서 완만하고 자연스런 U라인으로 시술한다.
5. 후하부의 형태선이 종료된 상태이다.

옆선

1. 옆선과 뒷선을 시술할 수 있는 영역을 설정하여 핀셋으로 정리한다.
2, 3, 4. E.P에서 길이가이드를 설정한 후 손가락을 수직으로 하여 윗모발의 길이를 짧게 시술한다.
5. 시술이 종료된 상태이다.
6. 옆선을 제외한 부분에 다시 시술각을 들어서 윗모발이 짧게 시술한다.
7. 슬라이스와 평행하게 하여 뒷선을 가볍게 시술한다.
8, 9. 아래로 내려가면서 동일한 방법으로 시술한다.
10. 반대쪽도 세로로 판넬을 들어 시술각을 조절하여 윗모발의 길이를 짧게 시술한다.
11, 12, 13. 후하부의 형태선을 세로로 슬라이스를 떠서 시술한다.
14. 옆선에 해당하는 부분도 반대편과 동일하게 시술각을 들어서 시술한다.

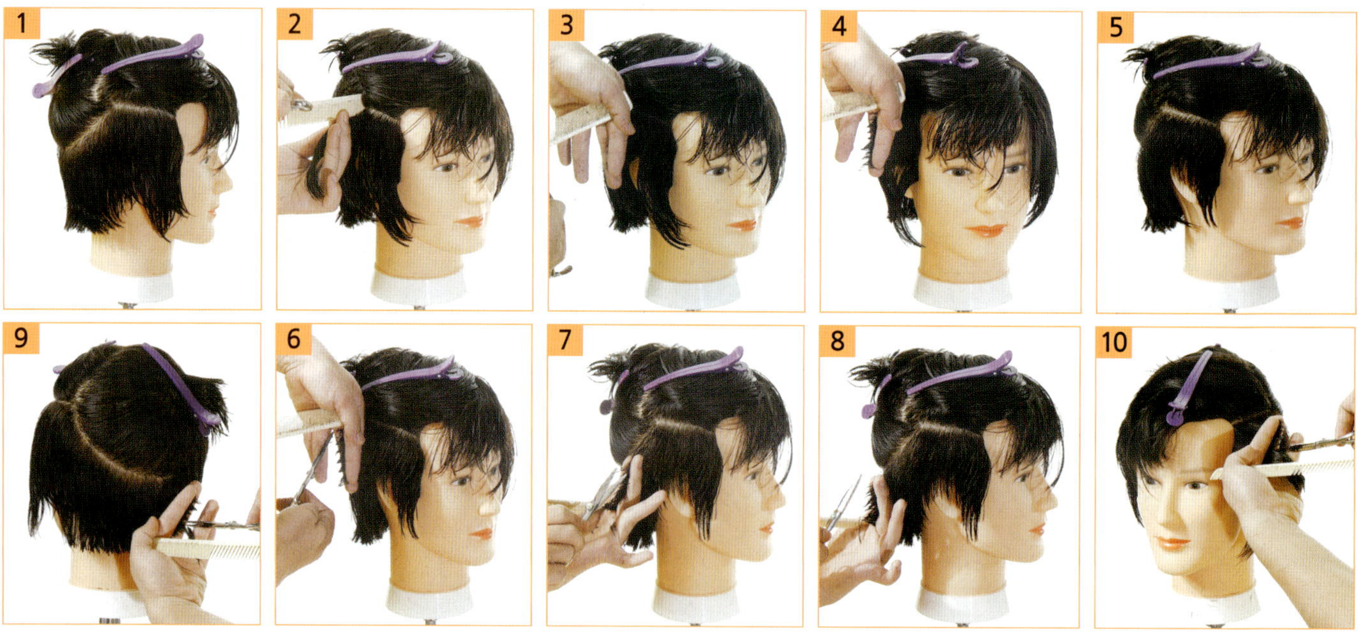

앞머리

1. 앞머리의 영역에 해당하는 부분은 사선으로 나눈다.
2. 시작하는 길이가이드를 6~7cm가 되게 설정한다.
3. 길이를 설정한 모발을 사선슬라이스와 평행하게 하여 시술한다.
4. 앞머리를 시술해 놓은 상태이다.
5. 윗모발의 길이와 앞머리의 길이가 연결되지 않는 상태이다.

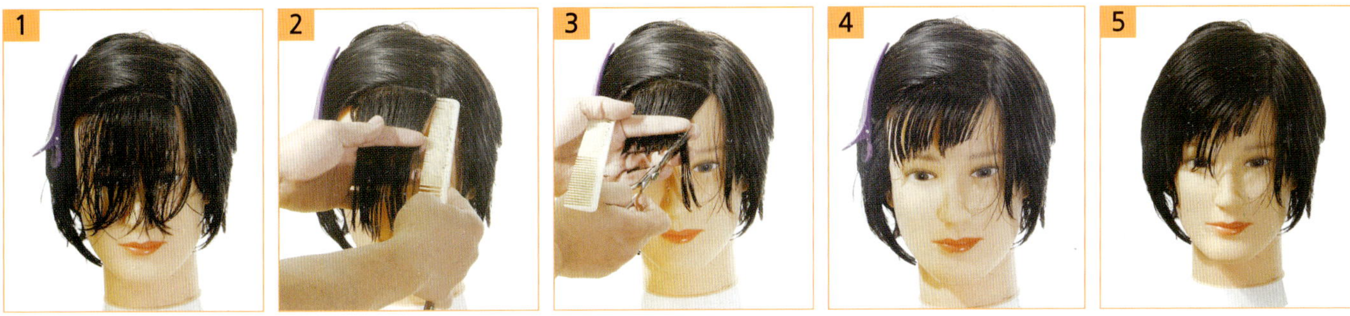

질감처리

1. 골격을 보정하기 위하여 앞머리의 윗부분 두상이 튀어나온 부분은 이너레이어 틴닝을 넣는다.

2-5. 윗모발의 길이가 짧고 아랫모발의 길이가 길게 틴닝을 사선으로 넣고 C커브를 그리면서 모발을 뺀다.

6, 7, 8. 반대쪽도 윗모발의 길이가 짧고 아랫모발의 길이가 길게 틴닝을 사선으로 넣고 C커브를 그리면서 모발을 뺀다.

9. 옆선에 해당하는 부분까지도 연결하여 시술한다.
10. 모량과 모류를 확인하여 틴닝을 이용하여 모발의 흐름을 잡아준다.

질감처리 후중부

1. 중심축을 잡고 볼륨을 주기 위한 이너그라데이션 틴닝을 넣는다.
2. 모발끝에서 C컬 볼륨을 만들기 위한 이너그라데이션 틴닝을 넣는다.
3. 중심축의 3판넬은 동일한 방법으로 이너그라데이션 틴닝을 넣는다.
4. 모발의 방향성을 주기 위하여 앞쪽으로 빗질하여 앞모발이 짧고 뒷모발이 길어지게 틴닝을 넣는다.
5. 반대쪽도 동일한 방법으로 앞쪽으로 빗질하여 앞모발의 길이가 짧고 뒷모발이 길어지게 틴닝을 넣는다.

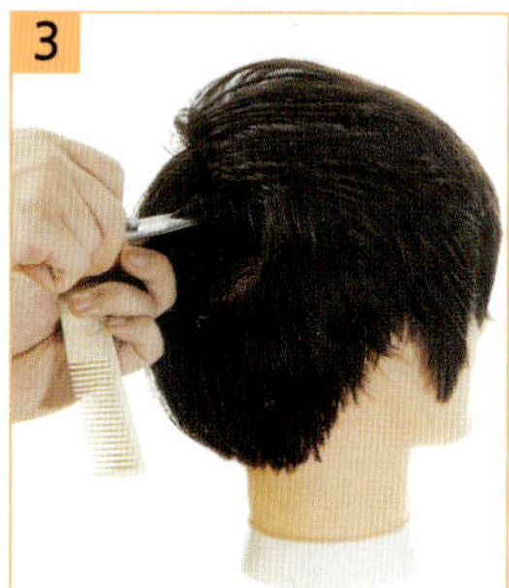

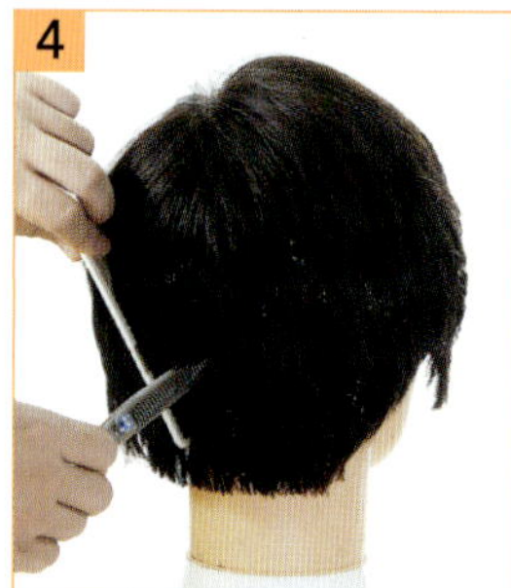

드라이로 시술 마무리

1. 브러쉬가 먼저가면서 형태를 잡아주고 드라이어가 따라가면서 열로 형태를 고정시킨다.
2. 옆선의 모발이 들뜨지 않게 브러쉬로 누르고 위에서 아래로 드라이어로 바람을 넣어준다.
3. 앞모발의 C컬의 흐름을 브러쉬로 만들어 주고 드라이어가 따라 가면서 열로 고정한다.
4. 후상부의 모발을 앞쪽으로 보내면서 C컬의 흐름을 만든다.
5. 부족된 부분을 다시 한 번 잡아준다.

핸드 마무리

1. 손으로 다시 한 번 스타일제를 바르면서 웨이브를 만들어 준다.
2. 앞머리의 표현을 하기 위하여 손으로 흐름을 만든다.
3. 뒤쪽으로 모발의 흐름을 보낸다.
4. 손으로 웨이브를 섬세하게 다듬는다.
5. 옆선의 모발을 손으로 다시 한 번 밀착시킨다.

15. 모던스타일, 형태선 만들기

▶ 꼭 알아야 할 사항

1. 형태선을 쉽게 만들기 위한 라운드 브록킹 타는 방법을 알아야 한다.
2. 후하부의 U라인 형태선 만드는 방법을 알아야 한다.
3. 가로로 앞머리의 일직선을 만드는 방법을 알아야 한다.
4. 멋진 남성스타일을 시술하기 위한 앞머리 만드는 방법을 알아야 한다.

▶ 테스트

0점 [잘 모른다] 5점 [애매하다] 10점 [정확히 알고있다]

라운드 브록킹을 탈 수 있는가?	
모류를 보정하여 후하부의 U라인의 형태선을 만들 수 있는가?	
앞머리를 일직선으로 만들 수 있는가?	
멋진 남성스타일의 이미지를 만들기 위한 앞머리 만드는 방법을 알고 있는가?	

결과	

1. 앞머리를 만들기 위한 방법

앞머리의 이미지와 옆선의 이미지에 따라 달라지는 헤어스타일

일직선

사선

리젠트

눈높이 보다 모발의 길이가 길어지면 앞을 볼 수 없기 때문에 가르마를 중심으로 모발이 길어지는 방법을 선택할 수 밖에 없지만 눈 높이 보다 길이를 짧게 표현하는 남성커트의 경우 앞머리와 옆선의 변화를 조금만 주어도 얼굴을 수정할 수 있다.

2. 브로킹을 나누는 방법

(V라인 브로킹)

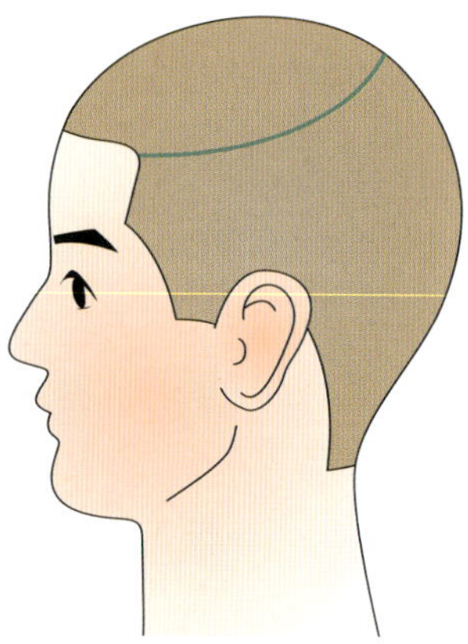

(라운드 브로킹)

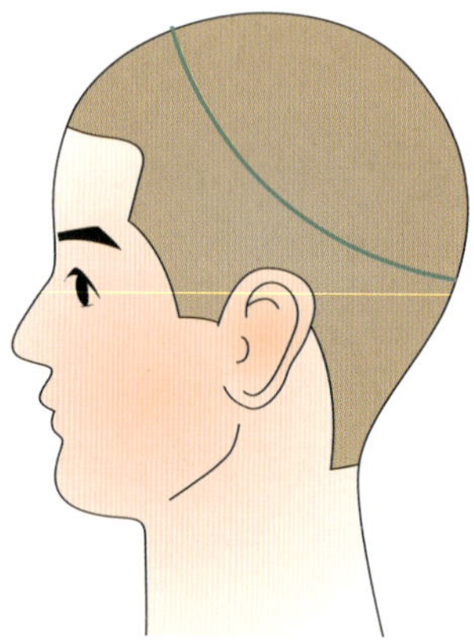

(앞머리 브로킹)

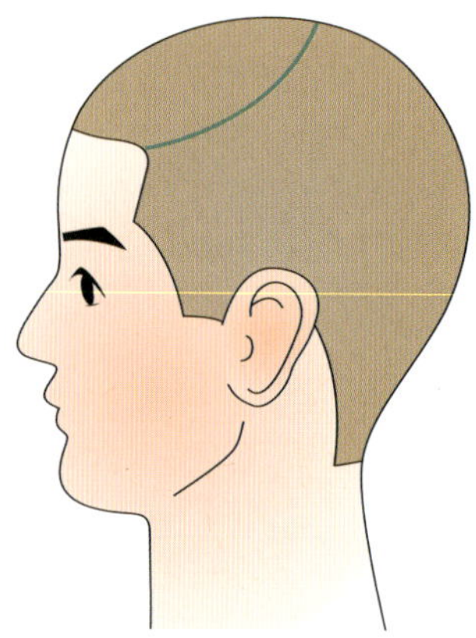

15 모던스타일

먼저 선의 이미지를 시술한 후에 시술각을 결정하여 연결한 헤어스타일

실습날짜	요점정리

1) 시술방법 – 형태선을 먼저 시술하기 위한 방법(라운드 브록킹 타기)

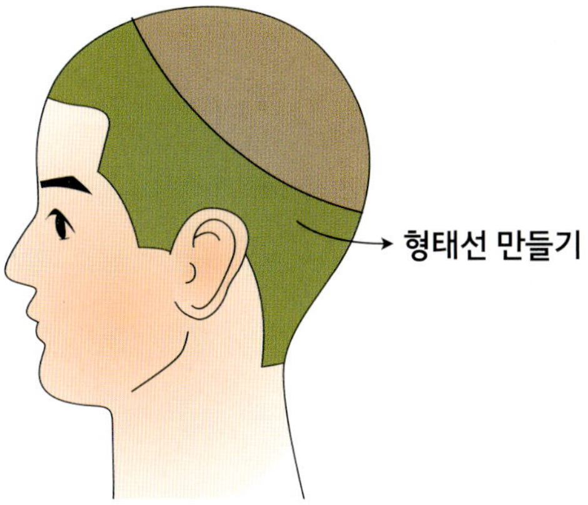

2) 앞머리 일직선 만들기

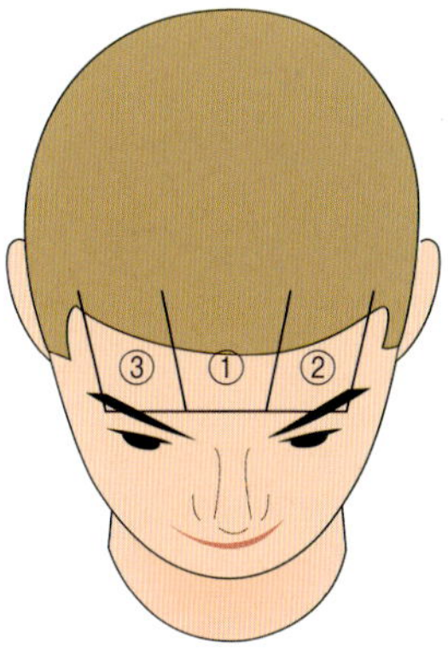

중심축에서 4cm 까지 일직선으로 시술하고 베이스를 당기지 않고 중심가이드에 맞추어서 시술한다.

3) 후하부의 형태선 만들기

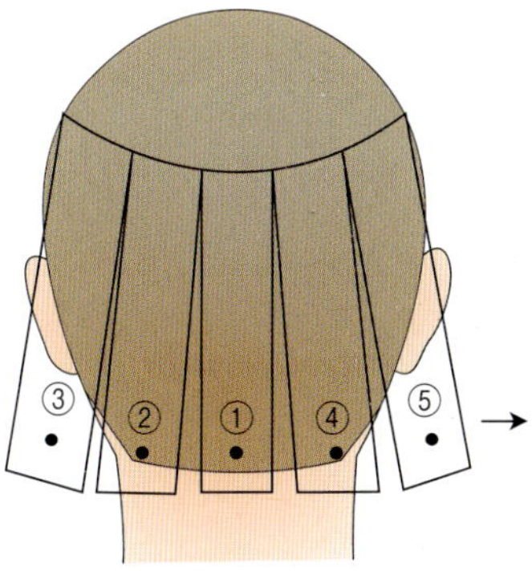

짧은 길이이기 때문에 완만하게 U라인 형태선을 만든다.

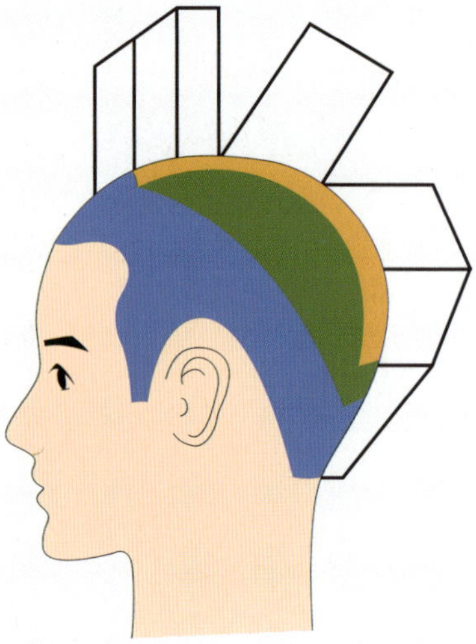

4) 오버섹션

길이가이드 : T.G.M.P 11cm

슬라이스 : 가로, 사선

베이스 : 온더베이스, 사이드베이스

시술각 : 베이스를 활용한 후 일반시술각 90°

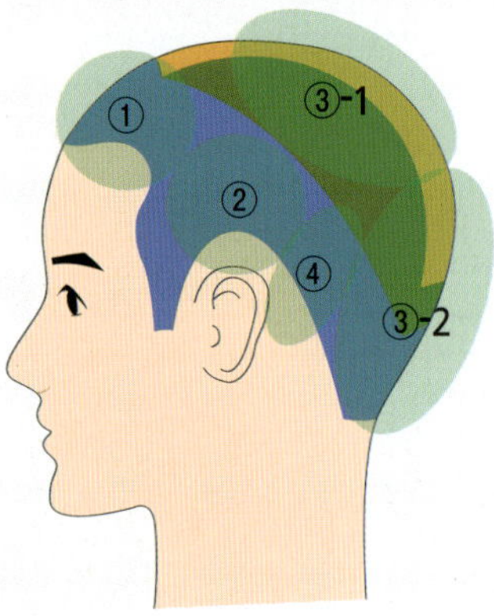

5) 미들섹션

길이가이드 : G.P

슬라이스 : ①② 세로, ③④⑤⑥⑦ 사선

베이스 : 온더베이스

시술각 : 일반시술각 90°

6) 질감처리

① 앞머리 표정만들기
　이너그라데이션 틴닝

② 옆선만들기 - 라인틴닝

③-1 중심축잡기, 이너그라데이션 틴닝

③-2 형태선확인, 모량조절, 이너레이어 틴닝

④ 방향성제시 - 루트틴닝, 이너레이어 틴닝

형태선 만들기

1. 라운드 브록킹을 시술한 후 앞머리에 해당하는 부분에 6cm를 일직선으로 시술한다.
2. 두상이 곡면체이기 때문에 떨어지는 모발은 10cm처럼 보인다.
3. 슬라이스와 평행하게 시술한다.
4. 슬라이스와 평행하게 시술한다.
5. 구렛나루가 빠진 부분은 다시 전대각으로 슬라이스로 잡고 형태선을 만들어 준다.
6. 뒷선에 해당하는 부분은 슬라이스와 평행하게 뒷선의 형태선을 만든다.
7. E.B.P까지 형태선을 시술한다.
8. 반대쪽도 슬라이스와 평행하게 시술한다.
9. 옆선의 형태라인을 좌우가 동일하게 시술하여야 한다.
10. 옆선에 해당하는 부분은 전대각으로 슬라이스를 잡고 시술한다.
11. 뒷선에 해당하는 부분은 슬라이스와 평행하게 곡선을 표현한다.
12. 후하부의 형태선을 다시 만든다.
13. U라인의 형태선을 다시 한 번 확인한다.
14. 형태선을 만들었던 무거운 모발을 두상과 동일하게 들어서 윗모발을 제거한다.
15. 반대쪽도 동일하게 시술한다.

오버섹션

1. 모발이 떨어지기 시작한 곳에서 빗으로 모발의 길이를 11cm로 설정한다.
2. 가로 슬라이스로 판넬을 뜨고 베이스를 앞쪽으로 밀어서 시술한다.
3. 앞모발의 길이가이드에서 1cm를 남긴 모발과 연결한다.
4. 후하부의 영역을 가로로 슬라이스를 뜨고 베이스를 뒤쪽으로 밀어서 시술한다.

5, 6. 모발이 흐르는 대로 사선으로 슬라이스를 떠서 밑모발의 시술각이 자연시술각 90°가 되게 시술한다.

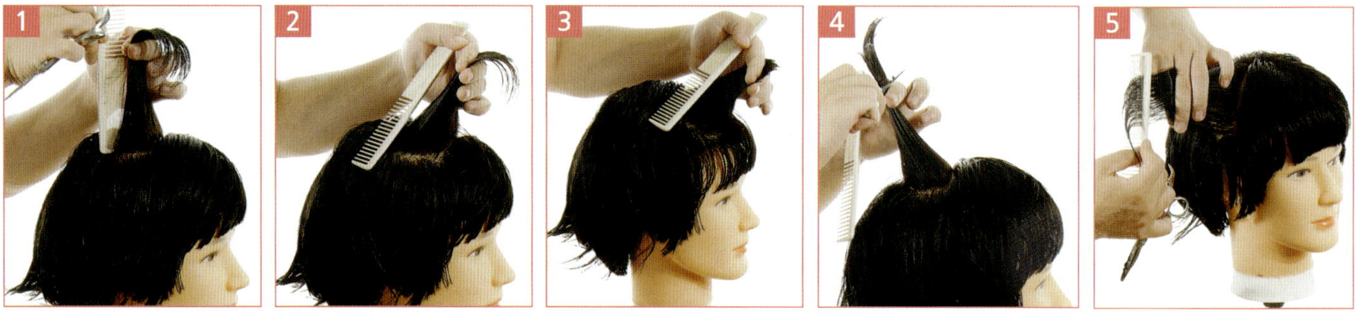

미들섹션

1. 중심축에서 1, 2는 세로로 슬라이스 뜨고 온더베이스로 일반시술각 90°로 시술한다.
2. 3번째 슬라이스부터 사선슬라이스로 온더베이스 일반시술각 90°로 시술한다.
3. 반대편 중심축도 세로슬라이스 온더베이스 일반시술각 90°로 시술한다.
4. 2번째 슬라이스도 세로로 뜨고 온더베이스로 일반시술각 90°로 시술한다.
5. 반대편 3번째도 사선슬라이스로 온더베이스 일반시술각 90°로 시술한다.

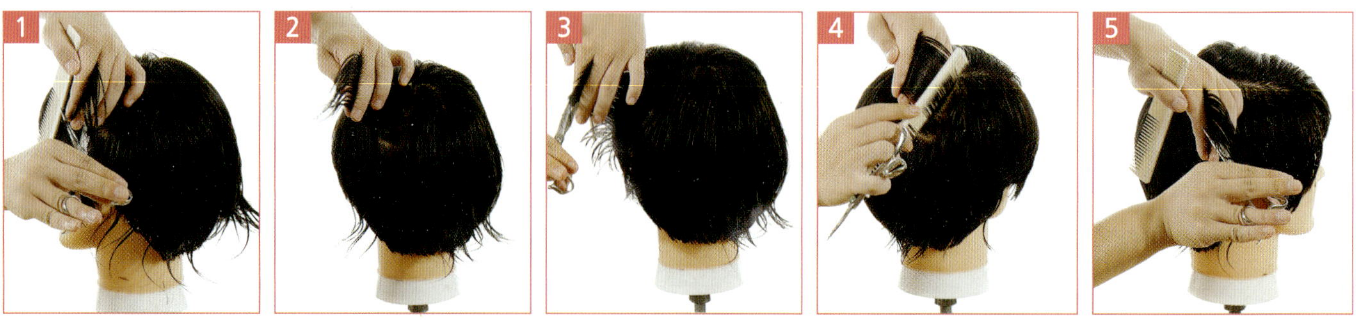

질감처리방법

1. 형태감을 상실하지 않기 위해 윗모발은 틴닝을 넣지 않고 밑모발의 길이가 짧고 윗모발의 길이가 길어지게 시술한다.
2. 사선으로 판넬을 뜨고 1번과 동일한 방법으로 시술한다.
3. 삼각형으로 판넬을 뜨고 1번과 동일한 방법으로 시술한다.
4. 중심축에 볼륨을 주기 위한 이너그라데이션 틴닝을 넣는다.
5. 밑모발의 길이가 짧고 윗모발의 길이가 길어지게 틴닝을 넣고 C커브를 그리면서 모발을 뺀다.

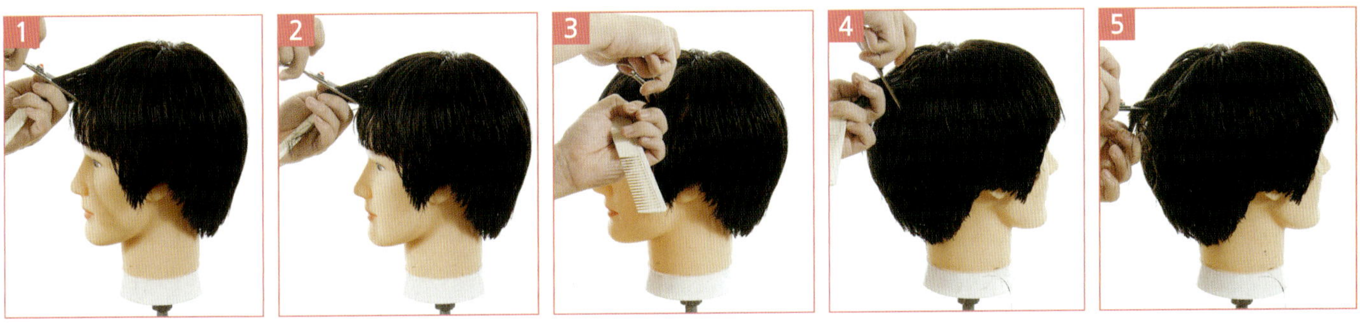

드라이로 시술 마무리

1. 롤브러쉬로 옆선의 모발을 밀착시키고 드라이어가 따라간다.
2. 반대쪽도 동일한 방법으로 모발을 밀착시킨다.
3. 앞머리의 모발도 밀착하기 위하여 롤브러쉬로 모류를 잡고 드라이어가 따라간다.
4. 길이가 짧은 모발이기 때문에 모발이 들뜨지 않도록 드라이어로 잡아준다.
5. 롤브러쉬가 먼저 형태를 잡아주고 드라이어가 따라간다.

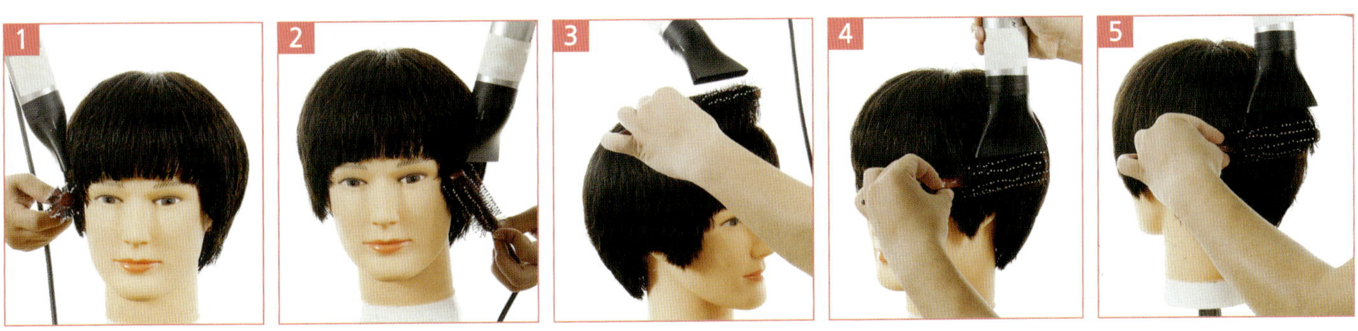

16. 스왈로우 스타일, 슬라이스의 활용

▶ 꼭 알아야 할 사항

1. U라인 영역에서의 슬라이스 활용방법을 알아야 한다.
2. 후중부의 슬라이스 활용방법을 알아야 한다.
3. 가로슬라이스를 활용하는 방법을 알아야 한다.
4. 사선슬라이스를 활용하는 방법을 알아야 한다.
5. 둥근 얼굴형을 수정하기 위한 사선슬라이스 활용방법을 알아야 한다.

▶ 테스트

0점 [잘 모른다] 5점 [애매하다] 10점 [정확히 알고있다]

사선슬라이스를 활용할 때 몸이 있어야 할 자세는?	
U라인의 형태선을 만들 수 슬라이스를 활용할 수 있는가?	
앞머리의 흐름을 만들 수 있는 슬라이스를 활용할 수 있는가?	
가로슬라이스의 특징을 알고 있는가?	
세로슬라이스, 사선슬라이스의 특징을 알고 있는가?	

결과	

1. 슬라이스변화로 얼굴형을 보정하는 방법

헤어스타일을 만들기 위하여 슬라이스의 활용방법을 알아보자

1) 슬라이스의 특징

(1) 가로슬라이스의 특징

- 무게를 주기 쉽다.
- 가로에 퍼짐이 있는 실루엣을 연출하고자 할 때 사용한다.
- 볼륨을 주고자 할 때 사용한다.

(2) 세로슬라이스의 특징

- 세로로 긴 실루엣을 주기 쉽다.
- 율동을 주고 단차를 컨트롤하고자 할 때 사용한다.
- 두상을 표현하고 직사각형의 이미지를 연출할 때 사용한다.

(3) 사선슬라이스의 특징

- 방향성을 제시하고자 할 때 사용한다.
- 두상의 곡선의 흐름을 주고자 할 때 사용한다.
- 얼굴선인 곡선을 표현하고자 할 때 사용한다.

(4) 복합슬라이스특징

- 슬라이스를 필요한 커트디자인에 따라 존을 나누어 가로, 사선, 세로를 이용하여 원하는 멋진 남성스타일을 시술한다.

2. U라인 영역에서의 슬라이스의 활용방법

가로슬라이스를 시술하면 좌, 우가 균형감 있게 길이가 동일하다.
사선슬라이스 경우, 베이스변화를 활용하여 한쪽이 짧고, 한쪽이 길어지는 변화를 만들어 낼 수가 있고, 방향성을 주고자 할 때, 사선슬라이스를 활용한다.

3. U라인의 형태선을 연결하기 위하여 후중부의 슬라이스의 활용방법은 세로와 사선으로 연결하여 시술하여야 곡선을 만들 수 있다.

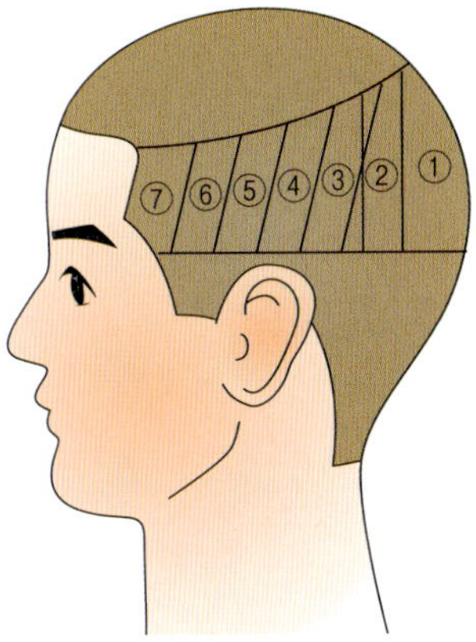

16 스왈로우 스타일

둥근얼굴을 보정하기 위하여 사선슬라이스를 활용하여 비대칭의 멋진 남성스타일 만들기

실습날짜	요점정리

4. 시술방법

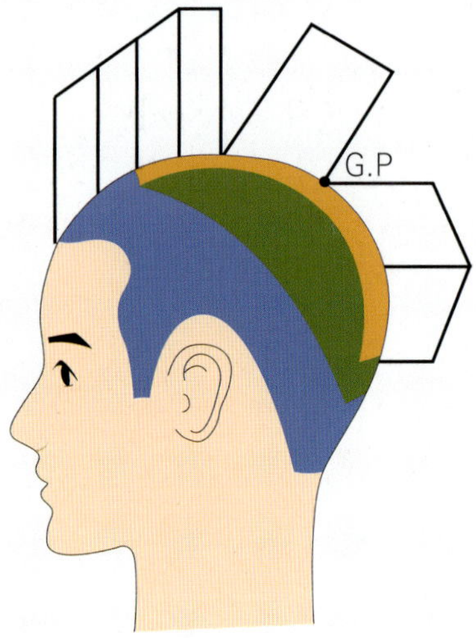

1) 오버섹션

길이가이드 : T.G.M.P 11cm

슬라이스 : 사선

베이스 : 온더베이스, 사이드베이스

시술각 : 가르마에서 일반시술각 90˚

2) 미들섹션

길이가이드 : G.P

슬라이스 : ①,② 세로, ③,④,⑤ 사선, ⑥,⑦ 사선

베이스 : 온더베이스, 사이드베이스

시술각 : 일반시술각 90˚

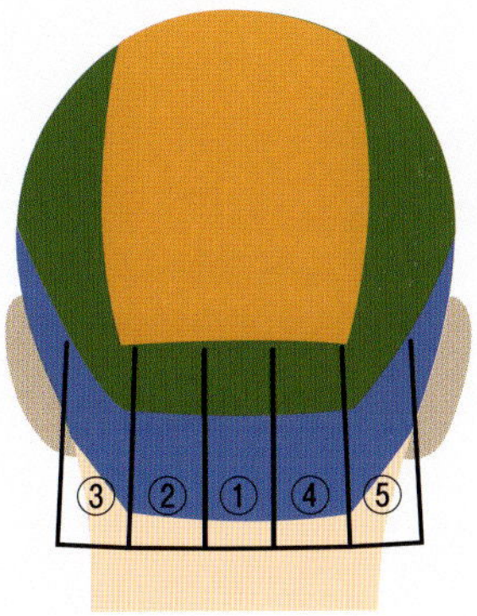

3) 형태선 만들기

(1) 후하부의 형태선 만들기

짧은 길이는 완만하게 U라인 만들기

(2) 옆선 만들기

① 앞 뒤 나누기
② 영역 결정하기
③ 길이와 시술각 결정
④ 연결

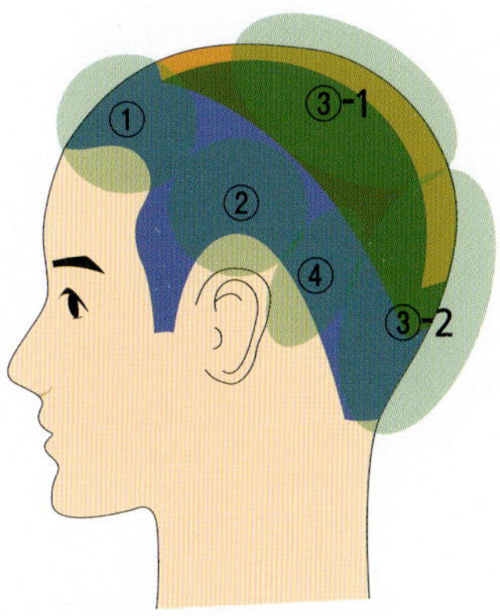

4) 쳐내기 방법

① 앞머리 질감 – 라인틴닝
② 옆선 질감 – 라인틴닝
③–1 중심축 잡기와 볼륨만들기 – 이너그라데이션 틴닝
③–2 형태선 확인, 모량제거 - 이너레이어 틴닝
④ 방향성 제시 - 루트틴닝, 이너레이어 틴닝

오버섹션

1. 모발이 떨어지기 시작한 부분에서 사선슬라이스로 모발의 판넬을 들고 길이가이드를 설정한다.
2. 다음 판넬도 사선슬라이스로 나누고 온더베이스로 시술한다.
3. 앞머리에 해당하는 부분은 베이스를 사선슬라이스로 떠서 앞쪽으로 살짝 밀어서 시술한다.
4. 시술이 종료된 상태이다.

1. 사선 슬라이스로 온더베이스 일반시술각 90°로 시술한다.
2. 한쪽 시술이 종료된 상태이다.
3. 반대편도 사선슬라이스를 떠서 일반시술각 90°로 시술한다.
4. 사선슬라이스로 베이스를 떠서 앞쪽으로 살짝 밀어서 시술한다.
5. 사선슬라이스로 베이스를 떠서 일반시술각 90°로 시술한다.
6. 시술을 하기 위하여 사선슬라이스를 나누어서 시술해 놓은 상태이다.

7, 8. 사선슬라이스 온더베이스 일반시술각 90°로 시술한다.

9. 후하부의 모발도 일반시술각 90° 사선슬라이스로 시술한다.
10. 한쪽은 모발의 길이가 짧고 다른 한쪽은 길어지게 시술을 해놓은 상태이다.

미들섹션

1. 중심축에서는 세로슬라이스로 판넬을 떠서 온더베이스 일반시술각 90°로 시술한다.
2. 2번째 판넬도 세로슬라이스 온더베이스 일반시술각 90°로 시술한다.
3. 3번째 판넬은 사선슬라이슬로 온더베이스 일반시술각 90°로시술한다.
4. 4번째, 5번째 판넬까지 뒷모발의 시술을 위와 동일한 방법으로 시술한다.
5. 옆선에 해당하는 모발도 사선슬라이스 온더베이스 일반시술각 90°로 시술한다.
6. 반대편 중심축도 세로로 판넬을 떠서 온더베이스 일반시술각 90°로 시술한다.
7. 3번째 판넬을 사선슬라이스로 뜨고 온더베이스, 일반시술각 90°로 시술한다.
8. 반대편도 뒷부분은 5번째 판넬로 시술하도록 한다.

9, 10. 옆선도 모발이 흐르는 대로 사선슬라이스 온더베이스 일반시술각 90°로 시술한다.

후하부선

1. 후하부의 U라인을 만들기 위하여 중심축에선 일직선으로 시술한다.
2, 3. 다음 판넬도 완만하게 두상곡면과 동일하게 하면서 U라인의 형태선을 시술한다.
4. 반대편도 곡면 대로 빗질하여 U라인의 형태선을 시술한다.
5. 시술이 종료된 상태이다.

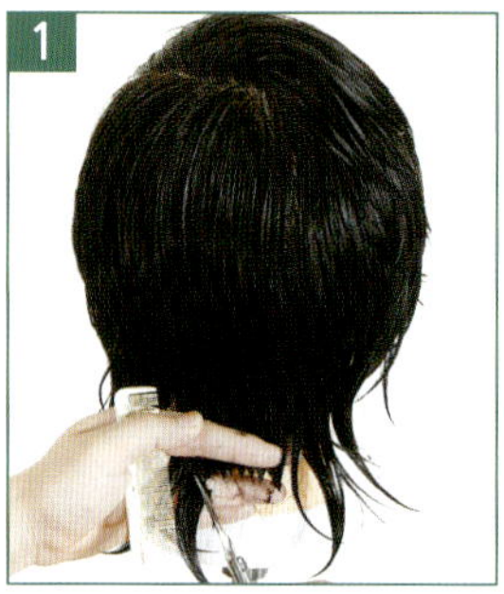

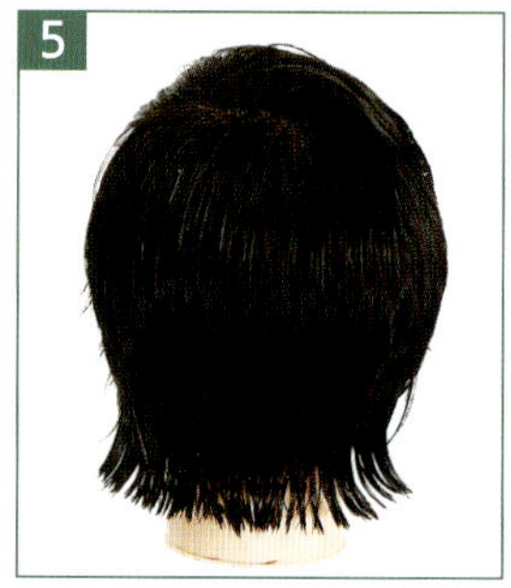

옆선

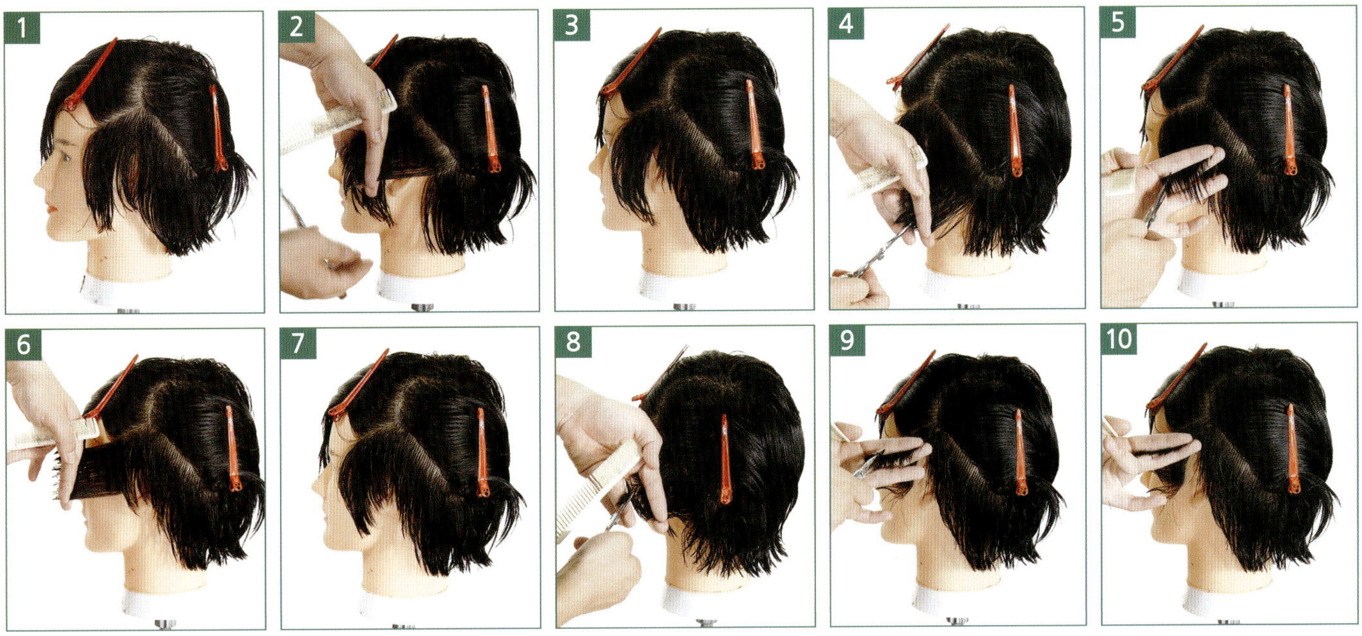

1. 앞으로 떨어지는 모발과 뒤로 떨어지는 모발을 나누고 영역을 결정한다.
2. E.P 쪽으로 모발을 당겨서 손가락을 일자로 시술한다.
3. 2번을 시술해 놓은 뒷선의 모습이다.
4. 다음 판넬의 뒤선도 앞쪽으로 당겨서 시술한다.
5. 옆선에 해당하는 부분은 슬라이스와 평행하게 전대각으로 시술한다.
6. 첫번째의 형태선을 시술해 놓은 모발에 시술각을 들어서 다시 한 번 가볍게 정리한다.
7. 시술을 해 놓은 상태이다.
8. 뒷선에 해당하는 부분도 시술각을 손가락으로 조절하여 커트한다.
9. 옆선에 해당하는 부분도 손으로 시술각을 조절하여 커트한다.
10. 옆선에 해당하는 부분을 다시 한 번 확인하고 정리한다.

연결선

1. 연결할 모발의 슬라이스를 다시 한 번 타 놓는다.
2. 형태선의 모발과 시술각의 모발을 연결한다.
3. 옆선의 형태선의 모발과 윗모발을 연결한다.
4. 앞쪽으로 당겨서 낫칭으로 수정하여 모발이 떨어지는 것을 자연스럽게 표현한다.
5. 형태선의 모발과 시술각에서 온 중심부의 모발을 연결한다.
6. 반대편도 영역을 먼저 설정한다.
7. 반대편도 동일하게 E.P 쪽으로 모발을 당겨서 손가락을 일자로 시술한다.
8. 다음 판넬의 뒤선도 앞쪽으로 당겨서 시술한다.
9. 형태선의 모발과 시술각에서 온 모발을 연결한다.
10. 시술이 종료된 상태이다.

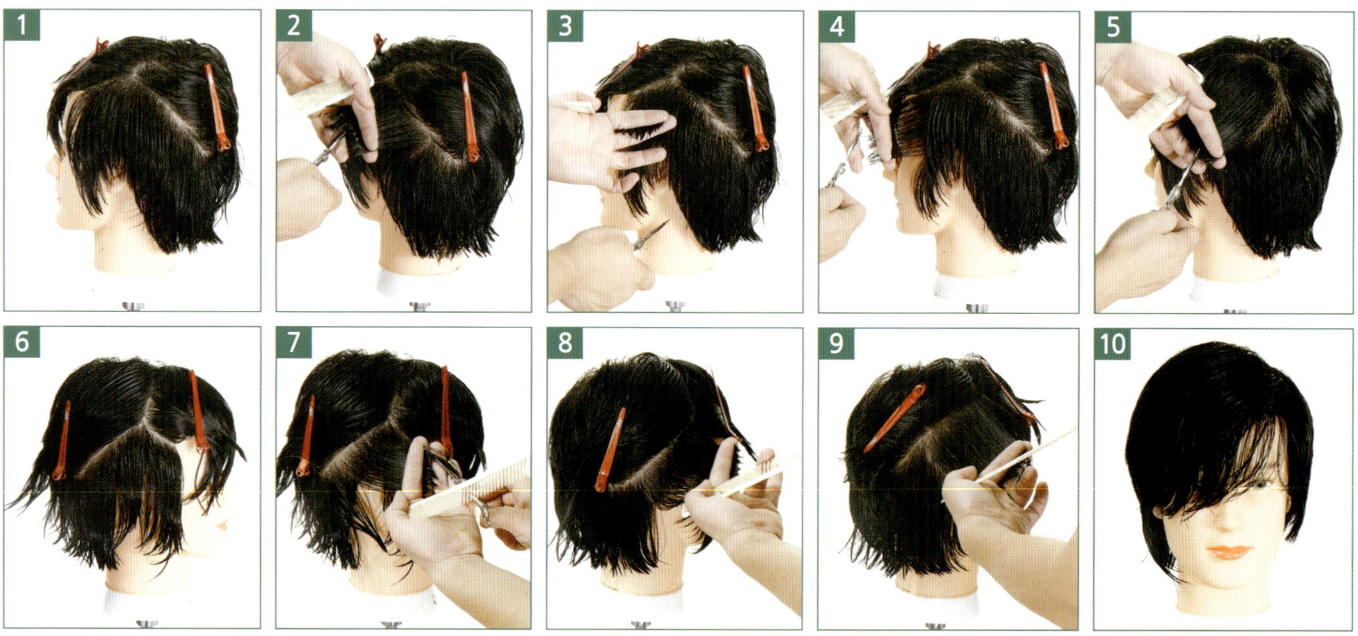

앞머리 질감

1. 사선슬라이스를 떠서 앞머리의 영역을 나눈다.
2. 틴닝을 사선으로 넣어 한쪽이 길고 시작하는 쪽이 짧게 하여 C커브를 만들면서 모발을 뺀다.
3. 그 다음 모발도 2번과 동일한 방법으로 시술한다.
4. 형태선이 떨어지는 앞머리를 제외한 부분은 이너레이어로 골격을 보정한다.
5. 위의 모발은 짧고 아랫모발이 길어지게 이너레이어로 골격을 보정한다.
6. 사선으로 넣어 모발의 흐름을 만든다.
7. 앞머리와 뒷머리가 연결된 부분에 이너레이어를 전체적으로 넣는다.

8, 9, 10. 다시 한 번 부족한 부분은 C컬을 만들면서 틴닝으로 처리한다.

질감 옆선

1. 옆선에 해당하는 모발은 윗모발이 짧고 아랫모발이 길어지게 틴닝을 넣는다.
2. 다음 판넬도 1번과 동일한 방법으로 틴닝을 넣는다.
3. 모발이 무거우면 다시 한 번 길이가 다른 곳에 틴닝을 넣는다.
4. 반대쪽도 윗모발이 짧고 아랫모발이 길어지게 틴닝을 넣는다.
5. 옆선에 해당하는 모류와 모량을 보면서 조절한다.

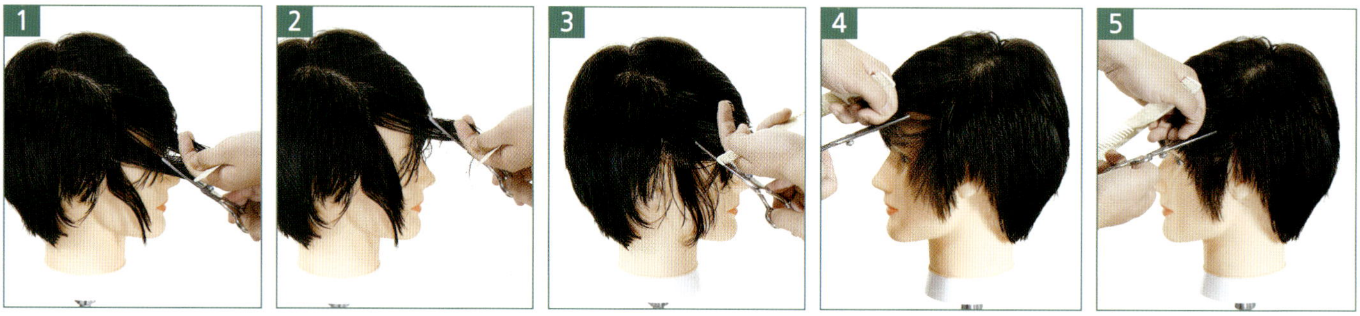

질감 중심축

1. 중심축에 볼륨을 만들기 위한 이너그라데이션 틴닝을 넣는다.
2, 3. 모발의 길이가 위는 9cm가 되게 아래는 1cm가 되게 하여 틴닝을 사선으로 넣고 C커브를 그리면서 모발을 뺀다.
4, 5. 이너그라데이션 틴닝을 모량과 모질을 보면서 양을 조절한다.

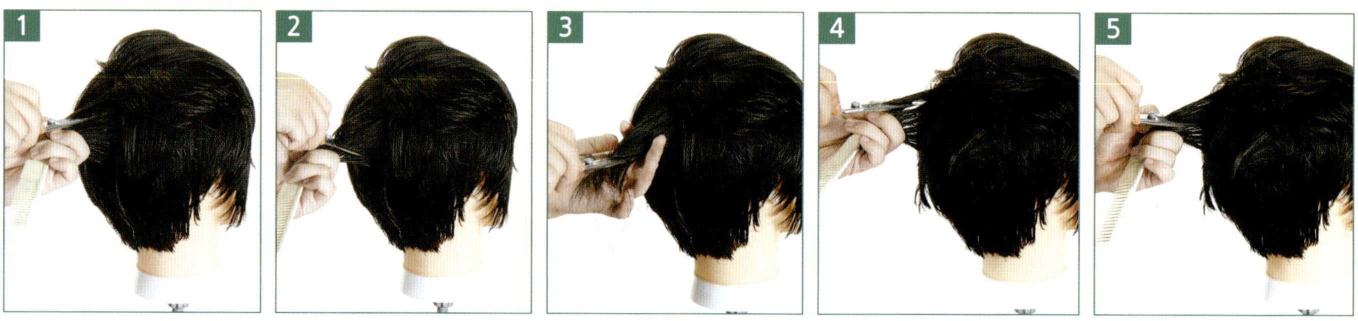

질감 방향성

1. 방향성을 제시하기 위하여 모발을 앞쪽으로 빗질하여 틴닝을 넣는다.
2, 3. 반대쪽도 모발을 앞쪽으로 빗질하여 틴닝을 넣는다.
4. 모량이 많으면 판넬을 떠서 위가 짧고 아래가 길어지게 틴닝을 넣는다.
5. 반대쪽도 판넬을 떠서 위가 짧고 아래가 길어지게 틴닝을 넣는다.

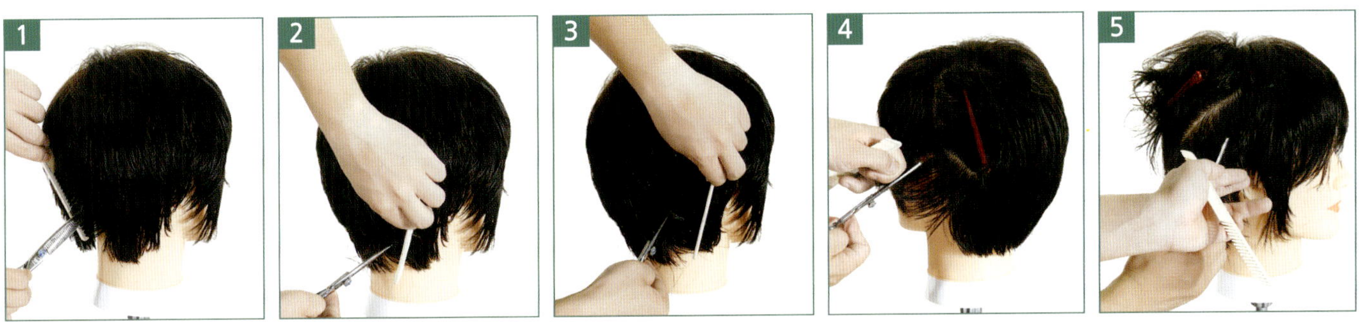

드라이

1. 핸드드라이어로 모류를 세우기 위한 작업을 한다.
2. 손에서 웨이브를 만들고 드라이어로 열을 주어 고정한다.
3. 손으로 U라인의 영역을 C커브의 웨이브를 만든다.
4. 뒷선에 해당하는 모발도 뒤로 흐르는 C컬의 웨이브를 만든다.
5. 반대쪽의 뒷선에 해당하는 모발도 뒤로 흐르는 C컬의 웨이브를 만든다.
6. 구렛나루의 들뜬 부분은 가시모의 롤브러쉬로 모류를 고정하고 드라이어로 열을 준다.
7. 핸드드라이어로 부족한 부분은 가시모의 롤브러쉬로 다시 한 번 웨이브를 잡아준다.
8. 롤브러쉬를 일직선으로 잡아주고 C컬의 흐름을 잡는다.
9. 핸드드라이어로 부족한 부분은 가시모의 롤브러쉬로 다시 한 번 웨이브를 잡아준다.
10. 구렛나루의 들뜬 부분은 가시모의 롤브러쉬로 모류를 고정하고 드라이어로 열을 준다.

시술 마무리

1. 스타일링제를 손에다 바르고 웨이브를 다시 한 번 잡아준다.
2. 옆선이 들뜨지 않도록 고정한다.
3. 들뜬 부분을 손으로 모류를 잡는다.
4. 반대쪽 옆선도 들뜨지 않도록 고정한다.

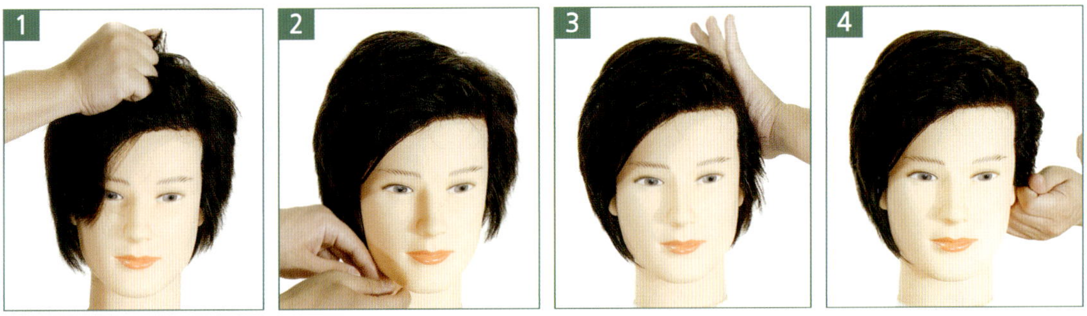

참고문헌

한국산업인력공단 이용사실기과정

C_3 - 헤어미용, 청구문화사

C_3 - 디자인 커트, 청구문화사

Premium SALON CUT, 청구문화사

미용기초기술, 보성사

スト록컷을 마스터한다, 유타니준 메이여성모드사

이바최신이미용기술용어사전, 도서출판이바

zome and section, 정상화영, 신미용출판사

PUBLICATION, OSAMU FURUSATO

√5(ル—ト ファイブ), 植村隆博, 女性 モ—ド 社

타야 커트

저자소개

문승현(전남과학대학교)
국지연(전남과학대학교)
김순희(동남보건대학교)
윤복연(동서울대학교)
이송희(초당대학교)
이효숙(전주비전대학교)
정년구(선린대학교)
장미여(서영대학교)
김영미(씨쓰리미용학원)
권태신(전주기전대학교)
김　희(동강대학교)
윤수용(마산대학교)
이수경(구미대학교)
장미라(목포과학대학교)
정민자(거창대학교)
조성태(광주보건대학교)
강미영(수성대학교)
김미강(안동과학대학교)
유경원(강릉영동대학교)
이대천(부산과학기술대학교)
이순덕(동덕여자대학교)
전선정(강릉영동대학교)
정선주(동강대학교)
최소영(강원미래직업전문학교)
고경숙(원광대학교)
김미정(대구보건대학교)
유현주(원광보건대학교)
이부형(창원문성대학교)
이혜정(명지전문대학교)
전현진(호남대학교)
정숙희(경남정보대학교)
황　현(오산대학교)

Maazel MAN's CUT

2015년 8월 30일 초판 인쇄
2015년 9월 10일 초판 발행

지은이 : 국제헤어디자인연구회
펴낸이 : 이상태
펴낸곳 : 청구문화사
주　소 : (03706) 서울특별시 서대문구 성산로11길 15
전　화 : 02-332-0541(代)　FAX : 02-337-9577
등　록 : 1990년 11월 2일 제9-247호

가격 40,000원

ISBN 978-89-5616-672-8 93590